“十四五”时期
国家重点出版物出版专项规划项目

航天先进技术
研究与应用系列

王子才　总主编

极化 SAR 信息处理与解译

Information Processing and Interpretation of Polarimetric SAR Image

邹　斌　张腊梅　庄　迪　著

内 容 简 介

本书总结了国内外学者及本书作者所在课题组对极化合成孔径雷达图像处理与应用的研究成果。全书共7章，主要内容包括极化SAR概述、电磁理论与极化表征、极化目标分解理论，以及面向应用的极化SAR图像分类和目标检测方法。

本书可供电磁学、图像处理、信息工程、遥感、农业、林业等领域的科研人员参考和使用，也可作为高等院校相关专业师生的参考书。

图书在版编目(CIP)数据

极化SAR信息处理与解译/邹斌，张腊梅，庄迪著. —哈尔滨：哈尔滨工业大学出版社，2024.9

(航天先进技术研究与应用系列)

ISBN 978-7-5767-1112-7

Ⅰ.①极… Ⅱ.①邹… ②张… ③庄… Ⅲ.①合成孔径雷达-目标检测-研究 Ⅳ.①TN958

中国国家版本馆CIP数据核字(2023)第219822号

极化SAR信息处理与解译

JIHUA SAR XINXI CHULI YU JIEYI

策划编辑 孙连嵩 许雅莹

责任编辑 周一曈 王 丹 韩旖桐

出版发行 哈尔滨工业大学出版社

社 址 哈尔滨市南岗区复华四道街10号 邮编150006

传 真 0451-86414749

网 址 http://hitpress.hit.edu.cn

印 刷 哈尔滨博奇印刷有限公司

开 本 720 mm×1 000 mm 1/16 印张17.25 字数343千字

版 次 2024年9月第1版 2024年9月第1次印刷

书 号 ISBN 978-7-5767-1112-7

定 价 108.00元

前　言

合成孔径雷达(synthetic aperture radar,SAR)是微波遥感的重要组成部分,能够全天时、全天候、持续地进行对地观测与成像,是当前军民遥感应用中不可替代的重要遥感手段。

极化是电磁波的重要物理特性。与传统单极化模式的SAR相比,极化合成孔径雷达(polarimetric SAR,PolSAR)对发射与接收电磁波的极化方式进行了有目的的控制与组合。这种极化控制与组合使得散射电磁波的完全矢量特性得以保留,生成多个通道的PolSAR图像数据,极大地丰富了图像能够反映的地物信息。特别地,对不同极化收发组合数据进行分析,能够获取地面散射体的物理信息,可以从电磁散射机理层面表征散射细节,揭示地物物理属性,突破了以往仅利用地物散射强度进行图像处理与解译的限制。因此,PolSAR在定量遥感和精细遥感领域具有天然的优势。同时,随着PolSAR技术的不断发展,PolSAR图像质量、分辨率及数据累积量也在不断地提高和进步。PolSAR在未来具有极其广阔的应用前景与潜力,因此相匹配的PolSAR图像处理技术也愈发重要。

在PolSAR技术发展的同时,国内外学者在PolSAR图像理解、特征分析提取、图像应用等方面也同步进行了大量的研究。作者及其所在课题组从2002年开始开展微波遥感方向的研究,在电磁波理论、电磁散射机理、PolSAR图像特性与目标分解、PolSAR图像分类与解译等领域进行研究,持续性地获得了国家自然科学基金和国家重要项目的支持。作者将研究成果进行总结,对当前PolSAR

图像处理技术进行了梳理、归纳、总结，并整理出来，以期供相关领域的科研工作者阅读参考。

全书共分为 7 章：第 1 章对极化 SAR 技术以及相应的国内外机载、星载 SAR 系统的发展进行梳理与介绍，让读者对 SAR、PolSAR 的发展脉络有一个基本的了解；第 2 章对电磁波理论、极化理论及电磁波的极化表征形式进行介绍，从电磁散射机理角度给出典型散射模式的物理建模和数学表征模型；第 3 章介绍极化目标分解理论，极化目标分解是 PolSAR 图像中最主要的特征分析与提取方法，从目标分解的基本思想出发，对常用的相干目标分解及非相干目标分解方法进行介绍；第 4 章针对基于物理散射模型的极化目标分解方法进行介绍，包括经典的三成分、四成分和多散射成分的目标分解方法，以及基于非对称散射机理和基于修正旋转二面角模型的分解方法；第 5 章以土地利用为应用方向，分别从逐像素和面向对象两个技术层面对 PolSAR 图像的分类进行介绍；第 6 章以城镇区域监测为应用背景，基于电磁散射理论对城镇区域中的典型建筑目标散射特性进行分析，以稀疏表示、目标分解、度量学习为技术途径检测城镇区域建筑目标，最后对城镇区域的变化检测研究进行介绍；第 7 章面向海洋目标检测，介绍 PolSAR 图像海陆分割技术，然后从统计模型、特征提取及图像分类三种技术手段出发，介绍海洋舰船散射建模与检测方法。

随着传感器技术和计算技术不断进步，对于 PolSAR 图像处理的研究也在快速发展。限于本书作者的能力，书中难免存在疏漏及不足之处，恳请广大读者批评指正。

作　者

2024 年 5 月

目　录

第 1 章　极化 SAR 概述 …… 001
1.1　SAR 系统发展概况 …… 001
1.2　我国 SAR 系统发展概况 …… 003
1.3　代表性机载 SAR 系统 …… 004
1.4　代表性星载 SAR 系统 …… 010
本章参考文献 …… 016
第 2 章　电磁理论与极化表征 …… 019
2.1　引言 …… 019
2.2　极化电磁波理论 …… 019
2.3　目标的极化散射表征 …… 026
2.4　基本散射机理 …… 029
本章参考文献 …… 034
第 3 章　极化目标分解理论及典型方法 …… 036
3.1　引言 …… 036
3.2　极化目标分解基本思想 …… 037
3.3　典型相干目标分解方法 …… 037
3.4　典型非相干目标分解方法 …… 047
本章参考文献 …… 058
第 4 章　基于物理散射模型的极化目标分解 …… 061
4.1　引言 …… 061
4.2　基于物理散射模型的典型极化目标分解方法 …… 061
4.3　基于非对称散射机理的目标分解方法 …… 081
4.4　修正旋转二面角模型的五成分分解方法 …… 096
本章参考文献 …… 103

第 5 章　面向土地利用的极化 SAR 图像分类 …… 104
5.1　引言 …… 104
5.2　基于极化特征和机器学习的极化 SAR 图像分类 …… 104
5.3　面向对象的极化 SAR 图像分类 …… 126
本章参考文献 …… 150
第 6 章　面向城镇监测的极化 SAR 图像目标检测 …… 152
6.1　引言 …… 152
6.2　极化 SAR 城镇区域建筑物特性分析 …… 152
6.3　基于局部卷积稀疏表示的建筑目标检测 …… 163
6.4　基于 IC－ISTD 目标分解结果的建筑目标检测 …… 169
6.5　基于度量学习的城区建筑目标检测 …… 175
6.6　基于自适应体散射的建筑群密度检测 …… 186
6.7　PolSAR 图像城区变化检测 …… 194
本章参考文献 …… 206
第 7 章　面向海洋应用的极化 SAR 图像目标检测 …… 209
7.1　引言 …… 209
7.2　极化 SAR 图像海陆分割方法研究 …… 210
7.3　极化 SAR 图像舰船目标检测 …… 222
本章参考文献 …… 264
名词索引 …… 267

第1章 极化SAR概述

1.1 SAR系统发展概况

雷达是根据第二次世界大战的军事需求而开发的，最初用于在恶劣天气和夜间监视飞机和轮船。随着射频技术、天线技术和最近的数字技术的发展，雷达技术也在不断发展。早期的雷达系统利用时延来测量雷达与目标（雷达反射体）之间的距离，通过天线瞄准目标的方向，然后使用多普勒频移检测目标速度。

关于合成孔径雷达（SAR）的研究最早要追溯到20世纪50年代[1]。1951年，美国的Goodyear公司首次提出了有关SAR的概念。20世纪70年代，SAR军事技术向民间组织开放，遥感科学家发现SAR图像可以为光学传感器提供非常有用的补充。1978年，美国成功发射了人类历史上第一颗搭载SAR的Seasat－A卫星[2]（图1.1），这意味着SAR技术已经在真正意义上走向了空间领域，成为人们关注的焦点。SAR作为一种成像雷达，可以不受光照和天气条件的限制，全天时、全天候地进行对地观测，甚至可以穿透地表或植被获取被其覆盖的信息。这些特点使其在农业、林业、水利、地质、自然灾害和其他民用领域具有广泛的应用前景。

SAR的基本原理是利用小天线沿长线阵轨道匀速运动并辐射相参信号，然后将在不同位置接收的回波进行相干处理，从而产生一个等效的长线性阵列天线，以获得高分辨率的图像。作为一种主动式的对地观测系统，SAR可安装在飞机、卫星和宇宙飞船等飞行平台上。对于机载SAR，等效天线可以长达数百米，

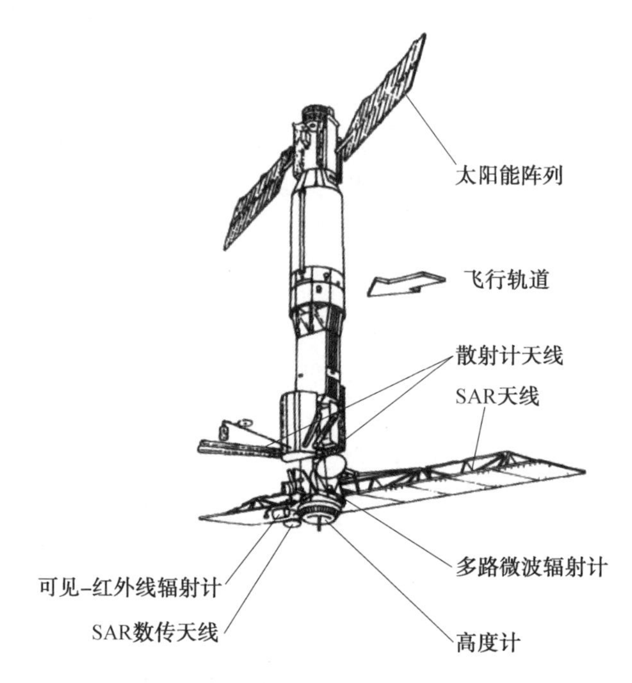

图 1.1 搭载 SAR 的 Seasat—A 卫星

星载情况更是可以达到数千米。因此,SAR 可以提供比传统雷达高得多的分辨率,其越来越受到各领域尤其是遥感领域科研人员的重视。

SAR 在遥感领域应用愈加广泛,主要有以下三个原因:

①雷达主动发射电磁波,在黑夜中同样能出色地工作;

②SAR 所使用波段的电磁波几乎可以无失真地穿透水汽云层;

③物质的光学散射特性与电磁散射特性不同,因此雷达与光学传感器具有互补性,有时甚至可以获得比光学传感器更强的地表特征分辨能力。

经过几十年的发展,SAR 的种类和工作模式也越来越多样化,包括条带合成孔径雷达(stripmap SAR)、扫描合成孔径雷达(scan SAR)、聚束合成孔径雷达(spotlight SAR)、逆合成孔径雷达(inverse SAR)、双站合成孔径雷达(bistatic SAR)等。此外,通过引入电磁波的极化信息,科研人员研发了极化合成孔径雷达(PolSAR)。

PolSAR 与 SAR 一样,同样也具有 24 h 全天候工作并有一定穿透能力的特性[3-4]。它主要使用了不同极化通道获取复图像,以便达到较好区分物体的几何参数、结构特点、目标方向等参数的目的。同时,PolSAR 可以获取目标精细特征和几何特征,这种功能是其他遥感手段替代不了的。早期的极化雷达成像研究专注于利用极化雷达回波来表现飞机的目标特征。20 世纪 50 年代,Sinclair 提出了散射矩阵的概念。同时,Kennaugh 也提出了最佳极化概念。20 世纪 80 年

代，Huynen 也在雷达目标的极化散射特性方面做出了杰出的贡献，他们提出了包括极化比在内的多种极化表征。

1.2　我国 SAR 系统发展概况

我国有关于合成孔径雷达的研究也是早在 1976 年就已经开始了[5-6]。中国科学院电子学研究所于 1979 年成功研制了第一台机载 SAR 系统，并同时得到了第一幅 SAR 图像，这在我国是首次，开创了历史。我国在 1987 年又成功研制出了具有多极化、多条带的机载 SAR 系统。同时，各大高校和研究所也在积极研究开发更加高级的 SAR 和 PolSAR 系统。

我国星载 SAR 的研制工作起步于 20 世纪 90 年代初，经过近 40 年的发展，取得了较大的成果，先后进行了“星载 SAR 海洋应用研究”等课题的研究。同时，中国科学院电子学研究所、中国电子科技集团公司第三十八研究所和中国空间技术研究院等也在积极进行 SAR 系统的研制。与此同时，这些军工单位还联合西安电子科技大学、北京理工大学、北京航空航天大学、电子科技大学、国防科技大学、南京航空航天大学、哈尔滨工业大学等高校在 SAR 成像新理论、新体制和新方法等方面进行了深入的研究，并在运动补偿、参数估计和实时成像等关键技术上取得了重大突破。这些工作极大地推动了我国星载遥感 SAR 卫星的发展。

2016 年，中国首颗分辨率达到 1 m 的高分辨 C 波段多极化 SAR 成像卫星——高分三号于 2016 年 8 月 10 日在太原卫星发射中心成功发射，它有 12 种工作模式，是世界上工作模式最多的合成孔径雷达卫星，可以对陆地、海洋进行全天候、全天时、全方位的大范围普查，或对特定的目标进行精确测量。

2020 年 12 月 22 号，由厦门大学、天仪研究院、中国电子科技集团公司第三十八研究所和首都师范大学联合研制的 SAR 遥感卫星——海丝一号成功发射。海丝一号卫星是我国首颗商业 SAR 卫星，也是国际首颗 C 波段轻小型 SAR 卫星，同时它还是高校首颗面向海洋和海岸带科学观测的 SAR 遥感卫星。2022 年 2 月 27 日，我国在文昌航天发射场使用长征八号运载火箭成功将包括巢湖一号卫星在内的 22 颗卫星发射升空。巢湖一号卫星是我国自主研制的“天仙星座”首发星，由中国电子科技集团公司第三十八研究所提供核心载荷。

2022 年 7 月 16 日，利用长征二号丙运载火箭，采用“一箭双星”方式成功将四维高景二号 01、02 星送入预定轨道，并且开展运行。四维高景二号采用双星运行模式，组建并成为我国“首个干涉 SAR 商业卫星星座数据产品”。四维高景二号 01、02 星图像产品地物纹理清晰，层次分明，微波散射特性明显，图像质量优异，可读性强(图 1.2)。

图 1.2　埃及苏伊士运河及沿岸地区的 SAR 图像
（图像数据来源：四维高景二号 01、02 星）

2023 年 3 月 30 日，宏图一号分布式干涉 SAR 高分辨率遥感卫星星座成功搭载长征二号丁运载火箭在太原卫星发射中心顺利进入预定轨道，发射任务取得圆满成功。此次成功发射的四颗高分辨率 X 波段 SAR 卫星是我国第一个自主研发的分布式多基线干涉雷达星座，是全球首个采用四星车轮式编队构型的多星分布式干涉 SAR 系统。该卫星系统是由“1 颗主星＋3 颗辅星”组成的，具备全球范围高分宽幅成像、高精度测绘及形变监测等能力。

1.3　代表性机载 SAR 系统

随着 20 世纪五六十年代民用遥感技术的发展，人们开始在飞机与卫星上使用传感器进行大面积精细地表图像应用的研究。至 20 世纪 70 年代，军用 SAR 技术向民间开放，开启了 SAR 遥感技术的研究。SAR 遥感基础技术是在机载平台上发展起来的，直至今日仍因机载平台相对灵活、调用简易、可实现短时间内对指定目标点反复观测需求及高分辨率的优势而应用于多个领域。

随着 1985 年位于美国的喷气推进实验室（Jet Propulsion Laboratory，JPL）成功研制了第一部正交极化机载 PolSAR 系统，各国对 PolSAR 的研究达到了高潮[7]。到目前为止，已经技术成熟并且投入使用的 PolSAR 有很多[8]，如机载 SAR（airbornce SAR，AIRSAR）极化 SAR 系统，它是 1985 年后的近 20 年中主

要的极化成像雷达之一。20 世纪末，欧洲空间局（European Space Agency，ESA）加紧了对极化 SAR 的研究，多部机载极化 SAR 系统相继出现。德国航空航天中心（Deutsches Zentrum Für Luftund Raumfahrt，DLR）微波雷达研究所研制了 L 波段和 P 波段机载实验全极化 SAR 系统（experimental SAR，E－SAR）。欧洲机载极化 SAR 系统还包括由丹麦科技大学电磁学研究所及其下属丹麦遥感中心联合设计制造的极化 SAR 系统（electromagnetics institute SAR，EMISAR），该系统可获取 C 波段和 L 波段（两个波段不能同时工作）的正交极化数据。美国航空航天局（National Aeronautics and Space Administration，NASA）的喷气推动实验室目前正在建造可重构的 L 波段极化 SAR。

目前，常见的机载 SAR 系统主要由 NASA、DLR，以及丹麦、日本等国家研制。我国中国科学院电子学研究所、电子科技集团及航天院所也相继研制了 L 波段差分干涉 SAR（L－SAR）等机载 SAR 系统[6]。目前，国际上代表性的机载 SAR 系统及相应参数汇总见表 1.1。

表 1.1　国际上代表性的机载 SAR 系统及相应参数汇总

机载 SAR 系统	所属单位	投入使用	工作波段	极化方式	分辨率
CV990	美国 JPL	1985 年	L	全极化	10 m×10 m(4 视)
AIRSAR	美国 NASA	1988 年	P/L/C	全极化	7.5 m×2 m
E－SAR	德国 DLR	1988 年	P/L/C/X	全/双极化	4 m×1.5 m
EMISAR	丹麦	20 世纪 90 年代	C/L	全极化	2～8 m
ERIMSAR	美国 DARPA①	1992 年	L/C/X	—	—
DO－SAR	德国 DLR	1993 年	S/X/Ka	全极化	—
Pi－SAR	日本 JAXA②	1996—2012 年	L	全极化	3.2 m×3 m
RAMSES	法国 ONERA③	2007 年	P～W	全极化	0.13～2 m
F－SAR	德国 DLR	2008 年	P～X	全极化	0.3 m×0.1 m～2.25 m×1.5 m
NanoSAR	美国	2009 年	X	单极化	1 m
UAVSAR	美国 NASA	2009 年	P/L	全极化	1.6 m×0.7 m
QuaSAR	西班牙 INTA④	2009 年	Ku	全极化	亚米级
微型 SAR	中国	2010 年/2011 年	Ku/Ka	—	0.5 m/0.15 m
SUMATRA－94	德国 FGAN⑤	2012 年	W	双极化	0.15 m

续表 1.1

机载 SAR 系统	所属单位	投入使用	工作波段	极化方式	分辨率
CP－SAR	马来西亚、印度尼西亚等国联合开发	2013 年	L	左/右旋圆极化	≈1 m
D3160 型 SAR	中国	2013 年	X/Ku	全极化	优于 0.3 m

①DARPA 为美国国防部重大科技攻关项目组织(Defense Advanced Research Projects Agency)。

②JAXA 为日本宇宙航空研究开发机构(The Japan Aerospace Exploration Agency)。

③ONERA 为法国国家航空航天研究中心(Office National d'Etudes et de Recherches Aérospatiales)。

④ INTA 为西班牙国家航空航天技术研究所(National Institute for Aerospace Technology)。

⑤FGAN 为德国高频物理与雷达技术研究所(Research Institute Füor High Frequency Physics and Radar Techniques)

AIRSAR 是由 NASA 的 JPL 设计和建造的一种机载 SAR,是一种能够穿透云层并在夜间收集数据的全天候成像工具，更长的波长也可以穿透森林冠层和薄的沙层与积雪，被广泛用于地形观测。AIRSAR 于 1988 年首次飞行[9]，并于 2004 年完成了最后一次飞行任务，飞机以 215 m/s 的速度在平均地形上空 8 km 的高度飞行。AIRSAR 可以同时获取四个极化通道的数据,因此可以合成出与任意发射接收极化状态组合相匹配的后向散射功率及相对极化相位。该系统可以同时获取三个波段(P 波段、L 波段和 C 波段)的 SAR 数据,它是 1985 年后主要的极化成像雷达之一[10]。在 SAR 极化测量模式下,该系统可以获得 HH 极化、HV 极化、VH 极化和 VV 极化四个极化通道下的数据,对不同极化通道下的数据进行假彩色合成,可以获得反映地物信息的图像,再进一步地综合利用极化数据进行处理,可以实现解译,获取表征地物散射的信息(图 1.3)。

DLR 微波雷达研究所研制的 E－SAR 全极化系统[11]搭载在 DLR Dornier DO 228 飞机上。该传感器在 X、C、L、P 四个频段中工作,因此覆盖 3～85 cm 的波长范围。E－SAR 提供了高度的操作灵活性。测量模式包括单通道操作(即一次一个波长和一个极化),以及 SAR 干涉测量和 SAR 极化测量的模式。根据其成像模式,E－SAR 系统在斜距距离向可以取得 2.3 m 或 4.5 m 的分辨率,在方位向可以取得 0.7 m、2.5 m 或大于 3 m 的分辨率。同样地,E－SAR 获取的极化数据进行合成也能获得表征地物散射信息的图像(图 1.4)。

欧洲机载极化 SAR 系统还包括由丹麦科技大学电磁学研究所及其下属丹麦遥感中心联合设计制造的 EMISAR[12]。该系统可获取 C 波段和 L 波段(两个

图1.3　荷兰Flevoland地区的AIRSAR全极化图像
红—HH+VV;绿—HH−VV;蓝—HV

图1.4　德国Oberpfaffenhofen实验地区的E−SAR极化数据合成图
红—HH+VV;绿—HH−VV;蓝—HV

波段不能同时工作)的正交极化数据。EMISAR具备接近于3 m的高分辨率且经过细致的极化定标处理[13]。同样地,EMISAR获取的极化数据进行合成也能获得表征地物散射信息的图像(图1.5)。

图 1.5 丹麦 Foulum 地区的 EMISAR 全极化图像
红—HH+VV;绿—HH−VV;蓝—HV

无人机 SAR(uninhabited aerial vehicle SAR,UAVSAR)[14]是由 NASA 的 JPL 设计和建造的一种无人驾驶飞行器 SAR,属于机载 SAR 的一种,专门被设计用于获取机载重复轨道 L 波段 SAR 数据,从而用于差分干涉测量,提供关键的变形测量,其对于研究地震、火山和其他动态变化现象非常重要。UAVSAR 于 2007 年 8 月发射,服役至 2020 年。在 SAR 极化测量模式下,该系统可以获得 HH 极化、HV 极化、VH 极化和 VV 极化四个极化通道下的数据。UAVSAR 系统获得的 HH 通道图像如图 1.6 所示。更进一步,UAVSAR 获取的极化数据进行合成也能获得表征地物散射信息的图像。美国 Moss Beach 及 Half Moon Bay 地区的 UAVSAR 全极化图像如图 1.7 所示。

NASA 的喷气推动实验室目前正在建造可重构的 L 波段极化 SAR,它是专门设计用于为差分干涉测量获取航空测绘重复航迹 SAR 数据的。差分干涉仪能够给出关键的变形测量,对于研究地震、火山和其他动态变化现象是很重要的。该系统采用精确的实时全球定位系统(global positioning system,GPS)和探测器控制飞行管理系统,能够以很高的精度按预设路径飞行。飞行控制系统的期望性能把飞行路径限制在直径为 10 m 的通道内。按其设计,该雷达可在无人机上工作。这部雷达是全极化的,距离向带宽为 80 GHz(2 m 距离分辨率),并支持 16 km 的距离地面条带。天线沿航迹进行电控,以确保天线波束能够独立指向而不用考虑风向和风速。

(a) 美国San Diego地区

(b) 新西兰Auckland地区

图 1.6　UAVSAR 系统获得的 HH 通道图像

图 1.7　美国 Moss Beach 及 Half Moon Bay 地区的 UAVSAR 全极化图像

红—HH+VV;绿—HH−VV;蓝—HV

1.4 代表性星载 SAR 系统

尽管 SAR 最初在机载平台上发展起来，但直至 1978 年 NASA 发射了首颗 Seasat 卫星并向全世界展示了 SAR 获得高清地表的能力，才使得遥感领域关注这种新型传感器。直至今日，星载 SAR 系统[15]受到包括俄罗斯、美国、日本、加拿大、中国等国家及欧洲地区的重点关注，系统分辨率由早期的 20 m 提升至米级，工作模式也由单极化扩展到双极化、全极化，部分卫星组成了 SAR 星座，进一步提高了对地遥感能力。截至 2016 年 6 月，据统计在轨运行的 1 419 颗卫星中有 33 颗为 SAR 卫星。其后，各国仍在研制并发射更先进的星载 SAR 系统，其中包括我国目前最先进的高分三号（GF－3）C 波段高分辨率全极化 SAR 卫星[30]。目前，国内外具有重要意义的星载 SAR 系统和仍在轨运行的星载 SAR 系统及其部分参数汇总见表 1.2。

表 1.2　国内外具有重要意义的星载 SAR 系统和仍在轨运行的星载 SAR 系统及其部分参数汇总

星载 SAR 系统	所属单位或国家	投入使用	波段与极化	备注
Seasat	美国 JPL	1978 年	L(HH)	世界首颗民用 SAR 卫星
J－ERS－1	日本 JAXA	1992—1998 年	L(HH)	日本首颗 SAR 卫星
SIR－C/X－SAR	美国、德国、意大利	1994 年	L&C(双极化) X(VV)	首个星载多频 SAR 卫星
Radarsat－1	加拿大 CSA①	1995 年至今	C(HH)	加拿大首颗 SAR 卫星
ENVISAT/ASAR	ESA	2002—2012 年	C(全极化)	首个使用 TR 模块的 SAR 卫星
ALOS/PALSAR	日本 JAXA	2006—2011 年	L(全极化)	—
TerraSAR－X/ TanDEM－X	德国 DLR	2007 年至今/ 2010 年至今	X(全极化)	首个空间双站雷达，分辨率至 1 m
Radarsat－2	加拿大 CSA	2007 年至今	C(全极化)	1 m×3 m
COSMO－SkyMed	意大利 ASI②	2010 年至今	X(双极化)	四星座组，1 m
RISAT－1	印度 ISRO③	2012 年至今	C(全极化)	—
HJ－1C	中国	2012 年至今	S(VV)	中国首颗 S 波段 SAR 卫星
Kompass－5	韩国 KARI④	2013 年发射	X(双极化)	1 m
PAZ	西班牙 Hisdesat⑤	2013 年发射	X(全极化)	与 TerraSAR－X 和 TanDEM－X 构成星座组

续表 1.2

星载 SAR 系统	所属单位或国家	投入使用	波段与极化	备注
ALOS－2	日本 JAXA	2013 年发射	L(全极化)	1 m×3 m
Sentinel－1a/1b	ESA	2013 年/2015 年	C(双极化)	—
SAOCOM－1/2	阿根廷 CONAE	2014 年/2015 年	C(全极化)	—
RISAT－2	印度 ISRO	2016 至今	C(全极化)	—
GF－3	中国	2016 年发射	C(全极化)	中国首颗米级分辨率 C 波段全极化 SAR 卫星
海丝一号	中国	2020 年发射	C(VV)	中国首颗轻小型 SAR 卫星，是国际上首个 C 波段小卫星
齐鲁一号	中国	2021 年发射	Ku	中国首颗具备网络化智能处理和服务的 SAR 卫星
LT－1A/B	中国	2022 年发射	L(全极化)	两颗先进的全极化 L 波段干涉合成孔径雷达卫星
巢湖一号	中国	2022 年发射	C	国际轻小型 C 波段商业 SAR 卫星的最高分辨率
宏图一号	中国	2023 年发射	X	全球首个采用四星车轮式编队构型的多星分布式干涉合成孔径雷达系统

①CSA 为加拿大航天局(Canadian Space Agency)。

②ASI 为意大利航天局(Agenzia Spaziale Italiana)。

③ISRO 为印度空间研究组织(Indian Space Research Organisation)。

④KARI 为韩国航空宇宙研究院(Korea Aerospace Research Institute)。

⑤Hisdesat 为一家西班牙公司。

⑥CONAE 为西班牙空间活动委员会(Comisión Nacional de Actividades Espaciales)。

1960 年，第一次 SAR 实验在华盛顿成功完成。1978 年，NASA 的 JPL 发射了第一颗 SAR 卫星(Seasat－A)。直到 1990 年，SAR 技术的研究都集中在美国[16-17]。但是,1990—2000 年,SAR 技术开始走出实验室,加拿大、俄罗斯、日本等许多国家和欧洲地区开始建造 SAR 卫星。紧随其后的是中国、韩国、印度及其他发展航天工业的国家。然而,由于成本高,因此高分辨率 SAR 技术仍仅限于军事和国防部门。

多年来,SAR 技术一直局限于军事和研究领域,但第一个将 SAR 卫星图像商业化的国家是加拿大[18-19]。1995 年,Radarsat－1 发射,使用单微波频率为 5.3 GHz的 C 波段传感器。Radarsat－1 是加拿大第一颗商业地球观测卫星。尽管 Radarsat－1 的分辨率对于大多数工业应用来说还远远不够,但该项目标志着商业 SAR 时代的开始[20]。Radarsat－1 的后继星是 Radarsat－2 卫星,它是加拿大第二代商业雷达卫星[21]。Radarsat－2 卫星于 2007 年 12 月 14 日发射。与 Radarsat－1 相比,Radarsat－2 卫星具有更为强大的功能,其于 2009 年 9 月 3 日拍摄的中国青岛地区及黄海海域图像的分辨率为 8 m,极化图像大小为 2 888×5 711(图 1.8)。Radarsat 系列卫星的应用广泛,包括减灾防灾、雷达干涉、农业、制图、水资源、林业、海洋、海冰和海岸线监测等。

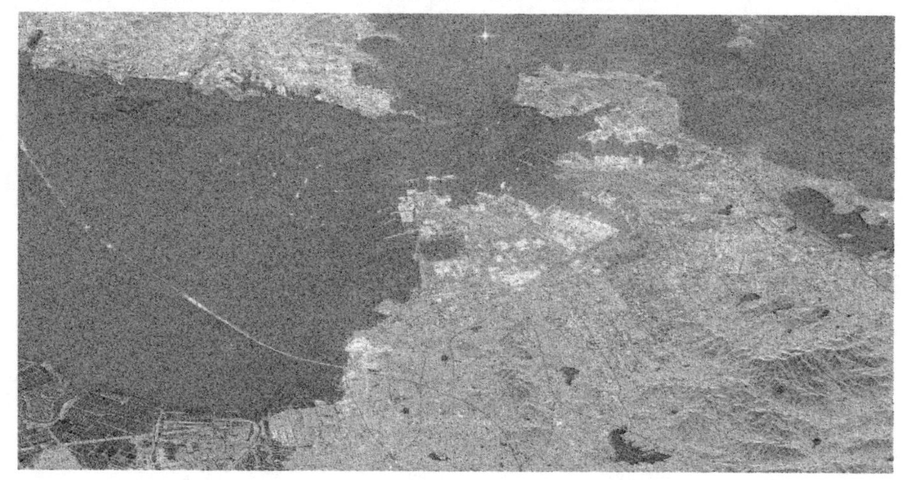

图 1.8　Radarsat－2 卫星中国青岛地区及黄海海域图像

日本对地观测卫星(advanced land observing satellite,ALOS)是日本地球资源卫星(Japanese Earth resources satellite,JERS)和先进地球观测卫星(advanced Earth observing satellite,ADEOS)的后继星,也是全球最大的地球观测卫星之一,于 2006 年发射[22-23]。ALOS 载有三台遥感器。其中,相控阵 L 频段 SAR 雷达(phased array L-band SAR,PALSAR)用于全天时、全天候陆地观测,其频率为 1.3 GHz,分辨率可以达到 10 m 和 100 m。此外,目前市面上能获得的最高 12.5 m 分辨率的免费数字高程模型(digital elevation model,DEM)图像是来自 ALOS 卫星的 PALSAR 仪器。ALOS－2 是 ALOS 的后续任务,改进

了ALOS卫星的宽幅和高分辨率观测技术,进一步满足了社会需求[24-25]。中国海南地区陵水区域的极化图像大小为8 480×5 000,是由ALOS－2星载系统所得,采用L波段,方位向分辨率为4.3 m,距离向分辨率为5.1 m(图1.9)。

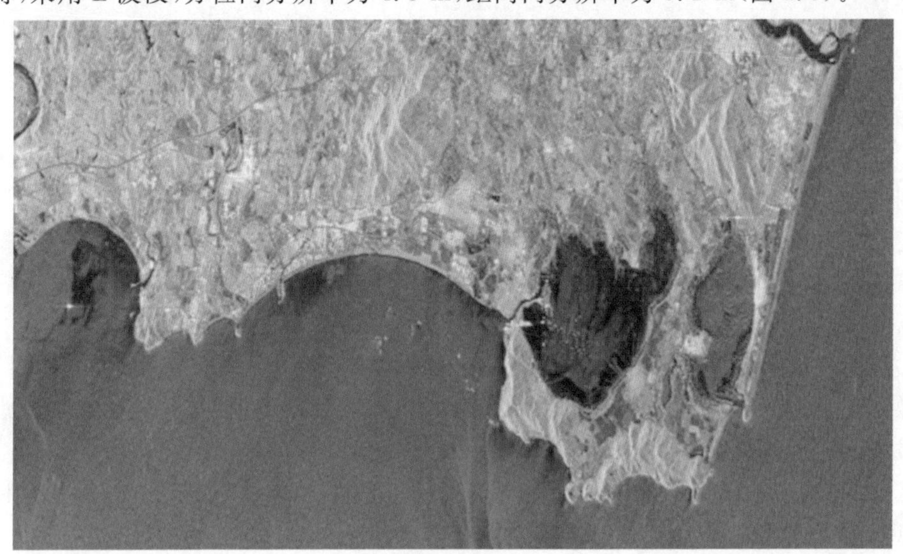

图1.9 ALOS－2中国海南陵水区域及南海海域图像

第一个用于商业应用的亚米雷达图像于2007年发射。德国发射的TerraSAR－X卫星[26]由公私合作方式开发,是一套军民两用卫星系统,为全球数字地形模型提供支持,可以聚束式、条带式和推扫式三种模式成像,并拥有多种极化方式,可全天时、全天候地获取用户要求的任一成像区域的高分辨率图像。意大利发射的COSMO－SkyMed[27]系统的每颗卫星配备有一个多模式高分辨SAR,该雷达工作于X波段,波长3.1 cm,并且配套有特别灵活和创新的数据获取和传输设备,为对地观测市场提供了全球覆盖能力,适应各种气候的日夜获取能力,具有高分辨率、高精度、高干涉/极化测量能力的产品服务。然而,这两个SAR系统均使用X波段,使得SAR卫星体积大、卫星总数不足、数据非常昂贵,一幅图像的价格可能是相同分辨率的光学卫星图像的3倍。

虽然SAR卫星的商业化发展缓慢,但在2014年出现了突破,当时ESA发射了第一颗Sentinel－1卫星作为哥白尼卫星星座的第一部分,第一次任务由两颗C波段卫星Sentinel－1A和Sentinel－1B(后者于2016年发射)组成[28-29]。ESA和欧盟委员会的政策使得获取Sentinel－1的数据并免费将其用于公共、科学或商业目的变得容易。在免费数据和相关政策的支持下,许多SAR初创公司在此期间迅速成长,尤其是使用干涉SAR(interferometric SAR,InSAR)技术的初创公司。经过五年的发展,几乎所有的InSAR公司都在使用Sentinel－1图像。Sentinel－1免费提供的10 m图像及其6～12 d的重访周期对现有的SAR数据用户生态系统来说非常令人满意。然而，这虽然降低了进入门槛，有助于下游应用的增长，但限制了数据销售机会，因此给上游 SAR 卫星制造商带来了巨大压力。中分辨率(1～5 m)卫星现在逐渐没落，低分辨率 SAR 卫星已经失去市场。

2015 年前后，随着小卫星星座的发展，航天领域的新时代开始出现。这是由启动成本的降低引发的，其大大降低了初创企业的进入门槛。随着发射成本从几千万美元下降到约 10 万美元，卫星初创公司可以重新调整制造卫星的方法。

GF－3 包含三颗卫星，首星于 2016 年 8 月 10 日发射，是我国首颗分辨率达到 1 m 的 C 频段民用多极化微波 SAR 卫星，也是我国低地球轨道上第一颗大尺度、大翼展卫星。GF－3 配置了一套相控阵体制 SAR 系统，具有聚束、条带、扫描、波成像模式等 12 种成像模式，空间分辨率达到 1～500 m，观测幅宽达到 10～650 km，设计寿命为 8 年。卫星天线长 15 m，太阳翼展开后可达 18 m。2016 年 8 月 25 日，国家国防科技工业局对外公布了 GF－3 卫星获取的首批图像(图 1.10)，图像清晰、层次分明、信息丰富、微波反射特征明显，包括北京首都机场、福建厦门、天津港、洪泽湖、黄海海域等卫星图像，涵盖聚束、条带、扫描、全极化等 GF－3 卫星载荷典型成像模式图像，反映了不同成像模式下地貌图像特点及海洋环境监测等情况。

图 1.10　GF－3 卫星北京地区图像(图中心偏右为首都机场)

2014 年，ICEYE 成立于芬兰阿尔托大学，其于 2018 年发射了重 70 kg 的 ICEYE－X1，这是第一颗 100 kg 以下搭载 SAR 传感器的卫星，也是芬兰第一颗商业卫星。经过八年的发展，该公司成为欧洲非常好的小型卫星创业公司。

在美国，SAR 初创公司 Capella Space 成立于 2016 年。2018 年，该公司发射了首颗商业 SAR 卫星 Denali 作为测试任务，并于 2020 年发射了 Sequoia 卫星。Capella Space 迄今为止已将五颗卫星送入轨道，最终计划是一个由 36 颗卫星组成的星座，每小时进行一次全球重访。

同时期，我国多单位联合研制的商用 SAR 卫星（如海丝一号和巢湖一号等）也发展起来，开启了国内商用小卫星 SAR 系统的热潮。中国电子科技集团公司第三十八研究所瞄准国内商业需求，对标国际先进指标，基于 C 波段轻量化有源相控阵天线技术和一体化中央电子设备集成技术，成功研制了海丝一号 SAR 载荷。海丝一号整星质量小于 185 kg，成像分辨率可达 1 m。巢湖一号卫星具备区域多点目标的连续成像能力、精密定轨能力、在轨成像处理和 AI 处理功能，依托 SAR 遥感卫星全天时、全天候稳定获取遥感图像的特点，具备 6 h 应急成像能力，可以提供更加精准、高效、可靠的 SAR 卫星遥感数据服务，将为国家应急救灾体系建造贡献可信赖的力量。海丝一号和巢湖一号首批获取到的图像如图 1.11 所示，该图像成像质量高，可以清晰地获取建筑、河流、湖泊等地物信息。

(a) 美国田纳西州海丝一号卫星条带模式产品

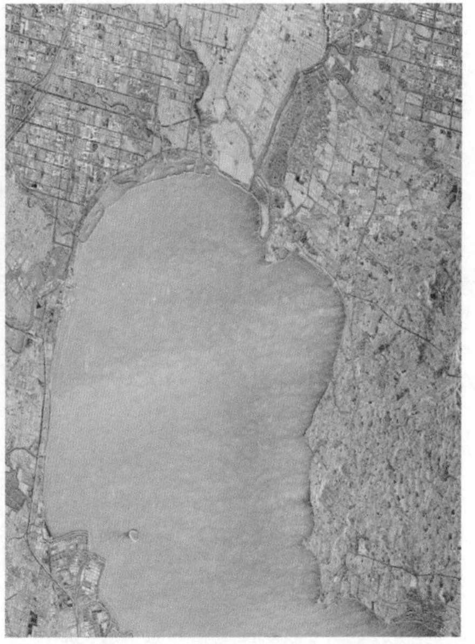

(b) 中国安徽合肥市巢湖一号卫星条带模式产品

图 1.11　海丝一号和巢湖一号首批获取到的图像

随着各国针对 SAR 遥感领域的重视不断提升及 SAR 载荷、成像技术的不断发展，将有更多先进、稳定、具有高成像能力的机载、星载 SAR 系统投入使用。数据获取能力的不断提升和 SAR 图像数据量的不断积累为针对 SAR 图像的解译、SAR 目标检测与识别提供了海量实验数据和保障。

本章参考文献

[1] 莫特. 天线和雷达中的极化[M]. 林冒禄，等译. 北京：电子科技大学出版社，1989.

[2] BORN G H, DUNNE J A, LAME D B. Seasat mission overview[J]. Science, 1979, 204(4400): 1405.

[3] 黄培康，殷红成，许小剑. 雷达目标特性[M]. 北京：电子工业出版社，2005.

[4] 郭睿. 极化 SAR 处理中若干问题的研究[D]. 西安：西安电子科技大学，2012.

[5] 汪洋. 极化合成孔径雷达图像处理及其应用研究[D]. 合肥：安徽大学，2007.

[6] 王文光. 极化 SAR 信息处理技术研究[D]. 北京：北京航空航天大学，2007.

[7] JORDAN R L, HUNEYCUTT B L, WERNER M. The SIR－C/X－SAR synthetic aperture radar system [J]. IEEE transactions on geoscience and remote sensing, 1995, 33(4): 829-839.

[8] ENDER H, JOACHIM G. Experimental results achieved with the airborne multi-channel SAR system AER-Ⅱ [J]. EUSAR, 1998, 2(1): 315-318.

[9] HOEKMAN D H, QUIÑONES M J. Land cover type and biomass classification using AirSAR data for evaluation of monitoring scenarios in the Colombian Amazon[J]. IEEE transactions on geoscience and remote sensing, 2000, 38(2): 685-696.

[10] TIEN B D, SHAHABI H, SHIRZADI A, et al. Landslide detection and susceptibility mapping by AIRSAR data using support vector machine and index of entropy models in cameron highlands[J]. Remote sensing, 2018, 10(10): 1527.

[11] NIZALAPUR V, JHA C S, MADUGUNDU R. Estimation of above ground biomass in Indian tropical forested area using multi-frequency DLR－ESAR data[J]. International journal of geomatics and geosciences,

2010, 1(2): 167.

[12] CHRISTENSEN E L, et al. EMISAR: an absolutely calibrated polarimetric L- and C-band SAR[J]. IEEE transactions on geoscience and remote sensing, 1998,36(6):1852-1865.

[13] CHRISTENSEN E L, DALL J. EMISAR: a dual-frequency, polarimetric airborne SAR[J]. IEEE international geoscience and remote sensing symposium, 2002, 3: 1711-1713.

[14] ROSEN P A, et al. UAVSAR: new NASA Airborne SAR system for research[J]. IEEE aerospace and electronic systems magazine, 2007, 22(11):21-28.

[15] DESNOS Y L, BUCK C, GUIJARRO J, et al. ASAR-Envisat's advanced synthetic aperture radar-building on ERS achievements towards future earth watch missions[J]. ESA bull, 2000, 5(10): 91-100.

[16] MCCAULEY J,BREED C,SCHABER G,ET AL. Paleodrainages of the Eastern Sahara:the radar rivers revisited (SIR-A/B implications for a mid-tertiary trans-afnrcan drainage system) [J]. IEEE transactions on geoscience and remote sensing,1986(4).

[17] 魏钟铨.合成孔径雷达卫星[M].北京:科学出版社,2001.

[18] SRIVASTAVA S K,LUKOWSKI T L, GRAY R B, et al. Radarsat: image quality management and performance results[J]. Proceedings of 1996 Canadian conference on electrical and computer engineering, 1996,1: 21-23.

[19] SRIVASTAVA S, COTE S, MUIR S, ET al. The Radarsat－1 imaging performance, 14 years after launch, and independent report on Radarsat－2 image quality[C]. 2010 IEEE International Geoscience and Remote Sensing Symposium,2010:3458-3461.

[20] LUSCOMBE A. Image quality and calibration of Radarsat－2[C]. 2009 IEEE International Geoscience and Remote Sensing Symposium,2009: 1-757-11-760.

[21] ZHANG B, MOUCHE A A, PERRIE W. First quasi-synchronous hurricane quad-polarization observations by C-band radar constellation mission and Radarsat－2[J]. IEEE transactions on geoscience and remote sensing,2022. 60:1-10.

[22] ISOGUCHI O, SHIMADA M. Extraction of ocean wave parameters by ALOS/PALSAR[C]. 2011 3rd International Asia-Pacific Conference on

Synthetic Aperture Radar (APSAR), 2011: 1-4.

[23] JI Y, ZENG P, ZHANG W, ET AL. Forest biomass inversion based on KNN-FIFS with different ALOS data [C]. 2021 IEEE International Geoscience and Remote Sensing Symposium IGARSS, 2021: 4540-4543.

[24] ARIKAWA Y, YAMAMOTO T, KONDOH Y, et al. ALOS-2 orbit control and determination[C]. 2014 IEEE Geoscience and Remote Sensing Symposium, 2014: 3415-3417.

[25] AZCUETA M, D'ALESSANDRO M M, ZAJC T, et al. ALOS-2 preliminary calibration assessment [C]. 2015 IEEE International Geoscience and Remote Sensing Symposium (IGARSS), 2015: 4117-4120

[26] BRAUN, MARTIN H, KICHERER, et al. External calibration for CRS-1 and SAR-Lupe[C]. 2006 European Conference on Synthetic Aperture Radar (EUSAR), 2006.

[27] COVELLO F, BATTAZZA F, COLETTA A, et al. One-day interferometry results with the COSMO-SkyMed constellation[C]. 2010 IEEE International Geoscience and Remote Sensing Symposium, 2010: 4397-4400.

[28] GEUDTNER D, TORRES R, SNOEIJ P, et al. Sentinel-1 system capabilities and applications [C]. 2014 IEEE Geoscience and Remote Sensing Symposium, 2014: 1457-1460.

[29] MARTINIS S. Improving flood mapping in arid areas using SENTINEL-1 time series data [C]. 2017 IEEE International Geoscience and Remote Sensing Symposium (IGARSS), 2017: 193-196.

第2章

电磁理论与极化表征

2.1 引　言

PolSAR 系统能够获取不同极化组合方式下的目标散射特性，描述地物的几何、纹理、结构等丰富的属性。PolSAR 图像包含四个通道的极化数据，能够完全反映出地物目标的电磁波极化散射特征。本章主要介绍 PolSAR 图像极化电磁散射理论与极化特征的表征方法，研究电磁波与目标的作用机理，介绍基本散射体及散射机制。

2.2 极化电磁波理论

2.2.1 波的极化和极化椭圆

极化是电磁波固有的一种属性，也是电磁波的基本性质之一，描述了电场矢量端点作为时间的函数所形成的空间轨迹的形状和旋向。平面电磁波的电场矢量在坐标系中可以分解为水平方向和垂直方向两个分量，这两个分量之间的相对关系构成了平面电磁波的极化方式[1-2]。

沿着 z 轴正方向传播的均匀平面波在 $x-y$ 平面内由 x 方向分量 E_x 和 y 方向分量 E_y 组成[3]，电磁波传输示意图如图 2.1 所示，其表达式为

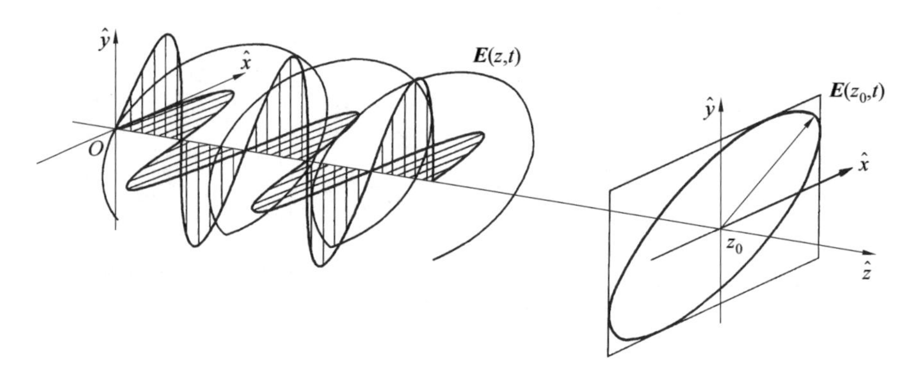

图 2.1 电磁波传输示意图

$$\begin{cases} E(z)=E_x(z)\boldsymbol{e}_x+E_y(z)\boldsymbol{e}_y \\ E_x(z)=E_x\mathrm{e}^{-\mathrm{i}kz}=E_{x0}\mathrm{e}^{-\mathrm{i}kz}\mathrm{e}^{\mathrm{i}\delta_x} \\ E_y(z)=E_y\mathrm{e}^{-\mathrm{i}kz}=E_{y0}\mathrm{e}^{-\mathrm{i}kz}\mathrm{e}^{\mathrm{i}\delta_y} \end{cases} \tag{2.1}$$

式中，$\boldsymbol{e}_x$ 和 $\boldsymbol{e}_y$ 分别表示 x 和 y 方向的单位基矢量；δ_x 和 δ_y 分别表示 x 和 y 方向的相位；k 表示波数；$E_x(z)$ 和 $E_y(z)$ 均为复数，其幅度为 $E_{x0}=|E_x|$，$E_{y0}=|E_y|$。$E_x(z)$ 和 $E_y(z)$ 在 t 时刻的瞬时值分别为

$$\begin{cases} E_x(z,t)=\mathrm{Re}[E_x(z)\mathrm{e}^{\mathrm{i}\omega t}]=\mathrm{Re}[E_x(z)\mathrm{e}^{-\mathrm{i}kz}\mathrm{e}^{\mathrm{i}\omega t}]=E_{x0}\cos(\omega t-kz+\delta_x) \\ E_y(z,t)=\mathrm{Re}[E_y(z)\mathrm{e}^{\mathrm{i}\omega t}]=\mathrm{Re}[E_y(z)\mathrm{e}^{-\mathrm{i}kz}\mathrm{e}^{\mathrm{i}\omega t}]=E_{y0}\cos(\omega t-kz+\delta_y) \end{cases} \tag{2.2}$$

式中，Re[・]表示复数的实部；ω 表示角速度。通常，$E_{x0}\neq0$，$E_{y0}\neq0$，$\delta_0=\delta_y-\delta_x\neq0$。则式(2.2)可简化为

$$\begin{cases} E_x(z,t)=E_{x0}\cos(\omega t-k) \\ E_y(z,t)=E_{y0}\cos(\omega t-k+\delta_0) \end{cases} \tag{2.3}$$

假设 ω、δ 的取值与时间 t 无关，消去式中的 $\omega t-k$ 项，容易得到电场矢量的轨迹，表示为

$$\left(\frac{E_x(z,t)}{E_{x0}}\right)^2+\left(\frac{E_y(z,t)}{E_{y0}}\right)^2-2\frac{E_x(z,t)E_y(z,t)}{E_{x0}E_{y0}}\cos(\delta_y-\delta_x)=\sin^2(\delta_y-\delta_x) \tag{2.4}$$

这就是一般情况下的椭圆极化方程，极化椭圆如图 2.2 所示。电场矢量在固定点 r 一个周期内随时间变化的轨迹是一个具有旋转方向性的椭圆，其旋转方向的定义遵循 IEEE 标准(IEEE 1979)：如果观察者沿传播方向看，电场强度矢量末端沿顺时针方向运动，则称为右旋极化；反之，则称为左旋极化。

对于任意极化态，可以用椭圆的几何参量来完全描述：极化方位角 φ 和椭圆率角 χ。极化方位角 φ 定义为

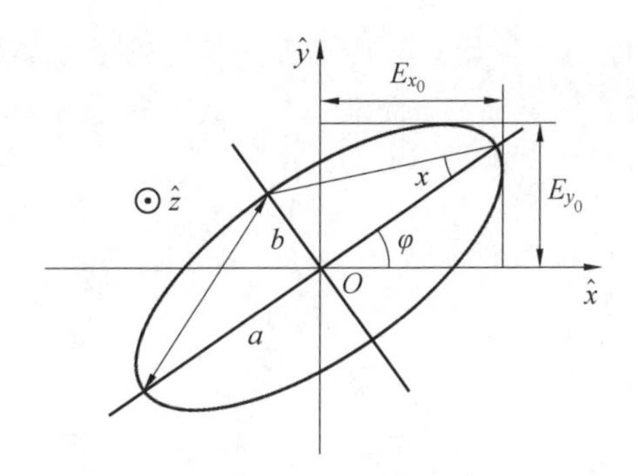

图 2.2　极化椭圆

$$\tan 2\varphi = \frac{2E_{x_0}E_{y_0}}{E_{x_0}^2 - E_{y_0}^2}\cos\delta_0 \tag{2.5}$$

椭圆率角 χ 定义为

$$\tan\chi = \pm\frac{b}{a} \tag{2.6}$$

式中，$2a$ 和 $2b$ 分别为椭圆的长轴和短轴；χ 表示椭圆的形状，同时也表示电场矢量的旋向。当 $\chi>0$ 时，为左旋极化；当 $\chi<0$ 时，为右旋极化。

极化方位角 φ 和椭圆率角 χ 与相位差 δ_0 的关系为

$$\begin{cases}\sin 2\chi = \sin 2\alpha\sin\delta_0 \\ \tan 2\varphi = \tan 2\alpha\cos\delta_0\end{cases} \tag{2.7}$$

其中

$$\tan\alpha = E_{y_0}/E_{x_0}$$

当波的两个正交分量的振幅与正交分量之间的相位差是常数时，即为完全极化波；当波的两个正交分量具有相同的平均功率密度而且又彼此不相关时，则为非极化波；介于二者之间的为部分极化波。根据极化方位角 φ 和椭圆率角 χ 的取值不同，除一般的椭圆极化波外，完全极化波还可以退化为线极化和圆极化。

(1)线极化。

当相位角相等，即 $\delta_x=\delta_y\rightarrow\delta_0=0$ 时，电场矢量 $E(z,t)$ 的轨迹表现为一直线。在该极化态下，极化方位角 φ 的正切为电场两分量 E_{y_0} 和 E_{x_0} 的比值，即

$$\tan\varphi = \frac{E_{y_0}}{E_{x_0}} \tag{2.8}$$

针对地学应用，以地球表面为参考面，平行于地球表面方向为水平方向(H)，垂直于地球表面方向为垂直方向(V)。两种线极化状态如图 2.3 所示。

(2)圆极化。

如果 $E_{x_0}=E_{y_0}$，并且有 $\delta_0=\pm\pi/2+2m\pi$(m 为整数)，则称为圆极化。当

$\delta_0=-\pi/2+2m\pi$时，电场矢量旋向与传播方向满足右手螺旋定则，这种极化态为右旋圆极化；反之，当 $\delta_0=\pi/2+2m\pi$ 时，为左旋圆极化。两种圆极化状态如图2.4所示。

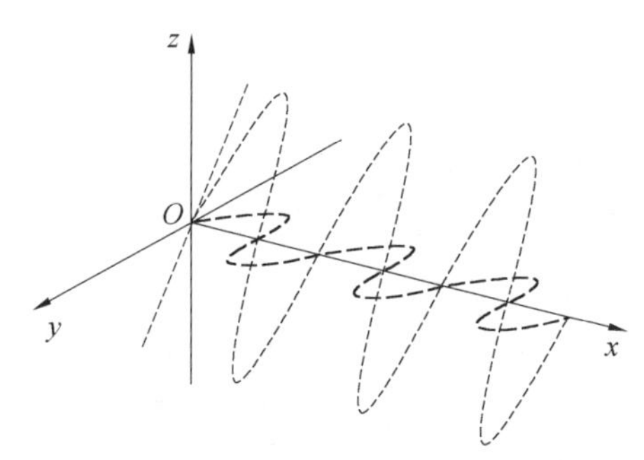

图 2.3　两种线极化状态

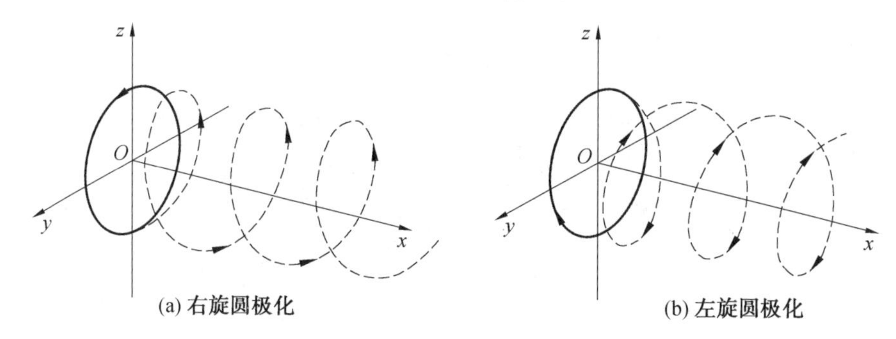

图 2.4　两种圆极化状态

2.2.2　琼斯矢量与斯托克斯矢量

由于单色平面波从本质上说是一个简谐振荡，因此简谐电场 **E** 可表示为

$$\boldsymbol{E}=\begin{bmatrix}E_x\\E_y\end{bmatrix}=\begin{bmatrix}E_{x0}\,\mathrm{e}^{\mathrm{i}\delta_x}\\E_{y0}\,\mathrm{e}^{\mathrm{i}\delta_y}\end{bmatrix}\tag{2.9}$$

这个矢量称为琼斯(Jones)矢量，它包含了极化椭圆中除左旋/右旋外的全部信息，两列传播方向相反的电磁波用同一 Jones 矢量表达。

如果只考虑电场在 x、y 方向分量的相对关系，可以忽略式(2.9)中的绝对相位因子，得到

$$\boldsymbol{E}=\begin{bmatrix}E_x\\E_y\,\mathrm{e}^{\mathrm{i}\delta}\end{bmatrix}\tag{2.10}$$

式中，δ 是两个场分量的相位差。

几种典型极化态的 Jones 矢量及其所对应的极化椭圆参数和极化度见表 2.1。

表 2.1　几种典型极化态的 Jones 矢量及其所对应的极化椭圆参数和极化度

极化态	Jones 矢量	极化方向角	椭圆率角	极化度
水平极化	$\begin{bmatrix}1\\0\end{bmatrix}$	0	0	0
垂直极化	$\begin{bmatrix}0\\1\end{bmatrix}$	$\frac{\pi}{2}$	0	∞
线性 45°	$\frac{1}{\sqrt{2}}\begin{bmatrix}1\\1\end{bmatrix}$	$\frac{\pi}{4}$	0	1
线性－45°	$\frac{1}{\sqrt{2}}\begin{bmatrix}1\\-1\end{bmatrix}$	$\frac{3\pi}{4}$	0	−1
左圆极化	$\frac{1}{\sqrt{2}}\begin{bmatrix}1\\\mathrm{j}\end{bmatrix}$	不定	$\frac{\pi}{4}$	j
右圆极化	$\frac{1}{\sqrt{2}}\begin{bmatrix}1\\-\mathrm{j}\end{bmatrix}$	不定	$\frac{\pi}{4}$	−j

Jones 矢量可以表示单色平面波的极化态，其所需要的两个复参量可以仅能从相干雷达系统中获得[4]。然而，在研究早期，在只有非相干系统的情况下，能够测量的只有入射波的强度信息。1852 年，斯托克斯(Stokes)引入了 Stokes 矢量表示法，由回波的强度(实数)来描述电磁波极化态。Stokes 矢量可以充分地描述强度及相对信息，因此可以描述单色平面波的极化态[5]。Stokes 矢量将 Jones 矢量变换为由四个实数组成的矢量，即

$$\boldsymbol{g}=\begin{bmatrix}g_0\\g_1\\g_2\\g_3\end{bmatrix}=\begin{bmatrix}|E_x|^2+|E_y|^2\\|E_x|^2-|E_y|^2\\2\mathrm{Re}(E_xE_y^*)\\-2\mathrm{Im}(E_xE_y^*)\end{bmatrix} \tag{2.11}$$

在完全极化波情况下，Stokes 矢量只有三个独立分量。g_0、g_1、g_2、g_3 满足

$$g_0^2=g_1^2+g_2^2+g_3^2 \tag{2.12}$$

式中，g_0 正比于波的总振幅；g_1 表示水平分量和垂直分量的振幅差；g_2、g_3 表示电场矢量的垂直分量与水平分量之间的相位差。

一般认为雷达回波是部分极化波，对于部分极化波，需对上述介绍的 Stokes 矢量进行空间平均，得到 Stokes 矢量的一般形式，即

$$\langle \mathbf{g} \rangle = \begin{bmatrix} \langle g_0 \rangle \\ \langle g_1 \rangle \\ \langle g_2 \rangle \\ \langle g_3 \rangle \end{bmatrix} = \begin{bmatrix} \langle |E_x|^2 + |E_y|^2 \rangle \\ \langle |E_x|^2 - |E_y|^2 \rangle \\ \langle 2\mathrm{Re}(E_x E_y^*) \rangle \\ \langle -2\mathrm{Im}(E_x E_y^*) \rangle \end{bmatrix} \tag{2.13}$$

几种典型极化态的 Jones 矢量和 Stokes 矢量的对应关系见表 2.2。

表 2.2 几种典型极化态的 Stokes 矢量和 Stokes 矢量的对应关系

极化态	Jones 矢量	Stokes 矢量
水平极化	$\begin{bmatrix} 1 \\ 0 \end{bmatrix}$	$[1 \quad 1 \quad 0 \quad 0]^{\mathrm{T}}$
垂直极化	$\begin{bmatrix} 0 \\ 1 \end{bmatrix}$	$[1 \quad -1 \quad 0 \quad 0]^{\mathrm{T}}$
线性 45°	$\frac{1}{\sqrt{2}}\begin{bmatrix} 1 \\ 1 \end{bmatrix}$	$[1 \quad 0 \quad 1 \quad 0]^{\mathrm{T}}$
线性−45°	$\frac{1}{\sqrt{2}}\begin{bmatrix} 1 \\ -1 \end{bmatrix}$	$[1 \quad 0 \quad -1 \quad 0]^{\mathrm{T}}$
左圆极化	$\frac{1}{\sqrt{2}}\begin{bmatrix} 1 \\ \mathrm{j} \end{bmatrix}$	$[1 \quad 0 \quad 0 \quad 1]^{\mathrm{T}}$
右圆极化	$\frac{1}{\sqrt{2}}\begin{bmatrix} 1 \\ -\mathrm{j} \end{bmatrix}$	$[1 \quad 0 \quad 0 \quad -1]^{\mathrm{T}}$

2.2.3 庞加莱球

庞加莱球又称 Poincare 极化球[6]。观察 Stokes 矢量可知，Stokes 参数、几何参数和相位参数均具有明确的几何含义：g_1、g_2、g_3 可看作半径为 g_0 的球上某点 P 的笛卡儿坐标；2χ 是该点的矢量半径相对于 g_1g_2 平面的仰角，且 2χ 的正负号与 g_3 一致；2ψ 则是该点矢量半径在 g_1g_2 平面的投影与 g_1 轴正方向的夹角，或该点矢量半径相对于 g_1 轴正方向的方位角坐标，其由 g_1 轴正方向逆时针旋转为正，其中观察方向为由 g_3 轴正向面对 g_1g_2 平面俯视；2α 是该点矢量半径相对于 g_1 轴正方向的球心角，同样由 g_3 轴正向面对 g_1g_2 平面俯视，逆时针旋转为正，而 δ 为该点矢量半径和 g_1 轴确定的大圆平面与 g_1g_2 平面的二面角，且 δ 的正负号与 g_3 一致。这种几何解释是由 Poincare 引入的，故将该球称为 Poincare 极化球，如图 2.5 所示。

对于任意单色波来说，在 Poincare 极化球上均能找到与之一一对应的点，因

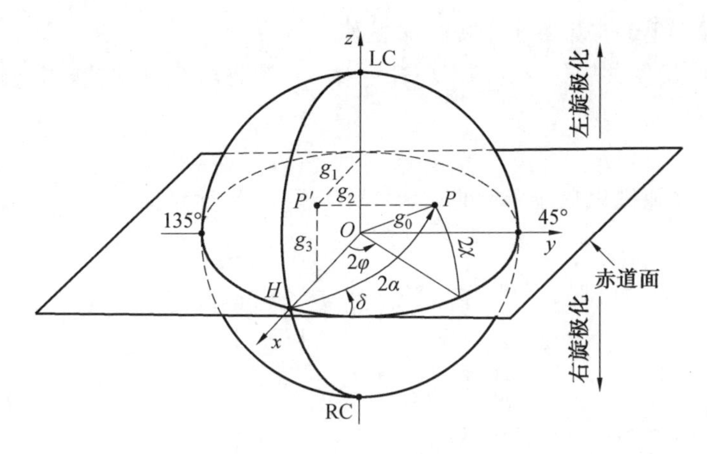

图 2.5　Poincare 极化球

为 Poincare 极化球半径表示波的振幅，球上任意一点的笛卡儿坐标表示波的极化状态。若以(h,v)为极化基，并利用 g_1g_2 平面将该球分为南北半球，则图 2.5 中的几种典型极化状态均能在该球面上找到对应位置。

(1)g_1g_2 平面与极化球相交的大圆为线极化，其中 g_1 轴正方向与该大圆的交点为水平线极化(H)，反方向与该大圆的交点为垂直线极化(V)。

(2)极化球的南北极点为圆极化，其中 g_3 轴正方向与球面的交点为左旋圆极化(LC)，反方向与球面的交点为右旋圆极化(RC)。

(3)由于椭圆率 χ 或相位差 δ 的符号表示椭圆旋向，因此根据它们的符号，北半球为左旋极化，南半球为右旋极化。

Poincare 极化球不仅有利于电磁波极化的直观表征，更有利于直观地表现出不同极化状态之间的关系。正交极化共轭极化等特殊极化关系在极化球上均具有固定的几何关系。以正交极化为例，若令 $\boldsymbol{E}_{\perp}$ 为电磁波 $\boldsymbol{E}$ 的正交极化，则它们之间关系可表示为

$$\boldsymbol{E}_{\perp}=\begin{bmatrix}0 & 1\\ -1 & 0\end{bmatrix}\boldsymbol{E}^{*} \text{ 或 } \boldsymbol{E}_{\perp}^{\mathrm{H}}\cdot\boldsymbol{E}=0 \tag{2.14}$$

若将 Jones 矢量的三种参数表征形式(即几何参数、相位参数和极化比形式)依次代入上式，则正交极化关系还可表示为

$$\begin{cases}\chi_{\perp}=-\chi\\ \psi_{\perp}=\chi\pm\pi/2\\ \alpha_{\perp}+\alpha=\pi/2\\ \delta_{\perp}-\delta=\pm\pi\\ \rho\cdot\rho_{\perp}^{*}=-1\end{cases} \tag{2.15}$$

显然，一对正交极化对应 Poincare 极化球上一条直径的两端。也就是说，正

交极化在球面上的点始终关于极化球心对称。

类似地，根据共轭极化定义（即 $\boldsymbol{E}_* = \boldsymbol{E}^*$），若忽略绝对相位，则共轭极化关系可表示为

$$\alpha_* = \alpha, \delta_* = -\delta, \chi_* = -\chi, \psi_* = \psi, \rho_* = \rho^* \tag{2.16}$$

这说明一对共轭极化在球面上的点始终关于 $g_1 g_2$ 平面对称。

2.3 目标的极化散射表征

2.3.1 极化散射矩阵

极化散射矩阵是用来表示一个雷达目标或一个目标群多极化特性的简便方法，是极化雷达的基本记录单元，矩阵的元素完整地描述了目标的散射特性[7]。对于给定的频率和目标姿态特定取向，散射矩阵表征了目标散射特性的全部信息，散射矩阵 $[S]$ 可以表示为

$$[S] = \begin{bmatrix} S_{\mathrm{hh}} & S_{\mathrm{hv}} \\ S_{\mathrm{vh}} & S_{\mathrm{vv}} \end{bmatrix} \tag{2.17}$$

式中，h 和 v 分别代表水平极化和垂直极化；每个元素 S_{pq}（$p,q=\mathrm{h},\mathrm{v}$）称为散射幅度，表示以 q 极化方式发射，p 极化方式接收时的目标后向复散射系数。

极化雷达 hh、hv、vh、vv 四个记录通道经过定标处理和数据压缩后产生的单视复图像数据就是复散射矩阵的四个元素值（S_{hh}、S_{vh}、S_{hv}、S_{vv}），在满足互易定理的后向散射情况下，散射矩阵是对称的，即 $S_{\mathrm{hv}} = S_{\mathrm{vh}}$。数据处理过程中，绝对相位丢失，只保留了各元素之间的相位差。一般以散射矩阵的第一个元素 S_{hh} 的相对相位作为基准相位。

散射矩阵将目标散射的能量特性、相位特性和极化特性统一起来，完整描述雷达目标的电磁散射特性。一般来说，极化散射矩阵具有复数形式，其不仅与目标本身的形状、尺寸、结构、材料等物理因素有关，也与目标和收发天线之间的相对姿态取向、空间几何位置关系及雷达工作频率等条件有关。

2.3.2 极化散射矢量

在 PolSAR 数据的分析过程中，为方便表述，常将目标的极化散射矩阵在正交矩阵基下矢量化，得到散射矢量，可以表示为

$$[S] = \begin{bmatrix} S_{\mathrm{hh}} & S_{\mathrm{hv}} \\ S_{\mathrm{vh}} & S_{\mathrm{vv}} \end{bmatrix} \Rightarrow \boldsymbol{k} = \frac{1}{2}\mathrm{Trace}([S]\boldsymbol{\Psi}) = [k_0, k_1, k_2, k_3]^{\mathrm{T}} \tag{2.18}$$

式中，T 表示转置；Trace（$[S]$）是矩阵 $[S]$ 的对角线元素的和；$\boldsymbol{\Psi}$ 是一个以

Hermitian 内积形成的 2×2 的正交矩阵基集。

一般对极化散射矩阵进行矢量化的复正交矩阵基主要有以下两种。

第一种正交矩阵基为 Borgeaud 基 $\boldsymbol{\Psi}_{\mathrm{B}}$，有

$$\boldsymbol{\Psi}_{\mathrm{B}}=\left\{2\begin{bmatrix}1 & 0\\0 & 0\end{bmatrix},\ 2\begin{bmatrix}0 & 1\\0 & 0\end{bmatrix},\ 2\begin{bmatrix}0 & 0\\1 & 0\end{bmatrix},\ 2\begin{bmatrix}0 & 0\\0 & 1\end{bmatrix}\right\} \tag{2.19}$$

在满足互易定理的后向散射情况下，散射矢量为

$$\boldsymbol{k}_{3\mathrm{B}}=\left[S_{\mathrm{hh}},\ \sqrt{2}S_{\mathrm{hv}},\ S_{\mathrm{vv}}\right]^{\mathrm{T}} \tag{2.20}$$

在下面的分析中，将$\boldsymbol{k}_{3\mathrm{B}}$称为常规散射矢量。常规散射矢量以一种非直观的形式包含了极化散射矩阵[S]中的各个元素。

另一种更为实用的完全正交矩阵基是 Pauli 基 $\boldsymbol{\Psi}_{\mathrm{P}}$，即

$$\boldsymbol{\Psi}_{\mathrm{P}}=\left\{\sqrt{2}\begin{bmatrix}1 & 0\\0 & 1\end{bmatrix},\ \sqrt{2}\begin{bmatrix}1 & 0\\0 & -1\end{bmatrix},\ \sqrt{2}\begin{bmatrix}0 & 1\\1 & 0\end{bmatrix},\ \sqrt{2}\begin{bmatrix}0 & -\mathrm{j}\\\mathrm{j} & 0\end{bmatrix}\right\} \tag{2.21}$$

用 Pauli 矩阵基对[S]矢量化，在满足互易定理的后向散射情况下，即可得到如下形式的 Pauli 散射矢量，即

$$\boldsymbol{k}_{3\mathrm{P}}=\frac{1}{\sqrt{2}}\left[S_{\mathrm{hh}}+S_{\mathrm{vv}},\ S_{\mathrm{hh}}-S_{\mathrm{vv}},\ 2S_{\mathrm{hv}}\right]^{\mathrm{T}} \tag{2.22}$$

式中，系数 $1/\sqrt{2}$ 是为了保持散射矢量的范数不变，即令目标散射总功率的大小与正交矩阵基 $\boldsymbol{\Psi}$ 的选择无关。

2.3.3　极化相干矩阵和极化协方差矩阵

当目标是确定点目标时，极化散射矩阵能够完全表征目标的电磁散射特性。然而，实际中的很多目标都是分布式目标，或需要对图像进行滤波以消除相干斑，所以需要用图像的二阶统计特性即协方差矩阵和相干矩阵来表示。极化协方差矩阵和相干矩阵中包含了雷达测量得到的全部极化信息[8-9]。

用不同的正交矩阵基可以得到目标不同的二阶统计特性。用 Borgeaud 基 $\boldsymbol{\Psi}_{\mathrm{B}}$ 可以生成极化协方差矩阵；用 Pauli 基 $\boldsymbol{\Psi}_{\mathrm{P}}$ 可以生成极化相干矩阵。在互易的后向散射情况下，极化协方差矩阵和相干矩阵都是 3×3 的矩阵。

由常规散射矢量 $\boldsymbol{k}_{3\mathrm{B}}$得到的极化协方差矩阵$\langle[C]\rangle$定义为

$$\langle[C]\rangle=\langle\boldsymbol{k}_{3\mathrm{B}}\boldsymbol{k}_{3\mathrm{B}}^{\mathrm{T}*}\rangle=\begin{bmatrix}\langle|S_{\mathrm{hh}}|^2\rangle & \sqrt{2}\langle S_{\mathrm{hh}}S_{\mathrm{hv}}^*\rangle & \langle S_{\mathrm{hh}}S_{\mathrm{vv}}^*\rangle\\ \sqrt{2}\langle S_{\mathrm{hv}}S_{\mathrm{hh}}^*\rangle & 2\langle|S_{\mathrm{hv}}|^2\rangle & \sqrt{2}\langle S_{\mathrm{hv}}S_{\mathrm{vv}}^*\rangle\\ \langle S_{\mathrm{vv}}S_{\mathrm{hh}}^*\rangle & \sqrt{2}\langle S_{\mathrm{vv}}S_{\mathrm{hv}}^*\rangle & \langle|S_{\mathrm{vv}}|^2\rangle\end{bmatrix} \tag{2.23}$$

式中，$\langle\cdot\rangle$表示多视处理或空间平均；$*$ 表示复数共轭。

同理，由 Pauli 散射矢量 $\boldsymbol{k}_{3\mathrm{P}}$可得极化散射相干矩阵$\langle[T]\rangle$，即

$$
\begin{aligned}
&\langle[T]\rangle \\
&=\langle \boldsymbol{k}_{3P}\boldsymbol{k}_{3P}^{\mathrm{T}*}\rangle \\
&=\begin{bmatrix}
\frac{1}{2}\langle|S_{hh}+S_{vv}|^2\rangle & \frac{1}{2}\langle(S_{hh}+S_{vv})(S_{hh}-S_{vv})^*\rangle & \langle(S_{hh}+S_{vv})S_{hv}^*\rangle \\
\frac{1}{2}\langle(S_{hh}-S_{vv})(S_{hh}+S_{vv})^*\rangle & \frac{1}{2}\langle|S_{hh}-S_{vv}|^2\rangle & \langle(S_{hh}-S_{vv})S_{hv}^*\rangle \\
\langle S_{hv}(S_{hh}+S_{vv})^*\rangle & \langle S_{hv}(S_{hh}-S_{vv})^*\rangle & 2\langle|S_{hv}|^2\rangle
\end{bmatrix}
\end{aligned} \tag{2.24}
$$

相干矩阵与协方差矩阵之间可以互相转换，对于互易的后向散射情况，二者的转换关系为

$$\langle[C]\rangle=[A]^{-1}\langle[T]\rangle[A] \text{或} \langle[T]\rangle=[A]\langle[C]\rangle[A]^{-1} \tag{2.25}$$

其中

$$[A]=\frac{1}{\sqrt{2}}\begin{bmatrix}1 & 0 & 1\\ 1 & 0 & -1\\ 0 & \sqrt{2} & 0\end{bmatrix},\ [A]^{-1}=\frac{1}{\sqrt{2}}\begin{bmatrix}1 & 1 & 0\\ 0 & 0 & \sqrt{2}\\ 1 & -1 & 0\end{bmatrix}$$

目标的极化协方差矩阵和相干矩阵都是半正定 Hermitian 矩阵，具有相同的特征值，但是具有不同特征矢量。

2.3.4 极化 Muller 矩阵和 Kennaugh 矩阵

考虑到观测量的独立性，对单一的物理现象进行描述既可以使用散射矩阵这种经典的目标表示方法，也可以基于功率给出另一种表达。恰当的功率表达形式可以更好地刻画后向散射机理。基于功率的数据表达方式之所以强大，主要在与其消去了来自目标的绝对相位，从而令其成为非相干叠加参数。

将 4×4 的 Kennaugh 矩阵$[K]$定义为

$$[K]=[A^*]([S]\otimes[S^*])[A^{-1}] \tag{2.26}$$

式中，$\otimes$代表矩阵张量的克罗内克(Kronecker)乘积，有

$$[S]\otimes[S^*]=\begin{bmatrix}S_{hh}S^* & S_{hv}S^*\\ S_{vh}S^* & S_{vv}S^*\end{bmatrix} \tag{2.27}$$

矩阵$[A]$为

$$[A]=\begin{bmatrix}1 & 0 & 0 & 1\\ 1 & 0 & 0 & -1\\ 0 & 1 & 1 & 0\\ 0 & \mathrm{j} & -\mathrm{j} & 0\end{bmatrix} \tag{2.28}$$

与散射矩阵关联了发射 Jones 矢量和接收 Jones 矢量相似，Kennaugh 矩阵$[K]$建立了相应的 Stokes 矢量之间的联系，即

$$E_{R}=[S]E_{I}\Rightarrow g_{E_{R}}=[K]g_{E_{I}} \tag{2.29}$$

在前向散射体制下[10]，Kennaugh 矩阵将转化成 4×4 的 Mueller 矩阵 $[M]$，即

$$[M]=[A]([S]\otimes[S^{*}])[A^{-1}] \tag{2.30}$$

式中，$[S]$代表前向散射对准坐标系下的相干 Jones 散射矩阵表达式。

2.4 基本散射机理

雷达电磁波的散射过程是成像雷达发射的电磁波脉冲经过地物目标的散射以后，一部分能量将返回雷达天线，并为其所接收。目标对入射电磁波能量的散射过程称为目标的散射机理。在全极化 SAR 成像中，地物目标对不同极化状态下的入射电磁波将表现出不同的散射特性，称为极化散射机理。

尽管自然界中的地物种类多种多样，但通常可认为其散射过程由一些基本的散射机理组合而成。这些基本散射机理为奇次散射、偶次散射、体散射、螺旋散射和线散射。由于许多地物散射过程都可看作这五种散射机理的组合，因此分析这五种基本散射机理对于研究极化 SAR 目标散射过程具有重要的意义。

2.4.1 奇次散射

奇次散射主要由表面散射和 Bragg 散射组成[11]，如图 2.6 所示。这种散射过程类似于可见光的镜面反射，常见的地物类型有平静的水面、干涸的河床及一些平坦光滑的岩石或荒地等。

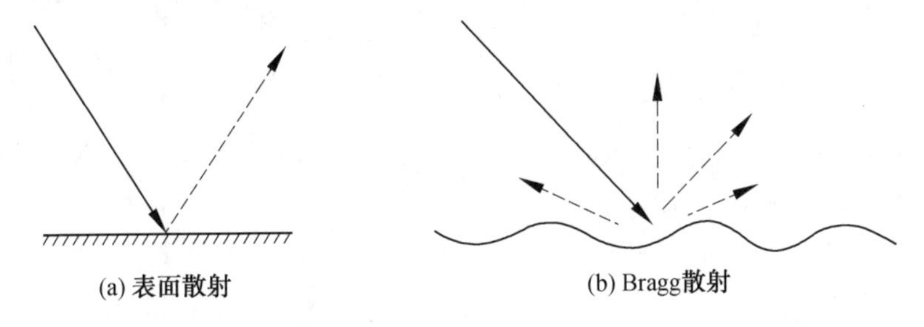

图 2.6 奇次散射

无限大平面（大到发射天线不能辐照到其边缘）是典型的表面散射，在(h，v)线性极化基中的归一化散射矩阵为

$$[S_{\text{surface}}]=\begin{bmatrix}1 & 0\\ 0 & 1\end{bmatrix} \tag{2.31}$$

对于三角反射器，入射波要反射三次才返回雷达，附加的两次反射导致360°

的相移，因此三次散射与表面散射类似，只是幅度有所不同。

自然界中的地物表面经常是粗糙起伏的，可以用 Bragg 散射（又称漫散射）模型来描述。实际中常见的凝固火山熔岩、有波浪的水面、农作物之类的丛生地表及某些类型的岩石都可以用这种散射模型来描述。对于均方误差远小于入射波长的微小波动粗糙表面，可以利用一阶 Bragg 散射模型来描述其回波散射特性，其归一化极化散射矩阵为

$$[S_{\mathrm{Bragg}}]=\begin{bmatrix}\beta & 0\\ 0 & 1\end{bmatrix},\quad \mathrm{Re}(\beta)>0 \tag{2.32}$$

式中，β 表示 hh 后向散射与 vv 后向散射的比值，可以表示为

$$\beta=R_{\mathrm{hh}}/R_{\mathrm{vv}} \tag{2.33}$$

其中

$$\begin{cases}R_{\mathrm{hh}}=\dfrac{\cos\theta-\sqrt{\varepsilon-\sin^2\theta}}{\cos\theta+\sqrt{\varepsilon-\sin^2\theta}}\\[2ex] R_{\mathrm{vv}}=\dfrac{(\varepsilon-1)\left[\sin^2\theta-\varepsilon(1+\sin^2\theta)\right]}{\left(\varepsilon\cos\theta+\sqrt{\varepsilon-\sin^2\theta}\right)^2}\end{cases} \tag{2.34}$$

式中，θ 和 ε 分别表示入射角和表面电介质常数。一般情况下，θ 小于布鲁斯特角，所以 β 的实部是正的。

因为表面散射和三次散射是 Bragg 散射的特殊情况，因此用 Bragg 散射的归一化散射矩阵 $[S_{\mathrm{Bragg}}]$ 表示奇次散射 $[S_{\mathrm{odd}}]$。由 $[S_{\mathrm{odd}}]$ 做等价的矢量变换得到 $\boldsymbol{u}_{\mathrm{odd}}$，进而得到相应的表面散射基 $[C_{\mathrm{odd}}]$，有

$$\boldsymbol{u}_{\mathrm{odd}}=[\beta\quad 0\quad 1]^{\mathrm{T}}\Rightarrow[C_{\mathrm{odd}}]=\boldsymbol{u}_{\mathrm{odd}}\boldsymbol{u}_{\mathrm{odd}}^{*\mathrm{T}}=\begin{bmatrix}|\beta|^2 & 0 & \beta\\ 0 & 0 & 0\\ \beta^* & 0 & 1\end{bmatrix} \tag{2.35}$$

2.4.2 偶次散射

偶次散射又称二面角散射，二面角通常由互相垂直的两个散射面构成[11]。偶次散射的典型代表是电磁波在二面角散射体上的散射，其他如城市中墙壁与地面间、森林中粗壮的树干与地面间的散射机理都可以用偶次散射模型来近似。通常在偶次散射模型下，天线接收到的回波功率较大，对于 hh 或 vv 分量都很强，要高于－10 dB，在 SAR 图像中表现为从浅灰到白色的目标。

偶次散射如图 2.7 所示。入射到二面角反射器的电磁波将在二面角反射器的每一个面反射一次，这样该电磁波返回方向就与其入射方向平行了。

二面角反射器在(h, v)线性极化基中的散射矩阵为

$$[S_{\mathrm{dihedral}}]=\begin{bmatrix}\cos 2\varphi & \sin 2\varphi\\ \sin 2\varphi & -\cos 2\varphi\end{bmatrix} \tag{2.36}$$

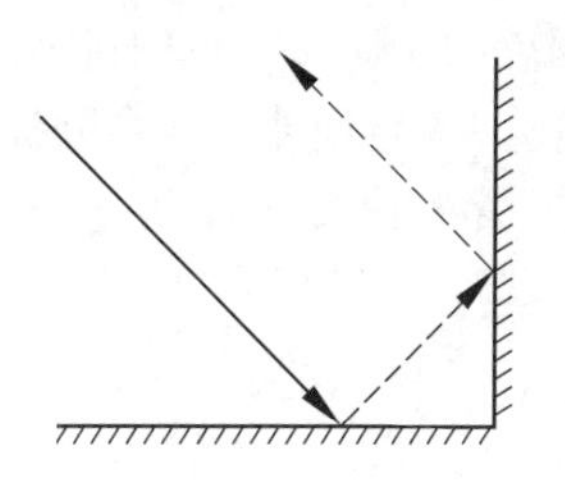

图 2.7　偶次散射

式中，φ 为二面角反射器相对于雷达视线的旋转角。当二面角水平放置，即 $\varphi=0$ 时，归一化的散射矩阵为

$$[S_{\text{dihedral}}^{0}]=\begin{bmatrix}1 & 0\\0 & -1\end{bmatrix}$$

水平二面角反射器的相同极化特征图在偏离水平和垂直极化 $\pm 45°$ 的线极化处有两个最小值，而交叉极化特征图则在同样位置拥有两个最大值。二面角反射器的相同极化与交叉极化特征图之间的差异是二面角反射器对入射波的二次反射引起的，两次反射导致散射矩阵的分量 S_{hh} 与 S_{vv} 之间产生 $180°$ 的附加相移，从而导致极化特征图的差异。

在通常情况下，要求墙体与雷达的距离向是垂直的，这样就保证了偶次散射中不会出现交叉极化项。考虑到电磁波在传播及多次散射中引入的相位衰减，偶次散射的归一化极化散射矩阵为

$$[S_{\text{double}}]=\begin{bmatrix}\alpha & 0\\0 & 1\end{bmatrix},\quad \operatorname{Re}(\alpha)<0 \tag{2.37}$$

式中，α 是类似于 β 的系数，定义为

$$\alpha=\mathrm{e}^{\mathrm{j}2(\gamma_{\text{h}}-\gamma_{\text{v}})}\frac{R_{\perp\text{h}}R_{\parallel\text{h}}}{R_{\perp\text{v}}R_{\parallel\text{v}}} \tag{2.38}$$

其中，$R_{\perp\text{h}}$ 和 $R_{\perp\text{v}}$ 分别表示在水平散射面上（如地面）对水平极化和垂直极化电磁波的散射系数；$R_{\parallel\text{h}}$ 和 $R_{\parallel\text{v}}$ 分别表示偶次散射在垂直散射面上（如墙壁、树干等）对水平极化和垂直极化电磁波的散射系数；γ_{h} 和 γ_{v} 分别表示水平极化和垂直极化电磁波的相位衰减。偶次散射中，相位差导致 α 的实部是负数。

由 $[S_{\text{double}}]$ 得到等价的散射矢量 $\boldsymbol{u}_{\text{double}}$，然后可求得相应的偶次散射基 $[C_{\text{double}}]$，即

$$\boldsymbol{u}_{\text{double}}=[\alpha\quad 0\quad 1]^{\mathrm{T}}\Rightarrow [C_{\text{double}}]=\boldsymbol{u}_{\text{double}}\boldsymbol{u}_{\text{double}}^{*\mathrm{T}}=\begin{bmatrix}|\alpha|^{2} & 0 & \alpha\\0 & 0 & 0\\\alpha^{*} & 0 & 1\end{bmatrix} \tag{2.39}$$

2.4.3　体散射

体散射如图 2.8 所示。体散射是植被尤其是森林的主要散射类型[11]，大量

枝叶组成的森林区域可以看作空间随机分布的细圆柱散射体(相比于雷达波长,圆柱体很细,即 $ka \ll 1$,a 为圆柱体界面半径)。植被单元的几何关系(如树干和叶子的方向、植被单元的维数等)都会影响植被冠层的后向散射。

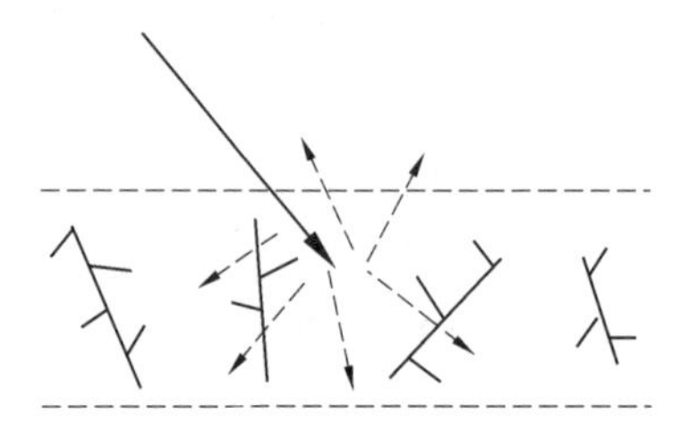

图 2.8　体散射

Freeman 等给出了细圆柱体的标准散射矩阵为

$$[S_{\mathrm{std}}]=\begin{bmatrix} S_{\mathrm{h}} & 0 \\ 0 & S_{\mathrm{v}} \end{bmatrix} \tag{2.40}$$

设这些细圆柱体的雷达视线方向与发射电磁波垂直极化分量的夹角为 φ,则散射矩阵可以通过坐标旋转获得,即

$$\begin{aligned}[S_{\mathrm{std}}(\varphi)] &= \begin{bmatrix} \cos\varphi & -\sin\varphi \\ \sin\varphi & \cos\varphi \end{bmatrix} \begin{bmatrix} S_{\mathrm{h}} & 0 \\ 0 & S_{\mathrm{v}} \end{bmatrix} \begin{bmatrix} \cos\varphi & \sin\varphi \\ -\sin\varphi & \cos\varphi \end{bmatrix} \\ &= \begin{bmatrix} S_{\mathrm{h}}\cos^2\varphi + S_{\mathrm{v}}\sin^2\varphi & \cos\varphi\sin\varphi(S_{\mathrm{h}}-S_{\mathrm{v}}) \\ \cos\varphi\sin\varphi(S_{\mathrm{h}}-S_{\mathrm{v}}) & S_{\mathrm{h}}\sin^2\varphi + S_{\mathrm{v}}\cos^2\varphi \end{bmatrix}\end{aligned} \tag{2.41}$$

根据式(2.41)的散射矩阵推导得到细圆柱体相应的协方差矩阵 $[C_{\mathrm{std}}(\varphi)]$。对于体散射模型,假设雷达回波是从空间随机分布的细圆柱体反射回来的,则体散射的协方差矩阵可以表示为

$$\langle [C_{\mathrm{volume}}] \rangle = \int_0^{2\pi} [C_{\mathrm{std}}(\varphi)]\, p(\varphi)\,\mathrm{d}\varphi \tag{2.42}$$

式中,$p(\varphi)$ 为随机分布细圆柱体方位角的概率密度函数。

根据 φ 的不同分布,可以得到体散射协方差矩阵的不同表达形式。最简单的情况是假定 φ 服从 $[0, 2\pi]$ 之间的均匀分布,即 $p(\varphi)=\dfrac{1}{2\pi}$,则可得到该种情况下的归一化协方差矩阵。通过一些简化的假设,可以得到体散射的协方差矩阵为

$$\langle [C_{\mathrm{volume}}] \rangle = \begin{bmatrix} 1 & 0 & 1/3 \\ 0 & 2/3 & 0 \\ 1/3 & 0 & 1 \end{bmatrix} \tag{2.43}$$

2.4.4　螺旋散射

螺旋散射是人造建筑物特有的散射特性[12-14],如图 2.9 所示。

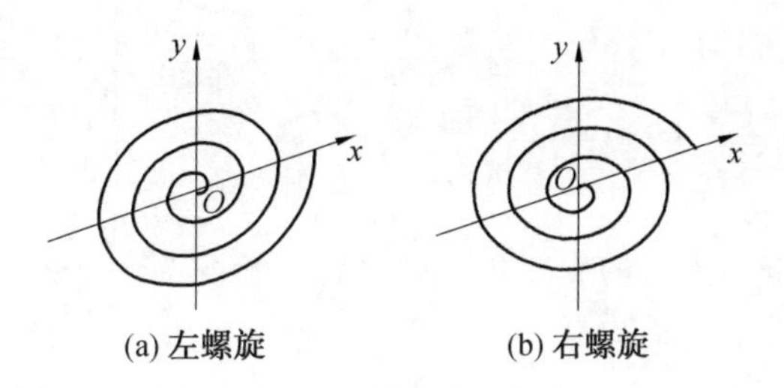

图 2.9　螺旋散射

方位角为 φ 的左右螺旋线在(h，v)线性极化基中的散射矩阵为

$$\begin{cases}[S_{\mathrm{l-helix}}]=\frac{1}{2}\mathrm{e}^{-\mathrm{j}2\varphi}\begin{bmatrix}1 & \mathrm{j}\\ \mathrm{j} & -1\end{bmatrix}\\ [S_{\mathrm{r-helix}}]=\frac{1}{2}\mathrm{e}^{\mathrm{j}2\varphi}\begin{bmatrix}1 & -\mathrm{j}\\ -\mathrm{j} & -1\end{bmatrix}\end{cases} \tag{2.44}$$

由散射矩阵推导出螺旋散射的协方差矩阵为

$$\begin{cases}[S_{\mathrm{r-helix}}]=\frac{1}{2}\mathrm{e}^{\mathrm{j}2\varphi}\begin{bmatrix}1 & -\mathrm{j}\\ -\mathrm{j} & -1\end{bmatrix}\Rightarrow[C_{\mathrm{r-helix}}]=\frac{1}{4}\begin{bmatrix}1 & \mathrm{j}\sqrt{2} & -1\\ -\mathrm{j}\sqrt{2} & 2 & \mathrm{j}\sqrt{2}\\ -1 & -\mathrm{j}\sqrt{2} & 1\end{bmatrix}\\ [S_{\mathrm{l-helix}}]=\frac{1}{2}\mathrm{e}^{-\mathrm{j}2\varphi}\begin{bmatrix}1 & \mathrm{j}\\ \mathrm{j} & -1\end{bmatrix}\Rightarrow[C_{\mathrm{l-helix}}]=\frac{1}{4}\begin{bmatrix}1 & -\mathrm{j}\sqrt{2} & -1\\ \mathrm{j}\sqrt{2} & 2 & -\mathrm{j}\sqrt{2}\\ -1 & \mathrm{j}\sqrt{2} & 1\end{bmatrix}\end{cases} \tag{2.45}$$

2.4.5　线散射

线散射也是城镇地区的一种特殊散射形式[15]，如图 2.10 所示。

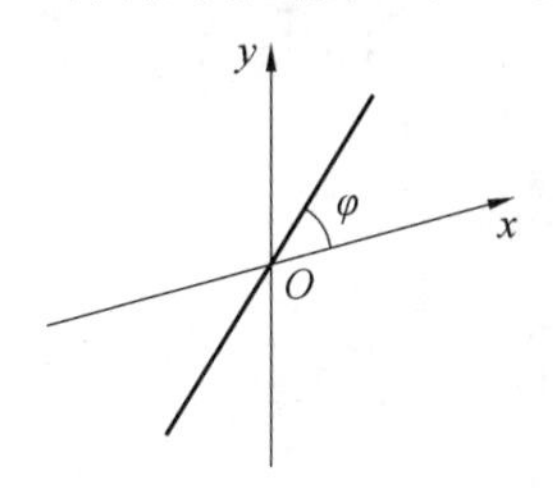

图 2.10　线散射

已知细线目标在(h，v)线性极化基中的散射矩阵是方位角的函数，其散射矩阵为

$$[S_{\text{thin wire}}]=\begin{bmatrix}\cos^2\varphi & \frac{1}{2}\sin 2\varphi\\ \frac{1}{2}\sin 2\varphi & \sin^2\varphi\end{bmatrix} \tag{2.46}$$

式中，φ 为目标与雷达视线的旋转角。两种特殊情况为水平放置($\varphi=0$)和垂直放置($\varphi=\pi/2$)。

来自于建筑物的后向散射可以被分解成同极化和交叉极化两种情况。墙体与雷达的距离向垂直时，主要产生偶次散射；在雷达的距离向与墙体不垂直情况下，就会产生交叉极化，从而产生线散射[15]。根据细线的规范散射矩阵给出线散射一般形式的散射矩阵，即

$$[S_{\text{wire}}]=\begin{bmatrix}\gamma & \rho\\ \rho & 1\end{bmatrix} \tag{2.47}$$

式中，γ 和 ρ 分别表示 hh 极化和 hv 极化与 vv 极化的后向散射系数的比值。

$$\gamma=\frac{S_{\text{hh}}}{S_{\text{vv}}},\ \rho=\frac{S_{\text{hv}}}{S_{\text{vv}}} \tag{2.48}$$

线散射对应的协方差矩阵为

$$[C_{\text{wire}}]=\begin{bmatrix}|\gamma|^2 & \sqrt{2}\gamma\rho^* & \gamma\\ \sqrt{2}\gamma^*\rho & 2|\rho|^2 & \sqrt{2}\rho\\ \gamma^* & \sqrt{2}\rho^* & 1\end{bmatrix} \tag{2.49}$$

本章参考文献

[1] BORN M, WOLF E. Principles of optics[M]. New York: Pergamon, 2003.

[2] LEE J S, POTTIER E. Polarimetric radar imaging: from basics to applications[M]. Florida: CRC Press, 2009.

[3] MOTT H. Remote sensing with polarimetric radar[M]. Hoboken: John Wiley, 2007.

[4] LUNEBURG E, CLOUDE S R. Radar versus optical polarimetry[C]. San Diego: Proceedings of Wideband Interferometric Sensing and Imaging Polarimetry, 1997.

[5] GUISSARD A. Mueller and Kennaugh matrices in radar polarimetry[J]. IEEE transactions on geoscience and remote sensing, 1994, 45(3): 566-575.

[6] MOTT H. Antennas for radar and communication: a polarimetric approach

[M]. New York: Wiley-Interscience,1992.

[7] 吴永辉. 极化 SAR 图像分类技术研究[D]. 长沙:国防科学技术大学,2009.

[8] 徐金燕. 全极化星载 SAR 图像辐射校正与城区变化检测[D]. 武汉:武汉大学,2017.

[9] 曹宜策. 基于深度极化数据特征学习与多特征融合的极化 SAR 图像分类[D]. 西安:西安电子科技大学,2022.

[10] 周晓光. 极化 SAR 图像分类方法研究[D]. 长沙:国防科学技术大学,2010.

[11] FREEMAN S L,DURDEN. A three-component scattering model for polarimetric SAR data[J]. IEEE transactions on geoscience and remote sensing,1998,36(3): 963-973.

[12] YAMAGUCHI Y, MORIYAMA T, ISHIDO M,et al. Four component scattering model for polarimetric SAR image decomposition[J]. IEEE transactions on geoscience and remote sensing,2005, 43(8):1699-1706.

[13] SATO A,YAMAGUCHI Y, SINGH G, et al. Four-component scattering power decomposition with extended volume scattering model[J]. IEEE transactions on geoscience and remote sensing, 2012,9, (2):166-170.

[14] YAMAGUCHI Y, SATO A, BOERNER W M, et al. Four-component scattering power decomposition with rotation of coherency matrix[J]. IEEE transactions on geoscience and remote sensing, 2011, 49(6): 2251-2258.

[15] ZHANG L, ZOU B, CAI H,et al. Multiple-component scattering model for polarimetric SAR image decomposition[J]. IEEE geoscience on remote sensing, 2008, 5(4):603-607.

第3章

极化目标分解理论及典型方法

3.1 引 言

极化特征的提取主要通过极化目标分解实现，极化目标分解的目的是把极化散射矩阵或协方差/相干矩阵分解成若干个具有物理意义的参数。由于极化目标分解是从 PolSAR 图像中提取极化特征的重要手段，后续的分类和目标检测识别等都是以目标分解结果作为输入，因此极化目标分解有举足轻重的作用。经过近 30 年的发展，各种目标分解方法不断涌现。极化目标分解的方法大致可分为两类：一类是针对目标散射矩阵的分解，此时要求目标的散射特征是确定的或稳态的，散射回波是相干的，故又称相干目标分解（coherent target decomposition，CTD)；另一类是针对极化协方差矩阵、极化相干矩阵、Mueller 矩阵或 Stokes 矩阵的分解，此时目标散射可以是非确定的（或时变的），回波是非相干（或部分相干）的，故又称非相干目标分解（incoherent target decomposition，ICTD)。

相干目标分解方法包括 Pauli 分解、Krogager 分解、Cameron 分解和对称散射特性方法（symmetric scattering characterization method，SSCM）分解等。该类分解方法主要是基于极化散射矩阵[S]的分解，在应用时通常要求目标的散射矩阵是确定不变的或稳态的。然而，对于自然界中大量存在的复杂目标（或非确定性目标）而言，目标散射特性呈现出很强的变化性，复杂目标对入射波的散射行为可以看作一个随机过程，对此类目标散射特性的描述需要采用统计的方法，一般通过多次测量或集合平均的方法，得到能表征目标极化散射特性的极化相干矩阵$[T]$、极化协方差矩阵$[C]$、Mueller 矩阵$[M]$或 Stokes 矩阵$[K]$等。由于这几类矩阵的相互转换性，因此实际中大多只针对极化相干矩阵$[T]$进行分解，这类分解包括 Cloude 分解、Holm &Barnes 分解及 Freeman−Durden 分解等。

3.2 极化目标分解基本思想

目标分解理论的基本思想是基于切合实际的物理约束（如平均目标极化信息对极化基变换的不变性）解译目标的散射机制。受到 Chandrasekhar 对各向异性微粒的光散射研究成果的启发，Huynen 首次明确阐述了目标分解理论。自这一具有开创性的工作开展以来，研究人员相继提出了多个分解方法，主要分为以下四类：

①基于 Kennaugh 矩阵$[K]$的二分量分解方法；

②基于散射模型分解协方差矩阵或相干矩阵的方法；

③基于协方差矩阵或相干矩阵特征矢量或特征值分析的方法；

④基于散射矩阵$[S]$相干分解的方法。

本节将重点阐述包括 Pauli 分解在内的多种典型相干目标分解方法，以及 Cloude 分解、van Zyl 分解等典型非相干目标分解方法。基于散射模型对协方差矩阵或相干矩阵进行分解的方法将在第 4 章阐述。

3.3 典型相干目标分解方法

3.3.1 Pauli 分解

Pauli 分解选择 Pauli 基作为基本散射矩阵，在正交线性基(h，v)下，Pauli 基用如下的 2×2 矩阵表示，即

$$[S_a]=\frac{1}{\sqrt{2}}\begin{bmatrix}1 & 0\\0 & 1\end{bmatrix},[S_b]=\frac{1}{\sqrt{2}}\begin{bmatrix}1 & 0\\0 & -1\end{bmatrix},[S_c]=\frac{1}{\sqrt{2}}\begin{bmatrix}0 & 1\\1 & 0\end{bmatrix},[S_d]=\frac{1}{\sqrt{2}}\begin{bmatrix}0 & -\mathrm{j}\\\mathrm{j} & 0\end{bmatrix} \tag{3.1}$$

对于散射矩阵$[S]$，可写成如下形式，即

$$[S]=\begin{bmatrix}S_{\mathrm{hh}} & S_{\mathrm{hv}}\\S_{\mathrm{vh}} & S_{\mathrm{vv}}\end{bmatrix}=a[S_a]+b[S_b]+c[S_c]+d[S_d] \tag{3.2}$$

式中，a、b、c、d 都是复数，有

$$a=(S_{\mathrm{hh}}+S_{\mathrm{vv}})/\sqrt{2},b=(S_{\mathrm{hh}}-S_{\mathrm{vv}})/\sqrt{2},c=(S_{\mathrm{hv}}-S_{\mathrm{vh}})/\sqrt{2},d=\mathrm{j}(S_{\mathrm{hv}}-S_{\mathrm{vh}})/\sqrt{2}$$

根据电磁波的极化基变换对应的各 Pauli 矩阵的性质，确定性目标的 Pauli 分解可看成四种散射机制的相干分解。正交线性基下 Pauli 分解的物理意义见表 3.1。

表 3.1 正交线性基下 Pauli 分解的物理意义

Pauli 矩阵	散射类型	物理解释
$\begin{bmatrix} 1 & 0 \\ 0 & 1 \end{bmatrix}$	奇次散射	面，球，角反射器
$\begin{bmatrix} 1 & 0 \\ 0 & -1 \end{bmatrix}$	偶次散射	二面角
$\begin{bmatrix} 0 & 1 \\ 1 & 0 \end{bmatrix}$	$\pi/4$ 偶次散射	倾斜 $\pi/4$ 的二面角
$\begin{bmatrix} 0 & -j \\ j & 0 \end{bmatrix}$	交叉极化	所有不对称分量

丹麦 Foulum 地区的 EMISAR 图像和德国 Oberpfaffenhofen 地区的 E-SAR 图像的原始图像为[S]矩阵，对其进行处理，得到的 Pauli 分解假彩色合成图如图 3.1 所示。从图中可以看出，森林和一些不与方位向平行的建筑群表现为绿色或黄绿色。表明其回波中包含着更多的交叉极化成分，对应着漫反射或体散射；少量与方位向平行的建筑表现为红色，与其二面角结构相对应；河流、农田和草地表现为蓝紫色或紫红色，表明奇次散射成分占优，与其粗糙平面相对应。

(a) EMISAR

(b) E-SAR

图 3.1 Pauli 分解假彩色合成图

红—$|b|^2$；绿—$|c|^2$；蓝—$|a|^2$

3.3.2 Krogager 分解

Krogager 分解[1]将对称的散射矩阵$[S]$分解成三个成分：球面散射$[S_s]$、旋转角度为θ的二面角散射$[S_d]$和左/右螺旋散射$[S_h]$，有

$$[S]=\begin{bmatrix}S_{hh} & S_{hv}\\ S_{vh} & S_{vv}\end{bmatrix}=e^{j\varphi}(e^{j\varphi_s}k_s[S_s]+k_d[S_d(\theta)]+k_h[S_h(\theta)]) \tag{3.3}$$

式中，k_s、k_d、k_h 是上述三种成分对应的权值。

其中

$$[S_s]=\begin{bmatrix}1 & 0\\ 0 & -1\end{bmatrix},[S_d]=\begin{bmatrix}\cos 2\theta & \sin 2\theta\\ \sin 2\theta & -\cos 2\theta\end{bmatrix},[S_h]=e^{\mp 2j\theta}\begin{bmatrix}1 & \pm j\\ \pm j & -1\end{bmatrix}$$

式中，φ 为散射矩阵的绝对相位。

相位 φ_s 表示在同一分辨单元中球散射分量相对于二面角散射分量的相移。忽略绝对相位，散射矩阵中只剩下两个相位角和三个幅度，因此螺旋体散射分量相对于二面角散射分量的相移无法测量。需要注意的是，在给定的分辨单元中，螺旋体散射分量可以等价于两个或多个二面角，由二面角间的相对方向角和相移量确定。

当电磁波以左旋和右旋的圆极化方式发射和接收时[3]，Krogager 分解表示为

$$\begin{aligned}[S_{(R,L)}]&=\begin{bmatrix}S_{RR} & S_{RL}\\ S_{LR} & S_{LL}\end{bmatrix}\\ &=e^{j\varphi}\{e^{j\varphi_s}k_s[S_s]+k_d[S_d(\theta)]+k_h[S_h(\theta)]\}\end{aligned} \tag{3.4}$$

这时可以很容易地得到 Krogager 分解的各个参数，即

$$\begin{cases}k_s=|S_{RL}|\\ \varphi=\dfrac{1}{2}(\varphi_{RR}+\varphi_{LL}-\pi)\\ \theta=\dfrac{1}{2}(\varphi_{RR}-\varphi_{LL}+\pi)\\ \varphi_s=\varphi_{RL}-\dfrac{1}{2}(\varphi_{RR}+\varphi_{LL})\end{cases} \tag{3.5}$$

如分解表达式所示，散射矩阵元素 S_{RR} 和 S_{LL} 直接表示为二面角散射分量。比较$|S_{RR}|$和$|S_{LL}|$的大小，分别考虑以下两种不同的情况，即

$$\begin{cases}|S_{RR}|\geqslant|S_{LL}|\Rightarrow\begin{cases}k_d^+=|S_{LL}|\\ k_h^+=|S_{RR}|-|S_{LL}|\Leftarrow\text{左手螺旋体}\end{cases}\\ |S_{RR}|\leqslant|S_{LL}|\Rightarrow\begin{cases}k_d=|S_{RR}|\\ k_h=|S_{LL}|-|S_{RR}|\Leftarrow\text{右手螺旋体}\end{cases}\end{cases} \tag{3.6}$$

同样需要注意的是，分解参数 k_s、k_d、k_h 可以由三个具有旋转不变性的 Huynen 参数(A_0，B_0，F)表示，因此这三个参数也是旋转不变的，其表达式为

$$\begin{cases} k_s^2 = 2A_0 \\ k_d^2 = 2(B_0 - |F|) \\ k_h^2 = 4(B_0 - \sqrt{B_0^2 - F^2}) = 2(\sqrt{B_0 + F} - \sqrt{B_0 - F})^2 \end{cases} \tag{3.7}$$

引入目标矢量$\underline{\boldsymbol{k}} = [k_s, k_d, k_n]$，于是 Krogager 分解便可以写成

$$[S] = \mathrm{e}^{\mathrm{j}\varphi} \begin{bmatrix} \mathrm{e}^{\mathrm{j}\varphi_s} k_s + k_d \cos 2\theta + k_h \mathrm{e}^{\mp \mathrm{j}2\theta} & k_d \sin 2\theta \pm \mathrm{j} k_h \mathrm{e}^{\mp \mathrm{j}2\theta} \\ k_d \sin 2\theta \pm \mathrm{j} k_h \mathrm{e}^{\mp \mathrm{j}2\theta} & \mathrm{e}^{\mathrm{j}\varphi_s} k_s - k_d \cos 2\theta - k_h \mathrm{e}^{\mp \mathrm{j}2\theta} \end{bmatrix} \tag{3.8}$$

其中

$$\underline{\boldsymbol{k}} = \sqrt{2} k_s \mathrm{e}^{\mathrm{j}(\varphi + \varphi_s)} \begin{bmatrix} 1 \\ 0 \\ 0 \end{bmatrix} + \sqrt{2} k_d \mathrm{e}^{\mathrm{j}\varphi} \begin{bmatrix} 0 \\ \cos 2\theta \\ \sin 2\theta \end{bmatrix} + \sqrt{2} k_h \mathrm{e}^{\mp \mathrm{j}2\theta + \mathrm{j}\varphi_s} \begin{bmatrix} 0 \\ 1 \\ \pm \mathrm{j} \end{bmatrix} \tag{3.9}$$

可以看到球散射体与二面角的目标矢量之间及球散射体与螺旋散射体的目标矢量之间是相互正交的，而二面角散射体与螺旋体的目标矢量之间不是正交的。Krogager 分解建立了三类单一散射目标散射模型与实际观测量的直接对应关系，从而通过三个矩阵矢量可以表示实际的物理散射过程。在这个过程中，目标矢量之间的正交性不再满足，因此各分解参数不再是基不变的。

对 EMISAR 和 E－SAR 实验数据进行 Krogager 分解，实验数据 Krogager 分解假彩色合成图如图 3.2 所示。

在图 3.2 所示 Krogager 分解的假彩色合成图中，k_s 为红色，k_h 为绿色，k_d 为蓝色。从图中可以看出，经过目标分解之后，各种目标之间的区别更明显。

在图 3.2(a)EMISAR 实验数据的 Krogager 分解结果中，森林为紫色，说明是奇次散射和偶次散射同时存在；建筑物为蓝绿色，说明是偶次散射和螺旋散射共同作用；农田地区以奇次散射和偶次散射为主，但是由于其不是规范的散射体，因此其部分被分解为螺旋散射。

E－SAR 实验数据分解结果如图 3.2(b)所示。在图 3.2(b)中，农田地区主要呈现紫色，表明农田地区同时具有奇次散射和偶次散射；森林地区呈现绿色，表明森林以偶次散射为主；建筑物和森林混杂在一起，不能很好地区分开；由于机场跑道的光滑，主要产生表面散射，散射回接收天线的能量很少，因此在图像中是黑色。由图 3.2(b)的 Krogager 分解结果得到的结论与 Pauli 分解类似，只是浓密森林地区近似为白色，说明三种散射成分相当，这是因为在分解模型设定中缺乏体散射成分而使得森林散射类型的判断不是十分准确。

(a) EMISAR

(b) E-SAR

图 3.2 Krogager分解假彩色合成图

红 —k_s；绿 —k_h；蓝 —k_d

3.3.3 Cameron 分解

Cameron 分解的基本前提是目标的互易性及对称性[4]。通常情况下，当目标的散射矩阵在线性极化基下有 $S_{hv}=S_{vh}$时，可以认为目标满足互易的条件。当目标在与雷达连线的垂直平面内有一个对称轴时，认为目标具有对称的特性。

Cameron 分解先将极化散射矢量分解为互易分量和非互易分量，再将互易分量分解为一个最大对称成分和一个最小对称成分(单站雷达目标互易情况下，散射矩阵不对称时分解为一个最大对称成分和一个非对称成分)[5]。

任何一个散射矢量都可以被唯一分解为两个正交分量，即互易矢量 $\boldsymbol{k}_{rec}$和非互易矢量 $\boldsymbol{k}_{nonrec}$，有

$$\begin{cases}\boldsymbol{k}_{rec}=[P_{rec}]\boldsymbol{k}\\ \boldsymbol{k}_{nonrec}=([I]-[P_{rec}])\boldsymbol{k}\end{cases} \tag{3.10}$$

其中

$$[P_{rec}]=\begin{bmatrix}1 & 0 & 0 & 0\\ 0 & 1/2 & 1/2 & 0\\ 0 & 1/2 & 1/2 & 0\\ 0 & 0 & 0 & 1\end{bmatrix}$$

θ_{rec}定义散射矢量与互易子空间的夹角，散射矢量服从互易性的程度可以用θ_{rec}表示，即

$$\theta_{\text{rec}}=\arccos\left(\left\|[P_{\text{rec}}]\frac{\boldsymbol{k}}{\|\boldsymbol{k}\|}\right\|\right) \tag{3.11}$$

互易的散射矢量可以进一步分解为一个最大对称成分 $\boldsymbol{k}_{\text{sym}}^{\max}$ 和一个最小对称或其他成分 $\boldsymbol{k}_{\text{sym}}^{\min}$，即

$$\boldsymbol{k}=A\left[\cos\tau\boldsymbol{k}_{\text{sym}}^{\max}+\sin\tau\boldsymbol{k}_{\text{sym}}^{\min}\right] \tag{3.12}$$

式中，$A=\|\boldsymbol{k}\|$ 为矢量 $\boldsymbol{k}$ 的 2－范数。

经过对角化处理后，最大对称成分 $\boldsymbol{k}_{\text{sym}}^{\max}$ 可以表示成正交基矢量 $\boldsymbol{k}_a$、$\boldsymbol{k}_b$ 所张成空间中的矢量，即

$$\boldsymbol{k}_{\text{sym}}^{\max}=\alpha\boldsymbol{k}_a+\varepsilon\boldsymbol{k}_b \tag{3.13}$$

式中，α 和 ε 为复数，$\varepsilon=\beta\cos\theta+\gamma\sin\theta$；$\boldsymbol{k}_a$、$\boldsymbol{k}_b$ 分别是三面角和二面角散射矢量。

当 θ 满足 $\tan 2\theta=\dfrac{\beta\gamma^*+\beta^*\gamma}{|\beta|^2-|\gamma|^2}$（其中 α、β、γ 为 Pauli 分解的系数）时，$\boldsymbol{k}_{\text{sym}}$ 可以达到最大 $\boldsymbol{k}_{\text{sym}}^{\max}$。定义 τ 描述互易分量 $\boldsymbol{k}_{\text{rec}}$ 偏离对称子空间的程度，有

$$\tau=\arccos\frac{\|\langle\boldsymbol{k}_{\text{rec}},\boldsymbol{k}_{\text{sym}}\rangle\|}{\|\boldsymbol{k}_{\text{rec}}\|\,\|\boldsymbol{k}_{\text{sym}}\|} \tag{3.14}$$

计算最大对称成分 $\boldsymbol{k}_{\text{sym}}^{\max}$ 与六种典型散射类型的相似度 θ_i，根据 θ_i 进一步将 $\boldsymbol{k}_{\text{sym}}^{\max}$ 分为六种成分，有

$$\theta_i=\arccos\frac{\|\langle\boldsymbol{k}_i,\boldsymbol{k}_{\text{sym}}^{\max}\rangle\|}{\|\boldsymbol{k}_{\text{sym}}^{\max}\|} \tag{3.15}$$

因此，Cameron 分解的三个主要参数就是 θ_{rec}、τ 和 θ_i。根据 θ_{rec} 区分开互易成分与非互易成分，根据 τ 区分开对称成分和非对称成分，然后根据 θ_i 将最大对称成分与标准类型进行距离匹配，可以分解得到六种成分：三面角、二面角、窄二面角、偶极子、圆柱体、1/4 波振子。Cameron 分解流程如图 3.3 所示[6]。

图 3.4 所示为 EMISAR 和 E－SAR 实验数据根据 Cameron 分解得到的分类结果。对比光学图像，发现图 3.4(a)中裸地分成了三面角成分；把呈现地面一植被茎秆引起的偶次散射的细径农作物地区划分为二面角；将呈现体散射的森林地区划分为偶极子；建筑区域只有部分被划分为窄二面角。在图 3.4(b)中，森林地区由于呈现较强的偶极子和二面角散射特性，因此很难将其与建筑区域分离。Cameron 分解方法能够表征目标的散射特性并进行分类，但分类结果并不理想。主要原因是 Cameron 分解只适用于相干目标，是对散射矩阵进行处理，把散射矩阵分解为几种基本散射类型，而且 Cameron 分类是基于像素的聚类，在聚类过程中只用到自身散射矩阵的信息，而没有考虑其邻域像素的信息。另外，由于建筑区域的结构比较复杂，且存在相干斑等问题，因此基于 Cameron 分解的聚类效果不理想。

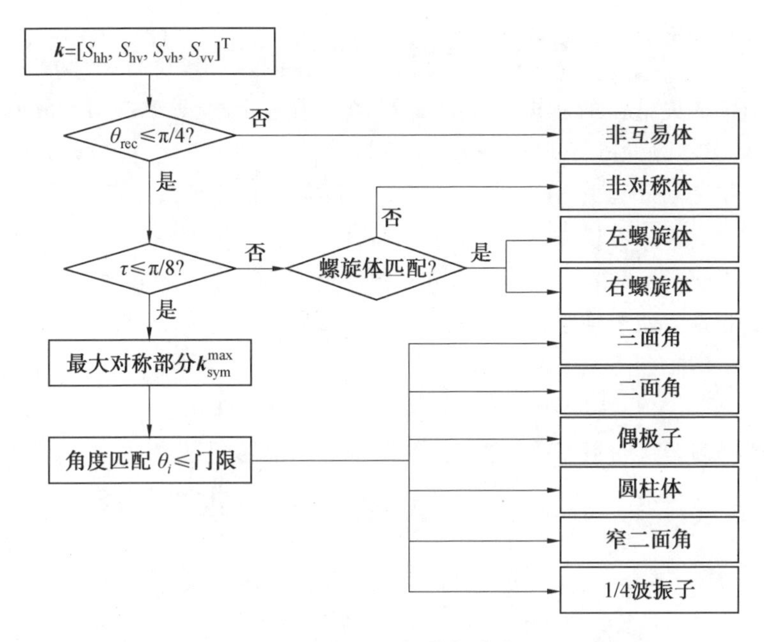

图 3.3 Cameron 分解流程

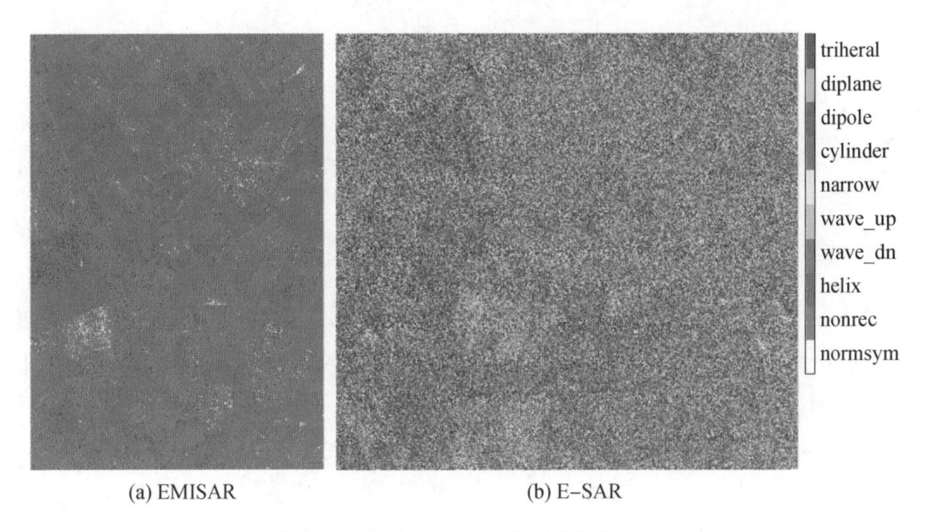

图 3.4 基于 Cameron 分解的分类结果

3.3.4 Touzi 分解

Touzi 根据 Cloude－Pottier 分解的框架和目标散射矢量模型(target scattering vector model,TSVM)提出了 Touzi 相干分解[7]。Touzi 相干分解也是通过特征分解把相干矩阵$[T]$分解为三个特征值和对应的三个特征矢量,并使用 TSVM 对三个特征矢量建模或参数化。Touzi 相干分解可以表示为

$$[T]=[U][\Sigma][U^{-1}]=\sum_{i=1}^{3}\lambda_i k_i k_i^{*i} \tag{3.16}$$

关于特征矢量k_i 的建模，Touzi 提出了散射矢量模型 TSVM。散射矢量模型 TSVM 基于 Kennaugh－Huynen 对散射矩阵的对角化，把散射矩阵表示在 Pauli 基下。Kennaugh－Huynen 对散射矩阵的对角化可以表示为

$$[S]=[R_S(\theta)][R_S(\tau)][S_d][R_S^t(\tau)][R_S^t(\theta)] \tag{3.17}$$

式中，$[S_d]$是包含两个 con-eigenvalues 特征值 x_1 和 x_2 的对角矩阵；θ 和 τ 是取向角和螺旋角。两个酉变换表示为

$$[R_S(\theta)]=\begin{bmatrix}\cos\theta & -\sin\theta\\ \sin\theta & \cos\theta\end{bmatrix},\ [R_S(\tau)]=\begin{bmatrix}\cos\tau & -\mathrm{j}\sin\tau\\ -\mathrm{j}\sin\tau & \cos\tau\end{bmatrix} \tag{3.18}$$

对式(3.17)进行展开并转换到 Pauli 基下的散射矢量为

$$\boldsymbol{k}=\begin{bmatrix}\dfrac{x_1+x_2}{2}\cos 2\tau\\ \dfrac{x_1-x_2}{2}\cos 2\theta+\mathrm{j}\,\dfrac{x_1+x_2}{2}\sin 2\tau\sin 2\theta\\ \dfrac{x_1-x_2}{2}\sin 2\theta-\mathrm{j}\,\dfrac{x_1+x_2}{2}\sin 2\tau\cos 2\theta\end{bmatrix}=\begin{bmatrix}k_1\\ k_2\\ k_3\end{bmatrix}$$

$$=|\boldsymbol{k}|_m \mathrm{e}^{\mathrm{j}\Phi_s}\begin{bmatrix}1 & 0 & 0\\ 0 & \cos 2\theta & -\sin 2\theta\\ 0 & \sin 2\theta & \cos 2\theta\end{bmatrix}\cdot m\cdot\begin{bmatrix}\dfrac{x_1+x_2}{2}\cos 2\tau_m\\ \dfrac{x_1-x_2}{2}\\ -\mathrm{j}\,\dfrac{x_1+x_2}{2}\sin 2\tau_m\end{bmatrix} \tag{3.19}$$

式中，$|\boldsymbol{k}|_m\cdot m=|\boldsymbol{k}|$。Touzi 引入复变量对称散射类型 α_s^c 描述对称目标，复变量 α_s^c 的极坐标幅值 α_s 和相位 Φ_{as}是散射矩阵[S]的两个 con-eigenvalues 特征值 x_1 和 x_2 的函数，有

$$\tan\alpha_s \mathrm{e}^{\mathrm{j}\Phi_{as}}=\frac{x_1-x_2}{x_1+x_2} \tag{3.20}$$

因此，式子可以改写成

$$\boldsymbol{k}=m\cdot|\boldsymbol{k}|_m \mathrm{e}^{\mathrm{j}\Phi_s}\begin{bmatrix}1 & 0 & 0\\ 0 & \cos 2\theta & -\sin 2\theta\\ 0 & \sin 2\theta & \cos 2\theta\end{bmatrix}\cdot\begin{bmatrix}\cos\alpha_s\cos 2\tau_m\\ \sin\alpha_s \mathrm{e}^{\mathrm{j}\Phi_{as}}\\ -\mathrm{j}\cos\alpha_s\sin 2\tau_m\end{bmatrix} \tag{3.21}$$

该式称为散射矢量模型 TSVM，其既可以描述对称目标，也可以描述非对称目标。由散射矢量模型描述的相干目标可以用五个参量描述：取向角 θ 和四个旋转不变的参数 m、τ_m、α_s、Φ_{as}。最大极化的参数 m、τ_m 和 θ 分别表示最大极化幅

值、螺旋角和取向角，其中 τ_m 又表示目标的非对称性。α_s 和 Φ_{as} 分别表示对称散射类型的幅值和相位。对于对称目标，$\tau_m=0$，而 α_s 和 Φ_{as} 共同描述了对称目标的散射类型[8]。

Touzi 非相干分解用式(3.19)表示的散射矢量模型分别对特征矢量 $\boldsymbol{k}_i$ 进行建模。由于每个特征矢量都有五个参数描述，加上三个特征值，Touzi 相干分解得到 18 个分解参数，因此 Touzi 相干分解存在参数增值。

此外，Touzi 又提出了 TSVM 分解，它是在 Huynen 分解基础上完成的。Huynen 分解首先将[S]矩阵对角化，即

$$[S_d]=\begin{bmatrix}\mu_1 & 0\\ 0 & \mu_2\end{bmatrix}=[U]^H[S][U] \tag{3.22}$$

式中，μ_1 和 μ_2 是复数；[U]是一个酉矩阵。

然后将对角化后的矩阵$[S_d]$进行分解，即

$$[S_d]=m_H e^{j2(\rho_H+\nu_H)}\begin{bmatrix}e^{j2\varphi_H\gamma_H} & 0\\ 0 & \tan^2\gamma_H e^{-j4\nu_H}\end{bmatrix} \tag{3.23}$$

式中，m_H 是回波最大幅度；ν_H 是用以表示跳数的角度；γ_H 是用以表示目标极化敏感度的参数。

Touzi 在 Huynen 分解基础上利用 TSVM 提出了两个新参数：用以表征奇次散射和偶次散射的 α_s 和相位差 Φ_{as}。则有

$$\tan\alpha_s e^{j\Phi_{as}}=\frac{\mu_1-\mu_2}{\mu_1+\mu_2} \tag{3.24}$$

3.3.5　LSTD 无损目标分解

[S]矩阵是由四个复数组成的矩阵。Paladini 认为传统的相干目标分解方法不能完整地获取这四个复数所包含的信息，因此他提出了一种无损目标分解(lossless and sufficient target decomposition, LSTD)方法，这种方法将[S]矩阵分解为八个具有物理意义的参数，能够描述[S]矩阵所包含的所有信息[9]。

由于极化指向角 θ 和法拉第旋转角 Ω 在圆极化基下有更简单的形式，因此首先将[S]矩阵转换成圆极化基下的向量，即

$$\boldsymbol{c}=\begin{bmatrix}S_{ll}\\ S_{lr}\\ S_{rl}\\ S_{rr}\end{bmatrix}=\frac{1}{2}\begin{bmatrix}1 & j & j & -1\\ j & 1 & -1 & j\\ j & -1 & 1 & j\\ -1 & j & j & 1\end{bmatrix}\begin{bmatrix}S_{hh}\\ S_{hv}\\ S_{vh}\\ S_{vv}\end{bmatrix} \tag{3.25}$$

式中，$\boldsymbol{c}$ 为圆极化散射向量；等号左边向量元素的下标对应极化模式为左旋圆极化 l 和右旋圆极化 r。

LSTD 分解将 $\boldsymbol{c}$ 写成六个特殊酉矩阵与一个复数 C 的乘积形式，即

$$\boldsymbol{c}=\begin{bmatrix}S_{\mathrm{ll}}\\S_{\mathrm{lr}}\\S_{\mathrm{rl}}\\S_{\mathrm{rr}}\end{bmatrix}=[R(\Omega)][R(\theta)][R(\gamma)][R(\sigma)][R(\beta)][R(\alpha)]\begin{bmatrix}C\\0\\0\\0\end{bmatrix}$$

$$=\begin{bmatrix}1&0&0&0\\0&\mathrm{e}^{-\mathrm{j}2\Omega}&0&0\\0&0&\mathrm{e}^{\mathrm{j}2\Omega}&0\\0&0&0&1\end{bmatrix}\begin{bmatrix}\mathrm{e}^{-\mathrm{j}2\theta}&0&0&0\\0&1&0&0\\0&0&1&0\\0&0&0&\mathrm{e}^{-\mathrm{j}2\theta}\end{bmatrix}\begin{bmatrix}\mathrm{e}^{-\mathrm{j}2\gamma}&0&0&0\\0&\mathrm{e}^{\mathrm{j}2\gamma}&0&0\\0&0&\mathrm{e}^{\mathrm{j}2\gamma}&0\\0&0&0&\mathrm{e}^{-\mathrm{j}2\gamma}\end{bmatrix}\cdot$$

$$\begin{bmatrix}1&0&0&0\\0&\cos\sigma&-\sin\sigma&0\\0&\sin\sigma&\cos\sigma&0\\0&0&0&1\end{bmatrix}\begin{bmatrix}\cos\beta&0&0&\sin\beta\\0&1&0&0\\0&0&1&0\\-\sin\beta&0&0&\cos\beta\end{bmatrix}\cdot$$

$$\begin{bmatrix}\sin\alpha&\cos\alpha&0&0\\\cos\alpha&-\sin\alpha&0&0\\0&0&1&0\\0&0&0&-1\end{bmatrix}\begin{bmatrix}C\\0\\0\\0\end{bmatrix}$$

$$=\begin{bmatrix}\sin\alpha\cos\beta\mathrm{e}^{\mathrm{i}(-2\gamma-2\theta)}\\\cos\alpha\cos\sigma\mathrm{e}^{\mathrm{i}(-2\Omega+2\gamma)}\\\cos\alpha\sin\sigma\mathrm{e}^{\mathrm{i}(2\Omega+2\gamma)}\\\sin\alpha\sin\beta\mathrm{e}^{\mathrm{i}(-2\gamma+2\theta)}\end{bmatrix}\mathrm{SPAN}\mathrm{e}^{\mathrm{j}\varphi}\tag{3.26}$$

式中，$[R(x)]$是与参数 x 有关的四阶特殊酉矩阵；Ω 是法拉第旋转角度，$\Omega=(1/4)\arg\{S_{\mathrm{l}_\perp \mathrm{l}}S^*_{\mathrm{ll}_\perp}\}$；$\theta$ 是极化指向角，$\theta=(1/4)\arg\{S_{\mathrm{l}_\perp \mathrm{l}_\perp}S^*_{\mathrm{ll}}\}$；$\gamma$ 是同极化与交叉极化之间的相位差，$\gamma=(1/4)\arg\{c^{-\Omega-\theta}(1)^*c^{-\Omega-\theta}(2)\}$，$c^{-\Omega-\theta}=[R(-\Omega)]\cdot[R(-\theta)]\boldsymbol{c}$；$\alpha$ 是用于描述奇次－偶次散射比的参数，$\alpha=\arccos(\sqrt{(1/2)|S_{\mathrm{hh}}+S_{\mathrm{vv}}|^2/\|c\|})$；$\beta$ 是同极化程度，$\beta=\arccos(|c(1)|/\sin\alpha\|c\|)$；$\sigma$ 是交叉极化程度，$\sigma=\arccos(|c(2)|/\cos\alpha\|c\|)$；SPAN 是散射能量，$\mathrm{SPAN}=\|c\|$；$\varphi$ 是绝对相位，$\varphi=\arg\{C\}$。

在极端情况下，β 和 σ 会出现没有意义的值，因此 Paladini 引入两个参数，定义为非互易程度 Nr 和螺旋度 Hel 来取代 σ 和 β，有

$$\begin{cases}\mathrm{Nr}=\cos^2\alpha(\cos^2\alpha-\sin^2\alpha)\\\mathrm{Hel}=\sin\alpha(\cos^2\beta-\sin^2\beta)\end{cases}\tag{3.27}$$

由此得到的八个参数 Ω、θ、γ、SPAN、α、Nr、Hel 和 φ 能无损地描述散射矩阵。

3.4　典型非相干目标分解方法

3.4.1　Huyen 分解

Huynen 目标分解理论的基本思想是将极化 SAR 图像数据分解成一个等价的单一散射目标分量和一个残留分量(称为"N 目标"),可以达到从杂波环境中提取出所需目标的目的。当目标随时间和空间变化,如存在干扰时,通常将等价为分布式目标进行处理。与静态目标或纯点目标不同,分布式目标的在结构上有其自身独特的性质。平均分布式目标一般由 Kennaugh 矩阵或相干矩阵$[T_3]$的期望值表示,即

$$[T_3]=\begin{bmatrix} 2\langle A_0\rangle & \langle C\rangle-\mathrm{j}\langle D\rangle & \langle H\rangle+\mathrm{j}\langle G\rangle \\ \langle C\rangle+\mathrm{j}\langle D\rangle & \langle B_0\rangle+\langle B\rangle & \langle E\rangle+\mathrm{j}\langle F\rangle \\ \langle H\rangle-\mathrm{j}\langle G\rangle & \langle E\rangle-\mathrm{j}\langle F\rangle & \langle B_0\rangle-\langle B\rangle \end{bmatrix} \tag{3.28}$$

相干矩阵$[T_3]$中,九个参数经过平均处理后相互独立,不再具有相互间的依赖关系。将平均目标分解成两个部分,分别为由五个参数表示的单一散射目标$[T_0]$和包含四个自由度的 N 目标$[T_N]$,分解后的两个分量目标相互独立,且具有物理可实现性。

如前所述,由 Kennaugh 矩阵或相干矩阵$[T_3]$可以完全描述一个极化散射目标。Kennaugh 矩阵和相干矩阵$[T_3]$均可由九个相互独立的参数描述,且各参数间的联系可由四个关系式表述。Huynen 分解中参数间还有一个重要的联系,即 $B_0^2=B^2+E^2+F^2$。类比于 Stokes 矢量可以将一个部分极化波分解为两个分量,即一个完全极化波和一个完全未极化波之和的形式,Huynen 目标分解将矢量(B_0,B,E,F)分解成分别对应于"等价的单一散射目标"和残留目标(非对称项)的两个矢量部分,即

$$\begin{cases} B_0=B_{0T}+B_{0N} \\ B=B_T+B_N \\ E=E_T+E_N \\ F=F_T+F_N \end{cases} \tag{3.29}$$

式中,带有下标 T 和 N 的参数分别表示的是等价的单一散射目标和 N 目标。

由式(3.29)可以看出,N 目标由参数(B_{0N},B_N,E_N,F_N)定义,对应于一个严格非对称目标。参数(A_0,C,H,G)是确定的,参数(B_{0T},B_T,E_T,F_T)对应于等价的单一散射目标且存在唯一解,可由以下方程组求得,即

$$\begin{cases}2A_0(B_{0T}+B_T)=C^2+D^2\\2A_0(B_{0T}-B_T)=G^2+H^2\\2A_0E_T=CH-DG\\2A_0F_T=CG+DH\end{cases}\tag{3.30}$$

因此，相干矩阵$[T_0]$的秩必须为 1。参数(B_{0N},B_N,E_N,F_N)可根据下式由平均的 Kennaugh 矩阵$[K]$或平均相干矩阵$[T_3]$确定，即

$$[T_3]=\begin{bmatrix}2\langle A_0\rangle & \langle C\rangle-\mathrm{j}\langle D\rangle & \langle H\rangle+\mathrm{j}\langle G\rangle\\\langle C\rangle+\mathrm{j}\langle D\rangle & \langle B_0\rangle+\langle B\rangle & \langle E\rangle+\mathrm{j}\langle F\rangle\\\langle H\rangle-\mathrm{j}\langle G\rangle & \langle E\rangle-\mathrm{j}\langle F\rangle & \langle B_0\rangle-\langle B\rangle\end{bmatrix}=[T_0]+[T_N]\tag{3.31}$$

式中

$$[T_0]=\begin{bmatrix}\langle 2A_0\rangle & \langle C\rangle-\mathrm{j}\langle D\rangle & \langle H\rangle+\mathrm{j}\langle G\rangle\\\langle C\rangle+\mathrm{j}\langle D\rangle & B_{0T}+B_T & E_T+\mathrm{j}F_T\\\langle H\rangle-\mathrm{j}\langle G\rangle & E_T-\mathrm{j}F_T & B_{0T}-B_T\end{bmatrix}\tag{3.32}$$

且有

$$[T_N]=\begin{bmatrix}0 & 0 & 0\\0 & B_{0N}+B_N & E_N+\mathrm{j}F_N\\0 & E_N-\mathrm{j}F_N & B_{0N}-B_N\end{bmatrix}\tag{3.33}$$

因为 N 目标对应的相干矩阵$[T_N]$的秩不等于 1，所以不存在相对应的等价散射矩阵。

根据上述 Huynen 目标分解原理和各参数间的关系式可以分析得到分布式目标的目标结构图定义，Huynen 分解示意图如图 3.5 所示。可以看出，所有的极化目标结构元素中都包含目标的非对称性成分。任何单一散射目标都可以被分解为对称部分(A_0,C,D)、非对称部分(B_0,B,E,F)及二者之间的耦合项。图中右侧部分表示对矢量(B_0,B,E,F)的分解，等价的单一散射目标也包含有非对称分量的成分，可由参数(B_{0T},B_T,E_T,F_T)定义。

Huynen 分解得到的 N 目标的主要特点是具有旋转不变性，当天线坐标系绕雷达成像视线旋转任意角度时，N 目标的等价相干矩阵$[T_N]$保持不变。等价相干矩阵$[T_N]$旋转不变性的表达式为

$$\begin{aligned}[T_N(\theta)]&=[U_3(\theta)][T_N][U_3(\theta)^{-1}]\\&=\begin{bmatrix}1 & 0 & 0\\0 & \cos 2\theta & \sin 2\theta\\0 & -\sin 2\theta & \cos 2\theta\end{bmatrix}\begin{bmatrix}0 & 0 & 0\\0 & B_{0N}+B_N & E_N+\mathrm{j}F_N\\0 & E_N-\mathrm{j}F_N & B_{0N}-B_N\end{bmatrix}\cdot\\&\quad\begin{bmatrix}1 & 0 & 0\\0 & \cos 2\theta & -\sin 2\theta\\0 & \sin 2\theta & \cos 2\theta\end{bmatrix}\end{aligned}\tag{3.34}$$

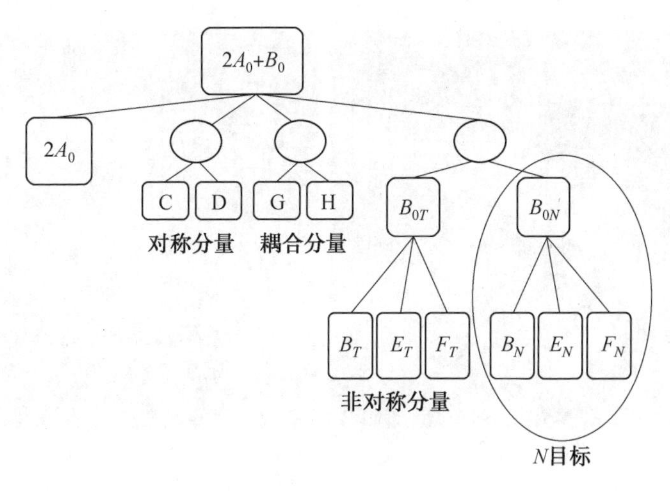

图 3.5　Huynen 分解示意图

该式还可以表示为

$$
[T_N(\theta)]=\begin{bmatrix} 0 & 0 & 0 \\ 0 & B_0(\theta)+B_N(\theta) & E_N(\theta)+\mathrm{j}F_N(\theta) \\ 0 & E_N(\theta)-\mathrm{j}F_N(\theta) & B_{0N}(\theta)-B_N(\theta) \end{bmatrix} \tag{3.35}
$$

由式(3.35)可以看出，N 目标旋转的等价相干矩阵具有与原来相同的形式，由此可以证明 N 目标具有旋转不变性。

Huynen 目标分解方法的基本原理是将地物散射回波信息数据分解为可识别的确定性目标成分和 N 目标的残余成分或噪声成分两个部分。九个 Huynen 参数中，参数 (A_0,C,H,G) 是确定的，参数 (B_{0T},B_T,E_T,F_T) 对应于单一散射目标，可以由方程组求得它们相应的唯一解。

图 3.6 所示为 EMISAR 和 E－SAR 图像的 Huynen 目标分解假彩色合成图，红色表示不规则区域，绿色表示不对称区域，蓝色表示平滑规则的区域。从图中可以看出，河流主要呈蓝色，说明河流的对称平滑度较高；森林主要呈绿色，说明森林的不对称度较高；城镇和农田主要呈绿色和红色，说明城镇和农田的不规则度和不对称度较高。

(a) EMISAR

(b) E-SAR

图 3.6 EMISAR 和 E—SAR 图像的 Huynen 分解假彩色合成图
红色—$T_{22T}=B_{0T}+B_T$;绿色—$T_{33T}=B_{0T}-B_T$;蓝—$T_{11T}=2A_0$

3.4.2 van Zyl 分解

van Zyl 最早提出了能够使用一般的 3×3 协方差矩阵$[C_3]$表述单站散射体制下具有方位向对称性的自然地物目标的目标分解方法[11]。反射对称性的假设对自然地物目标是成立的,如土壤和森林。在地物目标满足散射对称性的条件下,可以假设雷达目标数据的同极化通道与交叉极化通道间不相关[12-13],即相关系数为零。在这种情况下,对应的平均协方差矩阵$[C_3]$为

$$[C_3]=\begin{bmatrix}\langle |S_{hh}|^2\rangle & 0 & \langle S_{hh}S_{vv}^*\rangle \\ 0 & \langle 2\,|S_{hv}|^2\rangle & 0 \\ \langle S_{vv}S_{hh}^*\rangle & 0 & \langle |S_{vv}|^2\rangle\end{bmatrix}=\alpha\begin{bmatrix}1 & 0 & \rho \\ 0 & \eta & 0 \\ \rho^* & 0 & \mu\end{bmatrix} \tag{3.36}$$

其中

$$\begin{cases}\alpha=\langle S_{hh}S_{hh}^*\rangle,\ \rho=\langle S_{hh}S_{vv}^*\rangle/\langle S_{hh}S_{hh}^*\rangle \\ \eta=2\langle S_{hv}S_{hv}^*\rangle/\langle S_{hh}S_{hh}^*\rangle,\ \mu=\langle S_{vv}S_{vv}^*\rangle/\langle S_{hh}S_{hh}^*\rangle\end{cases} \tag{3.37}$$

式中,参数α、ρ、η和μ均与散射目标的几何尺寸、结构形状、物理介电性质和空间取向角的分布有关,对应的特征值表达式为

$$\begin{cases}\lambda_1=\dfrac{\alpha}{2}\left\{1+\mu+\sqrt{(1-\mu)^2+4\,|\rho|^2}\right\} \\ \lambda_2=\dfrac{\alpha}{2}\left\{1+\mu-\sqrt{(1-\mu)^2+4\,|\rho|^2}\right\} \\ \lambda_3=\alpha\eta\end{cases} \tag{3.38}$$

与之相对应的三个特征矢量分别为

$$\begin{cases} \underline{u}_1 = \sqrt{\dfrac{\mu-1+\sqrt{\Delta}}{(\mu-1+\sqrt{\Delta})^2+4\,|\rho|^2}}\begin{bmatrix}\dfrac{2\rho}{\mu-1+\sqrt{\Delta}}\\ 0\\ 1\end{bmatrix} \\ \underline{u}_2 = \sqrt{\dfrac{\mu-1-\sqrt{\Delta}}{(\mu-1-\sqrt{\Delta})^2+4\,|\rho|^2}}\begin{bmatrix}\dfrac{2\rho}{\mu-1-\sqrt{\Delta}}\\ 0\\ 1\end{bmatrix}, \quad \Delta=(1-\mu)^2+4\,|\rho|^2 \\ \underline{u}_3 = \begin{bmatrix}0\\ 1\\ 0\end{bmatrix} \end{cases} \tag{3.39}$$

则可以容易得出 3×3 埃尔米特平均协方差矩阵$[C_3]$为

$$\begin{aligned}[C_3] &= \sum_{i=1}^{3}\lambda_i\,\underline{\boldsymbol{u}}_i\cdot\underline{\boldsymbol{u}}_i^{*\mathrm{T}} \\ &= \Lambda_1\begin{bmatrix}|\alpha|^2 & 0 & \alpha\\ 0 & 0 & 0\\ \alpha^* & 0 & 1\end{bmatrix}+\Lambda_2\begin{bmatrix}|\beta|^2 & 0 & \beta\\ 0 & 0 & 0\\ \beta^* & 0 & 1\end{bmatrix}+\Lambda_3\begin{bmatrix}0 & 0 & 0\\ 0 & 1 & 0\\ 0 & 0 & 0\end{bmatrix}\end{aligned} \tag{3.40}$$

其中

$$\begin{cases} \Lambda_1=\lambda_1\left[\dfrac{(\mu-1+\sqrt{\Delta})^2}{(\mu-1+\sqrt{\Delta})^2+4\,|\rho|^2}\right], \alpha=\dfrac{2\rho}{\mu-1+\sqrt{\Delta}} \\ \Lambda_2=\lambda_2\left[\dfrac{(\mu-1-\sqrt{\Delta})^2}{(\mu-1-\sqrt{\Delta})^2+4\,|\rho|^2}\right], \beta=\dfrac{2\rho}{\mu-1-\sqrt{\Delta}} \\ \Lambda_3=\lambda_3 \end{cases} \tag{3.41}$$

van Zyl 目标分解得到的三个特征矢量中，前两个矢量分别对应于奇次数反射和偶次数反射的等价散射矩阵[11]。通过解析和推导协方差矩阵的特征矢量和特征值，可以得到如式(3.40)所示的 3×3 埃尔米特平均协方差矩阵$[C_3]$的描述形式，该分解方法是基于散射模型的极化目标分解理论的基础。

3.4.3　Cloude 分解

Cloude 等[10]首先对基于特征矢量的极化目标分解原理进行了分析研究，提出了通过求解平均相干矩阵的最大特征值(λ_1)从而确定地物中的主导散射机制成分的算法。采用这种目标分解方法，可以得到秩为 1 的相干矩阵$[T_{01}]$，对应存在一个等价的散射矩阵$[S]$，且相干矩阵$[T_{01}]$可由单个目标矢量$\underline{\boldsymbol{k}}_1$ 的外积描述，有

$$[T_{01}]=\lambda_1\, \underline{\boldsymbol{u}}_1 \cdot \underline{\boldsymbol{u}}_1^{*\mathrm{T}}=\underline{\boldsymbol{k}}_1 \cdot \underline{\boldsymbol{k}}_1^{*\mathrm{T}} \tag{3.42}$$

其唯一的非零特征值 λ_1 的数值与目标矢量$\underline{\boldsymbol{k}}_1$ 的 Frobenius 范数的平方相等，它描述了对应的等价散射矩阵的散射功率。

Cloude 目标分解方法对应得到的目标矢量$\underline{\boldsymbol{k}}_1$ 为

$$\underline{\boldsymbol{k}}_1=\sqrt{\lambda_1}\,\underline{\boldsymbol{u}}_1=\frac{\mathrm{e}^{\mathrm{j}\varphi}}{\sqrt{2A_0}}\begin{bmatrix}2A_0\\C+\mathrm{j}D\\H-\mathrm{j}G\end{bmatrix}=\mathrm{e}^{\mathrm{j}\varphi}\begin{bmatrix}\sqrt{2A_0}\\\sqrt{B_0+B}\,\mathrm{e}^{\mathrm{j}\arctan(D/C)}\\\sqrt{B_0-B}\,\mathrm{e}^{-\mathrm{j}\arctan(G/H)}\end{bmatrix} \tag{3.43}$$

式中，目标矢量$\underline{\boldsymbol{k}}_1$ 中的三个复数元素的模值与由 Huynen 目标分解方法得到的三个 Huynen 目标生成因子相等。三个元素的相位项的范围为 $\varphi\in[-\pi,\pi]$，对应等价于目标的绝对相位。在不使用雷达地面实际测量数据的情况下，目标矢量$\underline{\boldsymbol{k}}_1$ 可以分解为三种简单散射机制模型的形式，三种散射机制分量分别为表面散射、二面角散射和体散射。目标矢量$\underline{\boldsymbol{k}}_1$ 中的三个元素分别对应于这三种散射机制，如下所示：

①表面散射，$A_0 \gg B_0+B, B_0-B$；

②二面角散射，$B_0+B \gg A_0, B_0-B$；

③体散射，$B_0-B \gg A_0, B_0+B$。

Cloude 分解是一类基于特征矢量的目标分解方法，通过求解得到最大特征值(λ_1)从而确定地物目标中的主导散射机制。该分解方法包含了所有的散射机理，在不同的极化基坐标下可以保持特征值不变。分解得到的目标矢量 $\boldsymbol{k}_1$ 中三个元素的模值大小等于 Huynen 分解中的三个生成因子，且可表示为三种简单散射机制的组合，分别为表面散射、二面角散射和体散射。

图 3.7 所示为丹麦 Foulum 地区的 EMISAR 全极化图像和德国 Oberpfaffenhofen 地区的 E-SAR 全极化图像的 Cloude 目标分解假彩色合成图。其中，红色表示二面角散射区域，绿色表示体散射区域，蓝色表示表面散射区域。可以看出，森林区域主要呈绿色，说明森林的主要散射体制是体散射；河流主要呈蓝紫色，说明河流的主要散射机制是表面散射；部分农田呈红色，说明其主要散射机制是二面角散射，而部分农田呈蓝紫色，说明其主要散射机制是表面散射，这种差异源于农作物的种类，生长状态不同，导致其他磁特性不同。

(a) EMISAR

(b) E-SAR

图 3.7　Cloude 目标分解假彩色合成图

红—T_{22}；绿—T_{33}；蓝—T_{11}

3.4.4　Barnes－Holm 分解

Huynen 目标分解得到的 N 目标对应的相干矩阵$[T_N]$具有旋转不变性，即$[T_N]$的矢量空间与单一散射目标 T_0 的矢量空间具有相互正交性，且当目标天线坐标系绕雷达成像视线方向旋转任意角度时，保持正交性不变。从这一角度出发，可以考虑得出 Huynen 提出的目标结构并不唯一，可基于相同的结构提出其他的分解方法[14]。

对于任意一个矢量 $\underline{\boldsymbol{q}}$，若其满足$[T_N]\underline{\boldsymbol{q}}=0$ 的条件，则称该矢量 $\underline{\boldsymbol{q}}$ 属于 N 目标的零空间。由于 N 目标具有旋转不变性，因此经过变换零空间将仍保持不变。则有

$$[T_N](\theta)\underline{\boldsymbol{q}}=0\Rightarrow[U_3(\theta)][T_N][U_3(\theta)^{-1}]=0 \tag{3.44}$$

当矢量 $\underline{\boldsymbol{q}}$ 满足

$$[U_3(\theta)^{-1}]\underline{\boldsymbol{q}}=\lambda\underline{\boldsymbol{q}} \tag{3.45}$$

时，式(3.44)所限定的关系式成立。式(3.45)表明 $\underline{\boldsymbol{q}}$ 是矩阵$[U_3(\theta)]$的一个特征矢量，由该式可求得矩阵$[U_3(\theta)]$的三个特征矢量为

$$\underline{\boldsymbol{q}}_1=\begin{bmatrix}1\\0\\0\end{bmatrix},\ \underline{\boldsymbol{q}}_2=\frac{1}{\sqrt{2}}\begin{bmatrix}0\\1\\\mathrm{j}\end{bmatrix},\ \underline{\boldsymbol{q}}_3=\frac{1}{\sqrt{2}}\begin{bmatrix}0\\\mathrm{j}\\1\end{bmatrix} \tag{3.46}$$

式(3.44)～(3.46)表明对应于三个不同的特征矢量，有三种将相干矩阵$[T_3]$分解为一个单一散射目标$[T_0]$和一个分布式目标$[T_N]$之和的形式。对每个特征矢量，都将有一个归一化目标矢量$\underline{\boldsymbol{k}}_0$ 与单一散射目标$[T_0]$相对应，即

$$\left.\begin{array}{l}[T_3]\underline{q}=[T_0]\underline{q}+[T_N]\underline{q}=[T_0]\underline{q}=\underline{k}_0\underline{k}_0^{T*}\underline{q}\\ \underline{q}^{T*}[T_3]\underline{q}=\underline{q}^{T*}\underline{k}_0\underline{k}_0^{T*}\underline{q}=|\underline{k}_0^{T*}\underline{q}|^2\end{array}\right\}\Rightarrow \underline{k}_0=\frac{[T_3]\underline{q}}{\underline{k}_0^{T*}\underline{q}}=\frac{[T_3]\underline{q}}{\sqrt{\underline{q}^{T*}[T_3]\underline{q}}} \tag{3.47}$$

Huynen 提出的目标分解方法等价于特征矢量$\underline{q}_1$对应的分解形式。由式(3.32)可以得出单一散射目标$[T_0]$的结构，由式(3.33)可以得出 N 目标的结构。当取特征矢量$\underline{q}_1$时，单一散射目标$[T_0]$对应的归一化目标矢量$\underline{k}_{01}$形式为

$$\underline{k}_{01}=\frac{[T_3]\underline{q}_1}{\sqrt{\underline{q}_1^{T*}[T_3]\underline{q}_1}}=\frac{1}{\sqrt{\langle 2A_0\rangle}}\begin{bmatrix}\langle 2A_0\rangle\\ \langle C\rangle+\mathrm{j}\langle D\rangle\\ \langle H\rangle-\mathrm{j}\langle G\rangle\end{bmatrix} \tag{3.48}$$

与特征矢量$\underline{q}_2$和$\underline{q}_3$相对应的归一化目标矢量$\underline{k}_{02}$和$\underline{k}_{03}$分别为

$$\begin{cases}\underline{k}_{02}=\dfrac{[T_3]\underline{q}_2}{\sqrt{\underline{q}_2^{T*}[T_3]\underline{q}_2}}=\dfrac{1}{\sqrt{2(\langle B_0\rangle-\langle F\rangle)}}\begin{bmatrix}\langle C\rangle-\langle G\rangle+\mathrm{j}\langle H\rangle-\mathrm{j}\langle D\rangle\\ \langle B_0\rangle+\langle B\rangle-\langle F\rangle+\mathrm{j}\langle E\rangle\\ \langle E\rangle+\mathrm{j}\langle B_0\rangle-\mathrm{j}\langle B\rangle-\mathrm{j}\langle F\rangle\end{bmatrix}\\ \underline{k}_{03}=\dfrac{[T_3]\underline{q}_3}{\sqrt{\underline{q}_3^{T*}[T_3]\underline{q}_3}}=\dfrac{1}{\sqrt{2(\langle B_0\rangle+\langle F\rangle)}}\begin{bmatrix}\langle H\rangle+\langle D\rangle+\mathrm{j}\langle C\rangle+\mathrm{j}\langle G\rangle\\ \langle E\rangle+\mathrm{j}\langle B_0\rangle+\mathrm{j}\langle B\rangle+\mathrm{j}\langle F\rangle\\ \langle B_0\rangle-\langle B\rangle+\langle F\rangle+\mathrm{j}\langle E\rangle\end{bmatrix}\end{cases} \tag{3.49}$$

三个归一化目标矢量中$\underline{k}_{02}$和$\underline{k}_{03}$对应的是 Barnes 和 Holm 提出的目标分解方法，即 Barnes－Holm 分解。

Barnes－Holm 第一种分解的目标生成因子为

$$T_{11T}=\frac{(\langle C\rangle-\langle G\rangle)^2+(\langle H\rangle-\langle D\rangle)^2}{2(\langle B_0\rangle-\langle F\rangle)} \tag{3.50}$$

$$T_{22T}=\frac{(\langle B_0\rangle+\langle B\rangle-\langle F\rangle)^2+(\langle E\rangle)^2}{2(\langle B_0\rangle-\langle F\rangle)} \tag{3.51}$$

$$T_{33T}=\frac{(\langle B_0\rangle-\langle B\rangle-\langle F\rangle)^2+(\langle E\rangle)^2}{2(\langle B_0\rangle-\langle F\rangle)} \tag{3.52}$$

Barnes-Holm 第二种分解的目标生成因子为

$$T_{11T}=\frac{(\langle C\rangle+\langle G\rangle)^2+(\langle H\rangle-\langle D\rangle)^2}{2(\langle B_0\rangle+\langle F\rangle)} \tag{3.53}$$

$$T_{22T}=\frac{(\langle B_0\rangle+\langle B\rangle+\langle F\rangle)^2+(\langle E\rangle)^2}{2(\langle B_0\rangle+\langle F\rangle)} \tag{3.54}$$

$$T_{33T}=\frac{(\langle B_0\rangle-\langle B\rangle+\langle F\rangle)^2+(\langle E\rangle)^2}{2(\langle B_0\rangle+\langle F\rangle)} \tag{3.55}$$

图 3.8 所示为丹麦 Foulum 地区 EMISAR 和德国 Oberpfaffenhofen 地区

E－SAR图像的 Barnes－Holm 第一种目标分解的三分量假彩色合成图。从图中可以看出，与 Huynen 目标分解结果相比，红色通道的成分（即不规则分量）在 Barnes－Holm 目标分解结果中被校正，使河流及农田更偏向蓝色，森林更偏向绿色，更符合地物现实散射情况。

(a) EMISAR

(b) E-SAR

图 3.8　Barnes－Holm 第一种目标分解的三分量假彩色合成图

红—T_{22T}；绿—T_{33T}；蓝—T_{11T}

3.4.5　H/A/α 分解

如果相干矩阵只有一个非零特征值，则目标的相干矩阵将只有唯一的表达形式。如果全部的特征值均相等，则目标就是随机的，并且完全与极化状态无关[15]。为表征每一个分解目标的统计无序程度，可以定义目标的散射熵 H 为

$$H = -\sum_{i=1}^{3} P_i \log_3 P_i, \quad i = 1,\ 2,\ 3 \tag{3.56}$$

式中，P_i 为相干矩阵［T］的特征值 λ_i 的概率，且 $P_i = \lambda_i / \sum_{j=1}^{3} \lambda_j$。

在极化雷达信息处理中，目标的散射熵 $H(0 \leqslant H \leqslant 1)$ 描述了散射过程的随机性，H 越大，代表混乱程度越严重，目标周围的一致性就越差[15]。当 $H = 0$ 时，相干矩阵只有一个特征值不为零，此时系统处于完全极化状态，只有唯一的散射矩阵，对应于一个确定的散射过程。H 具有较小值，系统接近完全极化，三个特征值中有一个较大，其余两个很小，可以忽略不计。随着 H 的增加，目标极化状态的随机性也增加，H 具有较大值，系统接近完全非极化，三个特征值大小相当。在 $H = 1$ 的极限情况下，有三个相等的特征值，目标的散射完全退化为随机的噪声，即处于完全非极化状态，无法获得目标的任何极化信息。

根据散射矢量的表达式，定义目标的平均散射角 $\bar{\alpha}$ 和平均方位角 $\bar{\beta}$ 为

$$\begin{cases} \bar{\alpha} = \sum_{i=1}^{3} P_i \alpha_i = P_1 \arccos(\boldsymbol{e}_1(1)) + P_2 \arccos(\boldsymbol{e}_2(1)) + P_3 \arccos(\boldsymbol{e}_3(1)) \\ \bar{\beta} = \sum_{i=1}^{3} P_i \beta_i \end{cases} \tag{3.57}$$

式中，α_i 和 β_i 可由特征矢量 $\boldsymbol{e}_i$ 计算得到。散射角 $\bar{\alpha}$ 是一个 0°～90° 连续变化的参量，在一定程度上代表了目标的散射机理类型[16-18]（图 3.9）。$\bar{\alpha}=0°$ 时，得到各向同性的表面散射，如平静的水面或者均匀的导体球。随着 $\bar{\alpha}$ 角度的增加，反映出的散射机理将变为各向异性的表面散射。当 $\bar{\alpha}=45°$ 时，为偶极子散射模型，其中的一个同极化散射系数（hh 或 vv）变为 0。如果 $\bar{\alpha}>45°$，则反映出的散射机理为各向异性的二面角散射。在 $\bar{\alpha}=90°$ 的极端情况下，该参数可用来反映引起 h 与 v 之间相位偏移的目标，且最有代表性的散射机理为二面角或螺旋线散射。

需要注意的是，$\bar{\alpha}$ 是旋转不变量，通过它在空间的方位可进行散射过程的识别。特征值和熵 H 都是与矢量 $\boldsymbol{k}$ 无关的，而由特征矢量推导出的 $\bar{\alpha}$ 角和 $\bar{\beta}$ 角则与 $\boldsymbol{k}$ 矢量相关。因此，上述的物理解释只是对相干矩阵 $[T]$ 有效。$\bar{\alpha}$ 参数是对 Pauli 矩阵的一个有力扩展，除考虑各向同性散射过程外，还可以考虑各向异性的散射过程。通常来说，各向同性散射体只是一些人造反射器等，一般的真实地物很少表现出各向同性的性质。$\bar{\alpha}$ 的重要性就在于它把极化分解扩展到更实用的遥感应用领域。

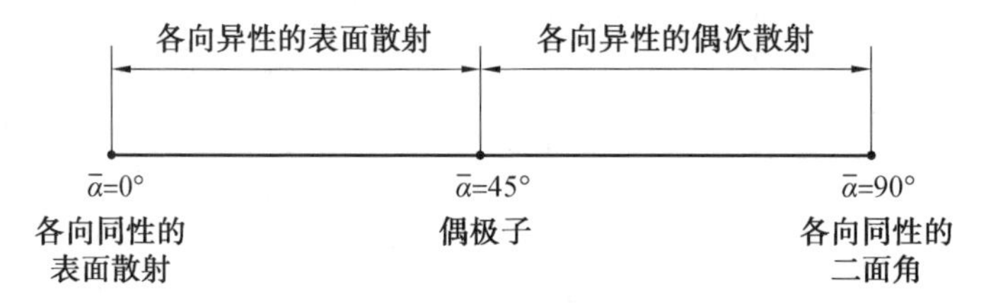

图 3.9　平均散射角 $\bar{\alpha}$ 的变化范围及所表示的散射机理

熵 H 能够反映特征值 λ_1 与其他两个特征值 λ_2 和 λ_3 之间的关系，但它并不反映 λ_2 与 λ_3 之间的关系。定义极化各向异性 A 来表征 λ_2 与 λ_3 之间的关系为

$$A = \frac{\lambda_2 - \lambda_3}{\lambda_2 + \lambda_3} \tag{3.58}$$

在 H 很高的情况下，由于特征值基本相等（$H \simeq 1 \Leftrightarrow \lambda_1 \simeq \lambda_2 \simeq \lambda_3$），因此各向异性 A 提供不了什么附加信息。然而，对于低或中等熵值情况（$\lambda_1 > \lambda_2$，$\lambda_1 > \lambda_3$），H 不能提供有关 λ_2 和 λ_3 的信息，此时各向异性 A 包含附加信息。中等熵值

意味着不止一个散射机理对散射信号有贡献，高各向异性表明只有第二个散射机理是最重要的，低各向异性表明第三个散射机理也是重要的[15,19]。

同样采用丹麦 Foulum 地区的 EMISAR 数据，该数据基于特征值分解得到的极化参数如图 3.10 所示。图 3.10(a) ～ (c) 分别为散射熵 H、平均散射角 $\bar{\alpha}$ 和各向异性 A。从图 3.10(a) 中可以发现，利用散射熵 H 能将森林和建筑物与农田区分开，这是因为森林和建筑物的熵值较高，说明其散射随机性较强，散射机理较复杂，而农田的熵值较低，说明其散射机理比较单一。图 3.10(b) 中森林和建筑物的 $\bar{\alpha}$ 值在45°左右，农田的 $\bar{\alpha}$ 值大多在75°左右。在图 3.10(c) 中，由于森林和建筑物地区的熵值较大，三个特征值基本相等，因此该地区的 A 值较小，然而农田地区的 A 值较高，根据前面的分析，说明第二个散射机理较重要，也就是对于农田来说，二面角散射机理较重要，这与由 H 值分析的结果是一致的。

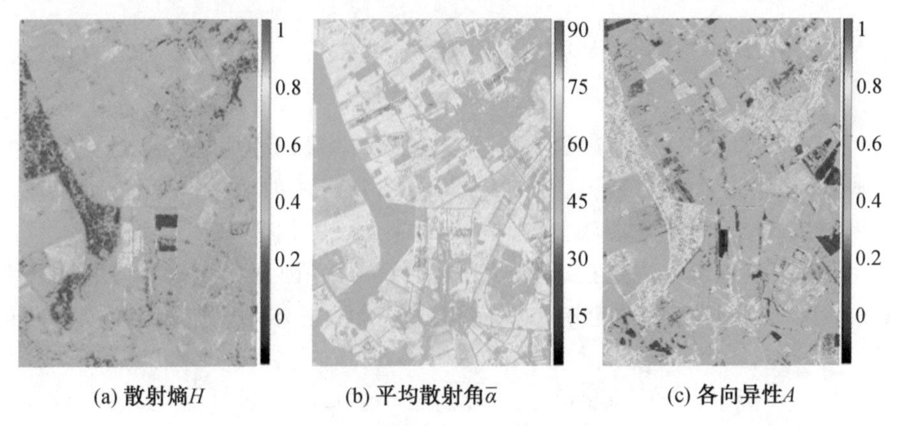

(a) 散射熵H　　(b) 平均散射角$\bar{\alpha}$　　(c) 各向异性A

图 3.10　丹麦 Foulum 地区的 EMISAR 数据基于特征值分解得到的极化参数

3.4.6　基于 ISTD 的非相干目标分解方法

与其他相干目标分解一样，本章提出的 ISTD 方法也只限于对纯目标进行分解。对于自然界大多数分布式目标，需要使用非相干目标分解方法。本节将利用特征值分解的方法将 ISTD 方法扩展成非相干目标分解形式[20]。

通过圆极化基下的散射向量 $\boldsymbol{c}$ 定义协方差矩阵$[C][C_4]$为

$$[C][C_4]=\boldsymbol{c}\boldsymbol{c}^{*\mathrm{T}} \tag{3.59}$$

则针对$[C][C_4]$的目标分解方法可以通过下列步骤得到。

(1) 通过自适应窗口的非局部均值滤波计算协方差矩阵$\langle[C][C_4]\rangle$。

(2) 对$\langle[C][C_4]\rangle$进行特征值分解，即

$$[C][C_4]=[U][\Lambda][U]^{*\mathrm{T}} \tag{3.60}$$

式中，$[\Lambda]=\mathrm{diag}(\lambda_1,\lambda_2,\lambda_3,\lambda_4)$ $(\lambda_1\geqslant\lambda_2\geqslant\lambda_3\geqslant\lambda_4\geqslant 0)$ 是由特征值构建的对角阵；$[U]$ 是一个酉矩阵，$[U]=[e_1,e_2,e_3,e_4]$，$[U]$ 的列 $e_i(i=1,2,3,4)$ 是

$[C][C_4]$ 的特征向量。

(3) 对每个特征向量$\boldsymbol{e}_i$ 作为圆极化基下散射向量进行类似 ISTD 的分解，获取结果为

$$\text{ISTD}_i = (\Omega_i, \theta_i, \gamma_i, \text{SPAN}_i, \alpha_i, \text{Nr}_i, \text{Hel}_i, \varphi_i), \quad i=1,2,3,4 \tag{3.61}$$

式中，$\text{SPAN}_i = \lambda_i$。

$\text{ISTD}_i (i=1,2,3,4)$ 是该非相干目标分解方法的分解结果，由于这种目标分解方法中应用到了类似 ISTD 分解的步骤，因此命名这种方法为基于 ISTD 的非相干目标分解方法(incoherent target decomposition based on ISTD, IC－ISTD)。如果要分析目标的平均散射机制，则通过特征值加权平均的 ISTD_i 形成 $\overline{\text{ISTD}}$，即

$$\overline{\text{ISTD}} = \frac{\sum_{i=1}^{4} \lambda_i \text{ISTD}_i}{\sum_{i=1}^{4} \lambda_i} \tag{3.62}$$

在 IC－ISTD 方法中使用的是自适应窗口的非局部均值滤波对协方差矩阵进行滤波，将滤波后的 $\langle [C][C_4] \rangle$ 作为 IC－ISTD 方法的输入，使用这种滤波器的原因是该滤波器能够在除噪的同时仍然保留目标的细节特点。

由于 ISTD 分解方法是在无噪声情况下导出的，因此接下来将分析噪声对 ISTD 和 IC－ISTD 分解的影响。首先构建一个散射体，其圆极化基散射向量 $\boldsymbol{c}$ 为

$$\boldsymbol{c} = \boldsymbol{c}_{\text{三面角}} + \boldsymbol{c}_{\text{右螺旋体}} + \boldsymbol{c}_{\text{非互易正}} \tag{3.63}$$

式中，$\boldsymbol{c}_{\text{三面角}}$、$\boldsymbol{c}_{\text{右螺旋体}}$ 和 $\boldsymbol{c}_{\text{非互易正}}$ 分别对应三面体、右螺旋体和非互易正的散射向量。

本章参考文献

[1] KROGAGER E. New decomposition of the radar target scattering matrix [J]. Electronics letters, 1990, 18(26): 1525-1527.

[2] KROGAGER E. Aspect of polarimetric radar imaging [D]. Denmark: Danish Defence Research Establishment, 1993.

[3] KROGAGER E. Properties of the sphere, diplane, helix decomposition [C]//Proc. 3rd International Workshop on Radar Polarimetry, 1995: 106-114.

[4] CAMERON W L, LEUNG L K. Feature motivated polarization scattering matrix decomposition [C]//IEEE International Conference on Radar.

IEEE, 1990: 549-557.

[5] CAMERON W L, YOUSSEF N N, LEUNG L K. Simulated polarimetric signatures of primitive geometrical shapes [J]. IEEE transactions on geoscience and remote sensing, 1996, 34(3): 793-803.

[6] CAMERON W L, RAIS H. Conservative polarimetric scatterers and their role in incorrect extensions of the Cameron decomposition [J]. IEEE transactions on geoscience and remote sensing, 2006, 44(12): 3506-3516.

[7] TOUZI R, CHARBONNEAU F. Characterization of target symmetric scattering using polarimetric SARs[J]. IEEE transactions on geoscience and remote sensing, 2002, 40(11): 2507-2516.

[8] TOUZI R, CHARBONNEAU F. Characterization of symmetric scattering using polarimetric SARs[C]//IEEE International Geoscience and Remote Sensing Symposium. IEEE, 2002, 1: 414-416.

[9] ZOU B, LU D, ZHANG L, et al. Independent and commutable target decomposition of PolSAR data using a mapping from SU(4) to SO(6)[J]. IEEE transactions on geoscience and remote sensing, 2017, 55 (6): 3396-3407.

[10] CLOUDE S R. Target decomposition theorems in radar scattering[J]. Electronics letters, 1985, 21: 22-24.

[11] VAN ZYL J J. Application of Cloude's target decomposition theorem to polarimetric imaging radar data [J]. Radar polarimetry. SPIE, 1993, 1748: 184-191.

[12] NGHIEM S V, YUEH S H, KWOK R, et al. Symmetry properties in polarimetric remote sensing[J]. Radio science, 1992, 27(5): 693-711.

[13] BORGEAUD M, SHIN R T, KONG J A. Theoretical models for polarimetric radar clutter[J]. Journal of electromagnetic waves and applications, 1987, 1(1): 73-89.

[14] HOLM W A, BARNES R M. On radar polarization mixed target state decomposition techniques [C]//Proceedings of the 1988 IEEE National Radar Conference. IEEE, 1988: 249-254.

[15] CLOUDE S R, POTTIER E. An entropy based classification scheme for land applications of polarimetric SAR [J]. IEEE transactions on geoscience and remote sensing, 1997, 35(1): 68-78.

[16] LEE J S, SCHULER D L, AINSWORTH T L. Polarimetric SAR data compensation for terrain azimuth slope variation[J]. IEEE transactions on

geoscience and remote sensing, 2000, 38(5): 2153-2163.

[17] LEE J S, SCHULER D L, AINSWORTH T L, et al. On the estimation of radar polarization orientation shifts induced by terrain slopes[J]. IEEE transactions on geoscience and remote sensing, 2002, 40(1): 30-41.

[18] SCHULER D L, LEE J S, DE GRANDI G. Measurement of topography using polarimetric SAR images[J]. IEEE transactions on geoscience and remote sensing, 1996, 34(5): 1266-1277.

[19] CLOUDE S R, PAPATHANASSIOU K P. Polarimetric SAR interferometry[J]. IEEE transactions on geoscience and remote sensing, 1998, 36(5): 1551-1565.

[20] ZOU B, LU D, ZHANG L, et al. Eigen-decomposition-based four-component decomposition for PolSAR data[J]. IEEE journal of selected topics in applied Earth observations and remote sensing, 2016, 9(3): 1286-1296.

第4章

基于物理散射模型的极化目标分解

4.1 引 言

基于物理模型的非相干分解方法(model based polarimetric decomposition)是非相干极化分解的另一重要分支。基于物理模型的非相干分解方法需要提出可能的地物散射机制及模型,然后将相干矩阵或协方差矩阵分解成相应地物散射机制的加权和。这类方法的起源是1992年Freeman和Durden提出的三成分分解方法。1998年,Freeman和Durden对三成分分解方法进行了完善,从而开启了基于模型的极化分解方法的研究之门。

基于物理模型的非相干目标分解原理是将协方差矩阵或相干矩阵分解为多种散射机理的组合。该方法的特点是首先对各种散射机理进行建模,然后将协方差矩阵或相干矩阵按照模型进行分解。目前被广泛使用的基于物理模型的非相干目标分解方法包括Freeman－Durden三成分分解和Yamaguchi四成分分解。

4.2 基于物理散射模型的典型极化目标分解方法

Freeman和Durden最先提出这类基于协方差矩阵[C]或相干矩阵[T]的分解方法,其核心思想是将协方差矩阵[C]或相干矩阵[T]分解成几种基本散射模型的叠加。Freeman－Durden分解方法并不是完全通过数学手段来进行的,而是充分利用雷达散射的物理特性，分解结果的三种成分有着明确的物理意义。而该方法中存在的假设也限制了该方法的通用性。遵循这样的分解思想，并试图突破 Freeman－Durden 分解中存在的限制性，不少学者对目标分解展开了进一步的研究，逐渐发展出更多、更复杂、更完善的极化目标分解方法。

4.2.1 Freeman－Durden 三成分分解

Freeman－Durden 三成分分解是 Freeman 和 Durden 在 van Zyl 等的研究基础上建立的地物散射机制模型[1]，主要针对的是植被极化散射的情况。该方法的原理是将极化目标的回波信号分解为三个分量，分别为来自地面散射回波的表面散射、来自植被冠层部分的体散射和由树干与地表构成的二面角产生的偶数次散射回波分量，其目标分解原理为

$$
\begin{aligned}
[C] &= f_s[C_s]+f_d[C_d]+f_v[C_v] \\
&= f_s\begin{bmatrix} |\beta|^2 & 0 & \beta \\ 0 & 0 & 0 \\ \beta^* & 0 & 1 \end{bmatrix}+f_d\begin{bmatrix} |\alpha|^2 & 0 & \alpha \\ 0 & 0 & 0 \\ \alpha^* & 0 & 1 \end{bmatrix}+f_v\begin{bmatrix} 3/8 & 0 & 1/8 \\ 0 & 1/4 & 0 \\ 1/8 & 0 & 3/8 \end{bmatrix}
\end{aligned} \tag{4.1}
$$

该分解方法可以描述自然散射体的极化后向散射，对目标散射回波建立了表面散射、偶次散射和体散射三种基本散射机制模型。其中，表面散射为适度粗糙表面的布拉格(Bragg)散射；偶次散射则是由一对不同介电常数的正交平面产生的；体散射对应于由随机取向偶极子组成的云状冠层散射。经实验分析证明，Freeman－Durden 目标分解方法可以对洪涝林地、非洪涝林地以及林地和采伐迹地等进行有效的区分。

由该散射机制模型可以计算得到包含五个未知量的四个等式。其中，可以在$|S_{hh}|^2$、$|S_{vv}|^2$和$S_{hh}S_{vv}^*$三项中抵消体散射分量的参数$\frac{f_v}{8}$、$\frac{2f_v}{8}$或$\frac{3f_v}{8}$，进而得到包含四个未知量的三个等式，即

$$
\begin{cases}
\langle S_{hh}S_{hh}^*\rangle = f_s\ |\beta|^2+f_d\ |\alpha|^2 \\
\langle S_{hh}S_{vv}^*\rangle = f_s\beta+f_d\alpha \\
\langle S_{vv}S_{vv}^*\rangle = f_s+f_d
\end{cases} \tag{4.2}
$$

通常，当四个未知量中的其中一个未知量的值可以被确定时，能够得到方程组的一组解。van Zyl 算法提出根据$\langle S_{hh}S_{vv}^*\rangle$实部的正负来判断剩余散射项中的主导散射机制是偶次散射机制还是表面散射机制。该算法指出，当$\mathrm{Re}(\langle S_{hh}S_{vv}^*\rangle)\geqslant 0$时，剩余项中的主导散射机制被看成表面散射机制，可以得到参数α的值为$\alpha=-1$；当$\mathrm{Re}(\langle S_{hh}S_{vv}^*\rangle)\leqslant 0$时，剩余项中的主导散射机制被看成偶次散射机制，可以得到参数β的值为$\beta=1$。

然后根据雷达获取的地面实测数据，可以从剩余等式中近似计算出参数f_s

和 f_d 以及参数 α 和 β 的数值。

最后，总的散射功率 SPAN 可由各散射机制所占权重计算得出，即

$$\text{SPAN}=|S_{hh}|^2+2|S_{hv}|^2+|S_{vv}|^2=P_s+P_d+P_v \tag{4.3}$$

式中

$$\begin{cases}P_s=f_s(1+|\beta|^2)\\P_d=f_d(1+|\alpha|^2)\\P_v=f_v\end{cases} \tag{4.4}$$

该分解方法在大部分情况下适用，但是方法中采用了两个重要的假设，这两个假设限制了它的适用范围。首先，该方法假设了三成分的散射模型并不符合所有的散射情况，如该方法不能用于当表面散射的熵不为零的情况；其次，假设反射对称性条件成立，从而使 $\langle S_{hh}S_{hv}^*\rangle=\langle S_{hv}S_{vv}^*\rangle=0$，该限制条件与散射媒质的对称性有关，包括反射对称、旋转对称，以及二者性质皆有的方位对称。当地物或目标不具备对称性条件时，则产生错误分解。

图 4.1 所示为 Freeman－Durden 三成分分解的假彩色合成图。图中红色表示偶次散射回波分量，绿色表示体散射回波分量，蓝色表示表面散射回波分量。采用的图像分别是丹麦 Foulum 地区的 EMISAR 全极化图像和德国 Oberpfaffenhofen 地区的 E－SAR 全极化图像。可以看出，森林区域主要呈绿色，说明森林区域的主要散射机制是体散射；农田与河流主要呈蓝色，说明农田与河流的主要散射机制是表面散射；朝向与方位向平行的建筑区域主要呈现红

(a) EMISAR

(b) E-SAR

图 4.1　Freeman－Durden 三成分分解的假彩色合成图

红色—P_d；绿色—P_v；蓝色—P_s

色，说明这部分建筑区域的主要散射机制是二面角散射。但是朝向与方位向存在夹角的建筑区域（又称旋转的建筑区域）呈现绿色，意味着这部分建筑区域目标分解的结果是体散射占优，然而这与该部分建筑区域的实际散射不符，这是因为森林和旋转的建筑区域在极化数据中存在模糊性。

4.2.2 Yamaguchi 四成分分解

Freeman－Durden 分解在反射对称的条件下有很好的表现。然而，自然界中有些区域是不满足反射对称条件的。在 Freeman－Durden 分解的基础上，Yamaguchi 引入螺旋散射来满足非反射对称的条件（$\langle S_{hh}S_{hv}^{*}\rangle \neq 0$ 和 $\langle S_{vv}S_{hv}^{*}\rangle \neq 0$）[2]，这是 Yamaguchi 分解的第一个贡献。

Yamaguchi 分解的第二个贡献是增加体散射协方差的模型适用性，使其能够更加贴合实际情况。根据 S_{vv} 和 S_{hh} 的能量比值，可以得到相应的体散射协方差矩阵，即

$$[C_v]=\begin{cases}[C_{v2}]=\dfrac{1}{15}\begin{bmatrix}8&0&2\\0&4&0\\2&0&3\end{bmatrix}, & 10\log(\langle|S_{vv}|^2\rangle/\langle|S_{hh}|^2\rangle)<-2\ \text{dB}\\ [C_{v1}]=\dfrac{1}{8}\begin{bmatrix}3&0&1\\0&2&0\\1&0&3\end{bmatrix}, & -2\ \text{dB}\leqslant 10\log(\langle|S_{vv}|^2\rangle/\langle|S_{hh}|^2\rangle)\leqslant 2\ \text{dB}\\ [C_{v3}]=\dfrac{1}{15}\begin{bmatrix}3&0&2\\0&4&0\\2&0&8\end{bmatrix}, & 10\log(\langle|S_{vv}|^2\rangle/\langle|S_{hh}|^2\rangle)>2\ \text{dB}\end{cases} \tag{4.5}$$

Yamaguchi 分解将协方差矩阵写成

$$[C]=f_s[C_s]+f_d[C_d]+f_v[C_v]+f_h[C_h] \tag{4.6}$$

式中，f_s、f_d、f_v、f_h 分别对应奇次散射协方差$[C_s]$、偶次散射协方差$[C_d]$、体散射协方差$[C_v]$、螺旋散射协方差$[C_h]$的加权系数。进而得出

$$[C]=\begin{bmatrix}f_s|\beta|^2+f_d|\alpha|^2+\dfrac{1}{4}f_h & \pm\mathrm{j}\dfrac{\sqrt{2}}{4}f_h & f_s\beta+f_d\alpha-\dfrac{1}{4}f_h\\ \mp\mathrm{j}\dfrac{\sqrt{2}}{4}f_h & \dfrac{1}{2}f_h & \pm\mathrm{j}\dfrac{\sqrt{2}}{4}f_h\\ f_s\beta^*+f_d\alpha^*-\dfrac{1}{4}f_h & \mp\mathrm{j}\dfrac{\sqrt{2}}{4}f_h & f_s+f_d+\dfrac{1}{4}f_h\end{bmatrix}+f_v\begin{bmatrix}a&0&d\\0&b&0\\d&0&c\end{bmatrix} \tag{4.7}$$

式中，a、b、c、d 根据$\langle|S_{vv}|^2\rangle/\langle|S_{hh}|^2\rangle$的比值按照式(4.5)决定，可得

$$\begin{aligned} f_h &= 2\left|\mathrm{Im}(\langle S_{hh}S_{hv}^*\rangle + \langle S_{hv}S_{vv}^*\rangle)\right| \\ f_v &= \frac{1}{b}\left(2\langle |S_{hv}|^2\rangle - \frac{1}{2}f_h\right) \end{aligned} \tag{4.8}$$

其他参数可参照 Freeman－Durden 的分解方法按照假定一个参数的方法求出，即

$$P_s = f_s(1+|\beta|^2),P_d = f_d(1+|\chi|^2),P_v = f_v(a+b+c)\ ,P_h = f_h \tag{4.9}$$

式中，P_s、P_d、P_v、P_h 分别为奇次散射、偶次散射、体散射、螺旋散射的能量。

当螺旋散射项很小时，Yamaguchi 分解就退化为 Freeman－Durden 分解。Freeman－Durden 分解经常过估计目标的体散射成分，尤其是在旋转建筑物区域。Yamaguchi 分解虽然对体散射模型进行了修改，但是也存在旋转建筑物体散射过估计的问题。

图 4.2 和图 4.3 所示分别为 EMISAR 和 E－SAR 实验数据基于散射模型的非相干目标分解结果。图 4.2(a)为 EMISAR 数据 Freeman－Durden 三成分目标分解结果，其中偶次散射成分用红色表示，体散射用绿色表示，奇次散射成分用蓝色表示。可以发现，左侧和右上部分的森林冠层体散射非常明显，为绿色；大部分农田为蓝色，说明以奇次散射为主；中部的几个农田为红色，表明其以偶次散射为主，与前面的结论一致。值得注意的是，图中的建筑物呈现明显的黄色(红色与绿色的合成色)，说明有较强的偶次散射和体散射成分。偶次散射主要是建筑物的墙体与地面形成的二面角产生的散射，体散射一部分是建筑周围的树木冠层产生的散射，另一部分是建筑走向不平行于方位向导致其散射矩阵不同于偶次散射模型，进而被错误分解为体散射。图 4.2(b)为 EMISAR 数据 Yamaguchi 四成分目标分解结果，为奇次散射、偶次散射和体散射的假彩色合成图，其中偶次散射用红色表示，体散射用绿色表示，奇次散射用蓝色表示。其结果与 Freeman－Durden 分解类似，森林区域呈现典型的体散射，大部分农田呈现奇次散射，建筑物以偶次散射为主。这些结论与前面的结果类似，说明四成分散射模型能够较好地区分各种散射机理。

图 4.3(a)为 E－SAR 数据的 Freeman－Durden 三成分目标分解结果，其中偶次散射用红色表示，体散射用绿色表示，奇次散射用蓝色表示。图 4.3(b)为 E－SAR数据的 Yamaguchi 四成分目标分解结果，为奇次散射、偶次散射和体散射的彩色合成图，其中偶次散射用红色表示，体散射用绿色表示，奇次散射用蓝色表示。森林冠层在图 4.3(a)和图 4.3(b)中非常明显地以体散射为主，建筑物在图 4.3(a)中呈现明显的黄色，说明分解结果中偶次散射和体散射占优。由于建筑有较强的散射能量，相比于图中的其他地物，三个通道的值都比较大，因此在图 4.3(b)中，建筑物表现为红白色。这些结论都与前面的结果类似，且能较好地区分各种散射机理。

(a) Freeman-Durden三成分目标分解结果

(b) Yamaguchi四成分目标分解结果

图 4.2 EMISAR 实验数据基于散射模型的非相干目标分解结果

红—P_d;绿—P_v;蓝—P_s

(a) Freeman-Durden三成分目标分解结果

(b) Yamaguchi四成分目标分解结果

图 4.3 E-SAR 实验数据基于散射模型的非相干目标分解结果

红—P_d;绿—P_v;蓝—P_s

4.2.3 改进的 Yamaguchi 四成分分解

由式(4.1)可以发现,在 Freeman-Durden 目标分解中,C_{12} 和 C_{23} 并没有得到利用,也就是说 Freeman-Durden 目标分解只利用了协方差矩阵中五个独立的参数。也可以认为该分解模型中隐含着一个前提条件:$C_{12}=C_{23}=0$。这也是散射对称条件的另外一种形式。由此可以看出,Freeman-Durden 目标分解只

适用于散射对称的条件下,没有完全利用到所有的极化信息。

四成分分解中引入了螺旋散射对应散射不对称目标,该操作是为了消除散射对称假设条件的限制,使得四成分分解能够适用于散射不对称的城镇区域。由式(4.7)可以看出,引入的螺旋散射模型对应于 C_{23} 的虚部 $\mathrm{Im}[C_{23}]$。前面提到 C_{12} 和 C_{23} 反映了目标的不对称散射信息,这说明螺旋散射可以在一定程度上反映人造目标的不对称散射信息。但是,该模型中仍然存在三个独立的参数没有利用,即 C_{12} 的实部 $\mathrm{Re}[C_{23}]$ 和虚部 $\mathrm{Im}[C_{12}]$ 以及 C_{23} 的实部 $\mathrm{Re}[C_{23}]$。

散射响应差异与天线绕雷达视线旋转的角度相关,尤其是对于分布目标。Lee 和 Pottier 经研究发现方位角偏移与方位向坡度、距离向坡度及雷达视角有关,而 Yamaguchi 等首先将极化指向角用于相干矩阵的旋转,以减少独立参数的个数,并提出了改进的四成分分解模型[3]。

1. 极化指向角的估计方法

已知可以用极化指向角 θ 和椭圆率角 τ 表征电磁波的极化状态。对于分布式的目标来说,极化指向角 θ 主要由地势在方位向的倾斜产生。

PolSAR 成像几何关系如图 4.4 所示,极化指向角与地形方位向和距离向的倾斜以及雷达入射角度有关,其关系式为

$$\tan\theta=\frac{\tan\omega}{\tan\gamma\cos\varphi+\sin\varphi} \tag{4.10}$$

式中,φ 为雷达入射角;ω 和 γ 分别是方位向和距离向的坡度大小。

除地势的倾斜会引起 θ 角的变化外,相对水平极化方向有旋转的建筑体墙面也会导致极化指向角的变化。电磁波与建筑物作用示意图如图 4.5 所示,将墙面等效于倾斜的地表平面,可以推得极化指向角关系式为

$$\tan\theta=\frac{-\tan\delta}{\cos\varphi} \tag{4.11}$$

式中,δ 是墙面与方位向的夹角。

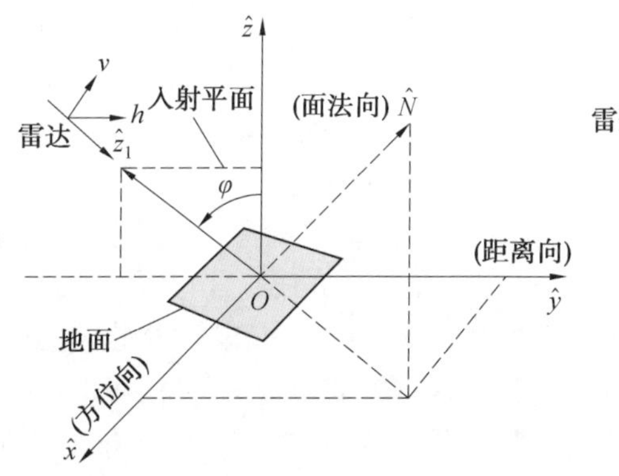

图 4.4　PolSAR 成像几何关系

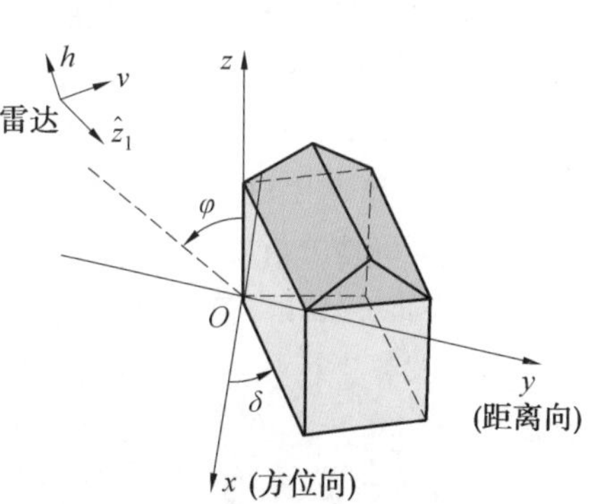

图 4.5　电磁波与建筑物作用示意图

Yamaguchi 等为有效地区分森林和有旋转建筑物，对极化指向角进行了估计，得到

$$\theta=\frac{1}{4}\arctan\frac{2\mathrm{Re}[T_{23}]}{T_{22}-T_{33}} \tag{4.12}$$

可以看出，式(4.12)估计角的范围为 $\theta\in[-\pi/8,\pi/8]$，将其代入式(4.11)中可得墙面与方位向的夹角 δ 的取值范围为 $\delta\in[-\pi/8,\pi/8]$，也就是说当夹角 $\delta\in[-\pi/8,\pi/8]$ 时，才能用式(4.11)求解。

图 4.6 所示为新加坡港口的集装箱装载区域电磁波与集装箱作用示意图，该区域放置有很多集装箱。根据集装箱摆放的朝向不同，可以将该区域分为 A、B、C 三个集装箱放置区域。由图4.6(b)中的雷达与集装箱方位示意图可以看出，电磁波与 A 和 C 区域的集装箱垂直表面的夹角约为 30°，与 B 区域集装箱的夹角约为 8°。集装箱有旋转的墙面也会产生极化指向角，而且可以通过极化指向角与墙面旋转角的关系求解墙面旋转角。本节采用对应区域的 ALOS/PALSAR 数据计算极化指向角。

(a) 集装箱区域光学图

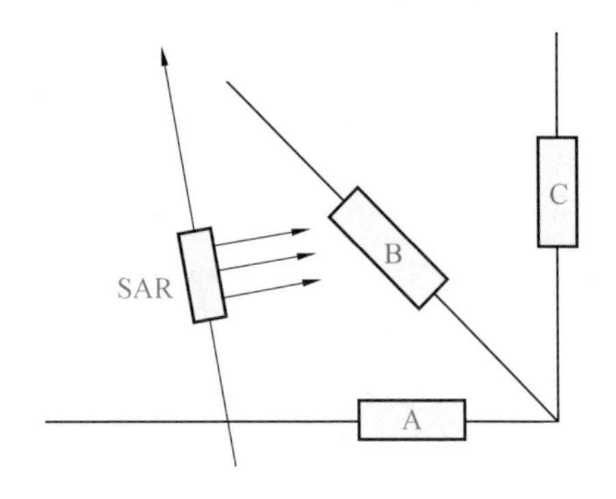

(b) 雷达与集装箱方位示意图

图 4.6　新加坡港口的集装箱区域电磁波与集装箱作用示意图

求解得到的极化指向角和墙面旋转角分别如图 4.7(a)和(b)所示。可以看出，A 和 C 区域的极化指向角大小较为集中，约为 −0.15 rad，而 B 区域中极化指向角的变化较大，在 −0.35～−0.17 和 0.17～0.35 范围内。墙面的旋转角 δ 在 A、C 区域的分布也比较集中，而在 B 区域则变化范围较大。

为更加准确地分析墙面旋转角在三个区域的估值情况，对三个区域分别进行采样，得到墙面旋转角 δ 在三个区域的分布情况，如图 4.8 所示。可以看出，δ 在 A、C 区域主要集中在 0°～10°，这与真实的角度基本吻合；而在 B 区域墙面旋转角 δ 主要分布在 −20°～−10°或 10°～20°，这是因为 B 区域的墙面旋转角为 30°左右，超出了可以估算的范围 $\delta\in[-\pi/8,\pi/8]$，即 $\delta\in[-22.5°,22.5°]$。只有在满足 $\delta\in[-22.5°,22.5°]$ 时，才可以利用式(4.11)对前墙面的旋转角度进行估计。

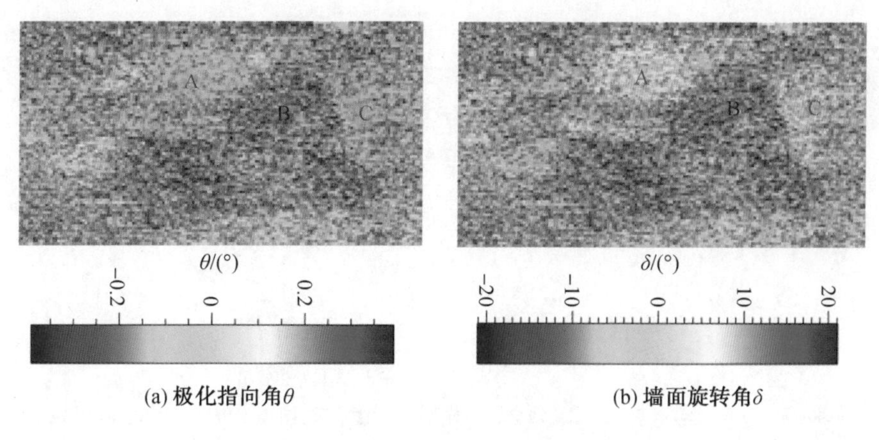

图 4.7　三个集装箱区域角度情况

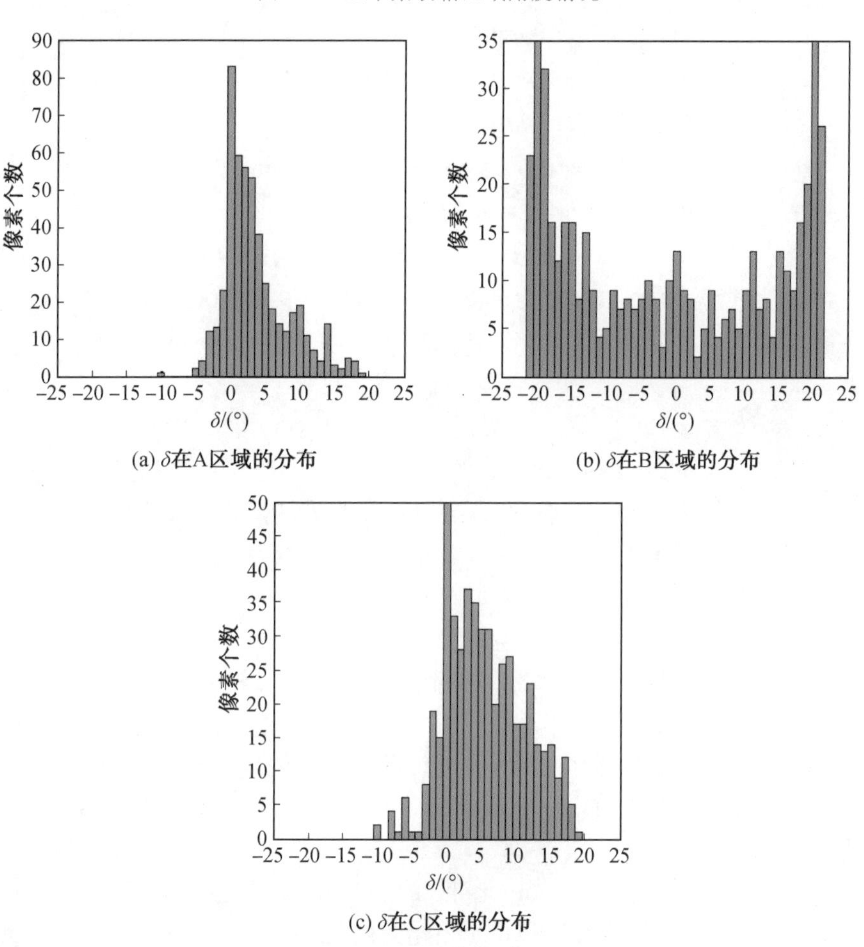

图 4.8　墙面旋转角 δ 在三个集装箱区域的分布情况

2. 极化指向角旋转补偿的四成分分解

针对极化指向角 θ，相干矩阵旋转 θ 之后可以表示为

$$[T(\theta)]=\begin{bmatrix}T_{11}(\theta) & T_{12}(\theta) & T_{13}(\theta)\\ T_{21}(\theta) & T_{22}(\theta) & T_{23}(\theta)\\ T_{31}(\theta) & T_{32}(\theta) & T_{33}(\theta)\end{bmatrix}=[U(\theta)][T][U(\theta)]^{*\mathrm{T}} \tag{4.13}$$

其中，旋转矩阵为

$$[U(\theta)]=\begin{bmatrix}1 & 0 & 0\\ 0 & \cos 2\theta & \sin 2\theta\\ 0 & -\sin 2\theta & \cos 2\theta\end{bmatrix} \tag{4.14}$$

$T_{ij}(\theta)(i=1,2,3;j=1,2,3)$表示旋转后相干矩阵$[T(\theta)]$中的第$(i,j)$个元素，则有

$$\begin{cases}T_{11}(\theta)=T_{11}\\ T_{12}(\theta)=T_{12}\cos 2\theta+T_{13}\sin 2\theta\\ T_{13}(\theta)=-T_{12}\sin 2\theta+T_{13}\cos 2\theta\\ T_{22}(\theta)=T_{22}\cos^2\theta+T_{33}\sin^2 2\theta+\mathrm{Re}[T_{23}]\sin 4\theta\\ T_{23}(\theta)=(T_{33}-T_{22})\sin 2\theta\cos 2\theta+T_{23}\cos^2 2\theta-T_{23}^{*}\sin^2 2\theta\\ T_{33}(\theta)=T_{33}\cos^2 2\theta+T_{22}\sin^2 2\theta-\mathrm{Re}(T_{23})\sin 4\theta\end{cases} \tag{4.15}$$

式中，$T_{ij}(i=1,2,3;j=1,2,3)$为观测相干矩阵$[T]$中的第(i,j)个元素。

由式(4.15)可以看出，相干矩阵各个元素在指向角补偿前后的大小变化如下。

(1)$T_{11}(\theta)=T_{11}$。T_{11}大小不变。

(2)$T_{33}(\theta)\leqslant T_{33}$。$T_{33}$减小。

(3)$T_{22}(\theta)\geqslant T_{22}$。$T_{22}$增加，而且增加量等于 T_{33}的减小量。

(4)$T_{23}(\theta)=\mathrm{jIm}[T_{23}]$。$T_{23}$实部变为 0，虚部不变。

(5)T_{12}和 T_{13}。不能确定。

可以发现，指向角补偿之后 $\mathrm{Re}[T_{23}(\theta)]=0$，也就是说相干矩阵独立参数的个数由九个降为八个。对补偿之后的相干矩阵$[T(\theta)]$进行四成分目标分解，有

$$[T(\theta)]=f_{\mathrm{s}}[T_{\mathrm{s}}]+f_{\mathrm{d}}[T_{\mathrm{d}}]+f_{\mathrm{v}}[T_{\mathrm{v}}]+f_{\mathrm{h}}[T_{\mathrm{h}}] \tag{4.16}$$

按照 4.2.2 节中的求解方法，即可获得极化方位角旋转补偿的四成分目标分解结果。这个改进的四成分算法利用了六个独立参数，没有利用到的参数个数为二。

同样采用丹麦 Foulum 地区的 EMISAR 全极化图像和德国 Oberpfaffenhofen 地区的 E－SAR 全极化图像，图 4.9 所示为改进的 Yamaguchi 四成分分解的假彩色合成图，红色表示偶次散射回波分量，绿色表示体散射回波

分量，蓝色表示表面散射回波分量。可以看出，大部分地区的分解结果与 Yamaguchi 分解结果类似。而对于城市区域，从假彩色图来看，部分城市区域颜色稍稍变黄，这说明经过极化指向角补偿，部分城市建筑区域的二面角散射成分比重有所提升，极化指向角补偿在一定程度上可以抑制旋转的建筑区域的体散射，提升该区域的二面角散射比重。但是，从图中也可以观察到，大部分旋转的建筑区域还是呈现绿色，也就是分解结果呈现体散射占优的状态，显然这种存在于森林与旋转的建筑区域之间的散射模糊性没有被完全去除，极化指向角补偿的作用有限。

(a) EMISAR

(b) E-SAR

图 4.9　两组数据改进的 Yamaguchi 四成分分解的假彩色合成图

红色—P_d；绿色—P_v；蓝色—P_s

4.2.4　Zhang 五成分分解方法

Zhang 等提出的多成分分解模型（multiple-component scattering model, MCSM）将奇次散射、偶次散射、体散射、螺旋散射、线散射作为基本的散射机理[4]，将协方差矩阵分解为这几种基本散射机理的加权和，即

$$[C]=f_{\text{odd}}[C_{\text{odd}}]+f_{\text{double}}[C_{\text{double}}]+f_{\text{volume}}[C_{\text{volume}}]+f_{\text{helix}}[C_{\text{helix}}]+f_{\text{wire}}[C_{\text{wire}}] \tag{4.17}$$

式中，f_{odd}、f_{double}、f_{volume}、f_{helix}、f_{wire}分别表示奇次散射、偶次散射、体散射、螺旋散射、线散射成分的大小；$[C_{\text{odd}}]$、$[C_{\text{double}}]$、$[C_{\text{volume}}]$与 Freeman－Durden 目标分解中给出的相应协方差矩阵一致；$[C_{\text{helix}}]$和$[C_{\text{wire}}]$是根据建筑物在极化图像中的非对称性加入的。该方法又称 Zhang 五成分分解方法。根据协方差矩阵的定

义,式(4.17)左右两侧满足对应项相等,因此可以得到

$$\langle |S_{hh}|^2 \rangle = f_{odd}|\beta|^2 + f_{double}|\alpha|^2 + f_{volume} + \frac{1}{4}f_{helix} + f_{wire}|\gamma|^2 \tag{4.18}$$

$$\langle |S_{vv}|^2 \rangle = f_{odd} + f_{double} + f_{volume} + \frac{1}{4}f_{helix} + f_{wire} \tag{4.19}$$

$$\langle S_{hh}S_{vv}^* \rangle = f_{odd}\beta + f_{double}\alpha + \frac{1}{3}f_{volume} - \frac{1}{4}f_{helix} + f_{wire}\gamma \tag{4.20}$$

$$\langle |S_{hv}|^2 \rangle = \frac{1}{3}f_{volume} + \frac{1}{4}f_{helix} + f_{wire}|\rho|^2 \tag{4.21}$$

$$\langle S_{hh}S_{hv}^* \rangle = \pm j\,\frac{1}{4}f_{helix} + f_{wire}\gamma\rho^* \tag{4.22}$$

$$\langle S_{hv}S_{vv}^* \rangle = \pm j\,\frac{1}{4}f_{helix} + f_{wire}\rho \tag{4.23}$$

线散射和螺旋散射的系数 f_{wire} 和 f_{helix} 可以直接从式(4.22)和(4.23)中获得,即

$$f_{wire} = \frac{\langle S_{hh}S_{hv}^* \rangle - \langle S_{hv}S_{vv}^* \rangle}{\gamma\rho^* - \rho} \tag{4.24}$$

$$f_{helix} = 2\mathrm{Im}\left[\langle S_{hh}S_{hv}^* \rangle + \langle S_{hv}S_{vv}^* \rangle - f_{wire}(\gamma\rho^* + \rho)\right] \tag{4.25}$$

然后,从式(4.21)中可以得到体散射系数 f_{volume},即

$$f_{volume} = 3 \times \left(\langle |S_{hv}|^2 \rangle - \frac{1}{4}f_{helix} - f_{wire}|\rho|^2 \right) \tag{4.26}$$

其他三个未知参数可以根据 Freeman-Durden 目标分解方法的求解方法获得,这样就获得了奇次散射、偶次散射、体散射、螺旋散射、线散射五种散射机理的散射加权系数 f_{odd}、f_{double}、f_{volume}、f_{helix}、f_{wire},进而获得其散射功率 P_{odd}、P_{double}、P_{volume}、P_{helix}、P_{wire} 以及总散射功率 P,即

$$\begin{cases} P_{odd} = f_{odd}(1 + |\beta|^2) \\ P_{double} = f_{double}(1 + |\alpha|^2) \\ P_{volume} = 8f_{volume}/3 \\ P_{helix} = f_{helix} \\ P_{wire} = f_{wire}(1 + |\gamma|^2 + 2|\rho|^2) \\ P = P_{odd} + P_{double} + P_{volume} + P_{helix} + P_{wire} \end{cases} \tag{4.27}$$

式(4.17)~(4.27)就是多成分散射模型的主要表达式。与 Freeman-Durden 目标分解方法相比,多成分散射模型在 Freeman-Durden 目标分解的奇次散射、偶次散射和体散射基础上增加了螺旋散射和线散射,是针对人造目标散射特性构成的更为普遍的散射模型。螺旋散射和线散射是人造目标所特有的散射特性,因此多成分散射模型在描述人造目标散射特性方面更准确。

图 4.10 所示为丹麦 Foulum 地区 EMISAR 实验数据的五成分目标分解结

果。其中,图 4.10(a)～(e)分别为奇次散射、偶次散射、体散射、螺旋散射和线散射五种基本散射机理的散射功率;图 4.10(f)为奇次散射、偶次散射和体散射三种散射的假彩色合成图,其中偶次散射、体散射和奇次散射分别用红色、绿色和蓝色表示。

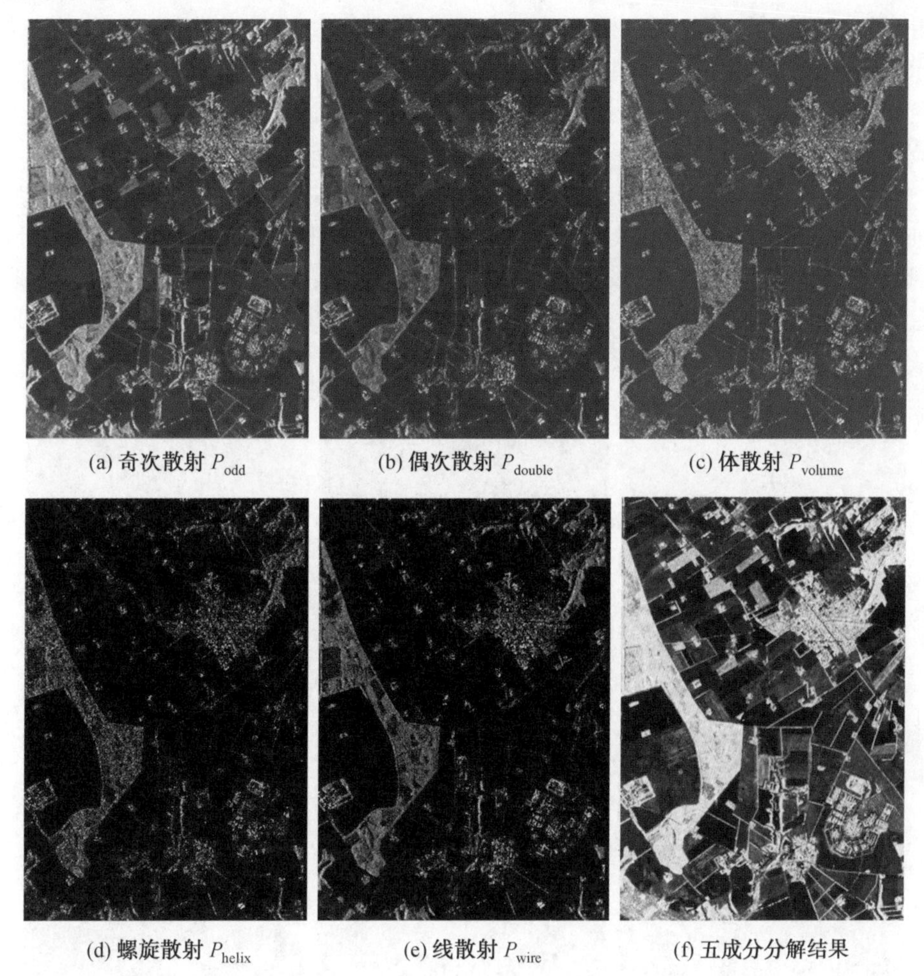
(a) 奇次散射 P_{odd}　(b) 偶次散射 P_{double}　(c) 体散射 P_{volume}

(d) 螺旋散射 P_{helix}　(e) 线散射 P_{wire}　(f) 五成分分解结果

图 4.10　丹麦 Foulum 地区 EMISAR 实验数据的五成分目标分解结果

红色—P_d;绿色—P_v;蓝色—P_s

从图 4.10(a)～(e)中可以看出,在建筑物区域,偶次散射、螺旋散射和线散射是主要的散射机理,建筑物墙壁和地面的二面角是主要的偶次散射贡献者,建筑物还会导致很强的交叉散射成分,因此螺旋散射和线散射也具有很强的能量。建筑物与其他地物的对比更加明显,尤其是在建筑物的边缘尤为突出。森林地区在体散射结果图中呈现很强的能量,这是因为森林是以体散射为主要散射类型的，电磁波主要是被茂密的随机分布的枝叶散射回来的。裸地由于表面的光滑，主要呈现奇次散射，因此只有很少的能量被天线接收。农田中的阔叶作物也会表现为体散射，而细径作物由于电磁波的穿透，因此会表现为偶次散射和奇次散射。在图 4.10(f)所示的假彩色合成图中，森林地区主要是白色，表示奇次散射、偶次散射和体散射功率相当；阔叶作物也呈现体散射；细径作物呈现紫色，表示偶次散射和奇次散射同时存在；表现为奇次散射的裸地在图像中以蓝色和黑色为主。实验结果与其他分解模型的结果相比，表明五成分分解方法能够更为有效地区分各种散射机理。

图 4.11 所示为德国 Oberpfaffenhofen 地区 E－SAR L 波段 PolSAR 数据的五成分目标分解结果。实验结论与 EMISAR 一致，同样能够说明基于多成分散射模型的目标分解方法能够有效表征各种散射机理而且不受传感器的类型所限，证明该方法具有鲁棒性。因此，在分类实验中，可以利用五成分分解的各种成分散射功率作为后续 PolSAR 图像分类的特征。

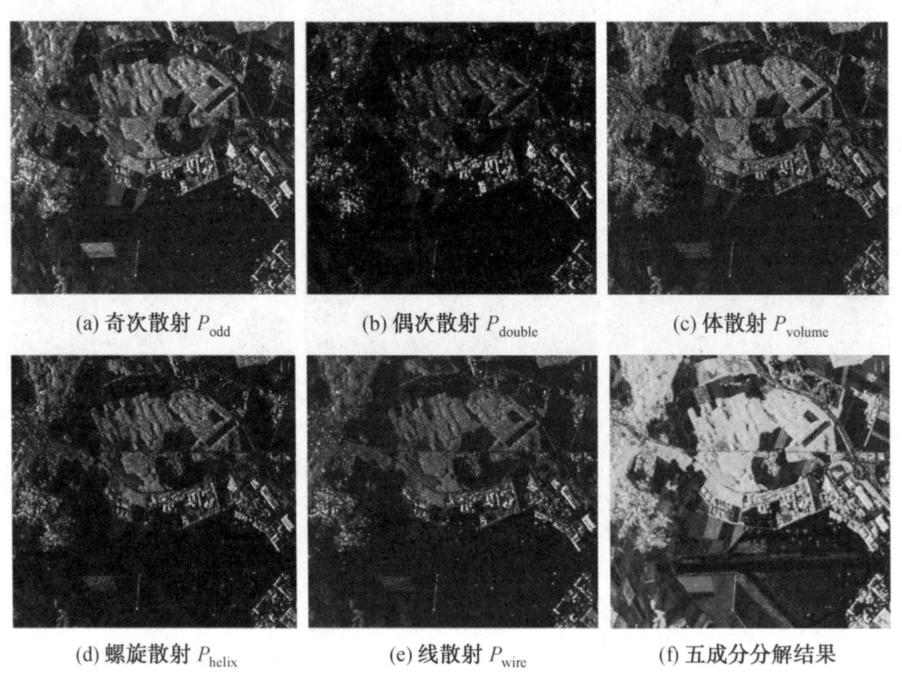

图4.11　德国 Oberpfaffenhofen 地区 E－SAR L 波段 PolSAR 数据的五成分目标分解结果
红色—P_d；绿色—P_v；蓝色—P_s

4.2.5　Singh 六成分分解方法

针对现有的散射模型难以准确拟合实际相干矩阵，导致现有目标分解方法中相干矩阵的$[T_{13}]$项难以做到实虚分离的问题，Singh 在改进的 Yamaguchi 目标分解的基础上推导了两个附加的物理散射模型，分别为定向偶极散射和复合偶极子散射，并采用两种新建立的物理散射模型计算了 T_{13} 的实部和虚部，进一步将这些物理模型扩展为基于六分量散射功率模型的分解[5]。至此，与之前的基于模型的分解相比，Singh 六成分分解以物理方式对相干矩阵中的各元素进行了最大限度的利用。下面对其推导的两个物理散射模型和相应的极化目标分解进行介绍。

定向偶极子的散射特性极其依赖于目标相对于极化坐标系的方向，复合散射矩阵定向偶极子也可以通过奇次散射的散射矩阵与 45°定向二面角（偶次散射体）的散射矩阵的组合得到，即

$$\begin{cases}\mathrm{Re}[T_{13}]>0\\ [S]_{\mathrm{dipole}}^{45^\circ}=\dfrac{1}{2}\begin{bmatrix}1 & 1\\ 1 & 1\end{bmatrix},k_p=\dfrac{1}{\sqrt{2}}\begin{bmatrix}1\\ 0\\ 1\end{bmatrix}\\ [T]_{\mathrm{od}}^{45^\circ}=\dfrac{1}{2}\begin{bmatrix}1 & 0 & 1\\ 0 & 0 & 0\\ 1 & 0 & 1\end{bmatrix}\end{cases}\tag{4.28}$$

$$\begin{cases}\mathrm{Re}[T_{13}]<0\\ [S]_{\mathrm{dipole}}^{45^\circ}=\dfrac{1}{2}\begin{bmatrix}1 & -1\\ -1 & 1\end{bmatrix},k_p=\dfrac{1}{\sqrt{2}}\begin{bmatrix}1\\ 0\\ -1\end{bmatrix}\\ [T]_{\mathrm{od}}^{45^\circ}=\dfrac{1}{2}\begin{bmatrix}1 & 0 & -1\\ 0 & 0 & 0\\ -1 & 0 & 1\end{bmatrix}\end{cases}\tag{4.29}$$

T_{13}分量的虚部则反映出混合偶极子散射分量的性质。混合偶极子散射分量可以通过±45°角的二面角散射分量混合产生，其构成机构为

$$\begin{cases}\mathrm{Im}[T_{13}]>0\\[S]_{\mathrm{cd}-1}^{\mathrm{total}}=\dfrac{1}{2}\begin{bmatrix}1 & -\mathrm{j}\\-\mathrm{j} & 1\end{bmatrix}, \quad k_p=\dfrac{1}{\sqrt{2}}\begin{bmatrix}1\\0\\-\mathrm{j}\end{bmatrix}\\[T]_{\mathrm{cd}}^{45^\circ}=\dfrac{1}{2}\begin{bmatrix}1 & 0 & \mathrm{j}\\0 & 0 & 0\\-\mathrm{j} & 0 & 1\end{bmatrix}\end{cases} \tag{4.30}$$

$$\begin{cases}\mathrm{Im}[T_{13}]<0\\[S]_{\mathrm{cd}-1}^{\mathrm{total}}=\dfrac{1}{2}\begin{bmatrix}1 & \mathrm{j}\\\mathrm{j} & 1\end{bmatrix}, k_p=\dfrac{1}{\sqrt{2}}\begin{bmatrix}1\\0\\\mathrm{j}\end{bmatrix}\\[S]_{\mathrm{cd}}^{45^\circ}=\dfrac{1}{2}\begin{bmatrix}1 & 0 & -\mathrm{j}\\0 & 0 & 0\\\mathrm{j} & 0 & 1\end{bmatrix}\end{cases} \tag{4.31}$$

结合上述定向偶极子散射模型和复合偶极子散射模型，Singh 六成分分解为

$$[T(\theta)]=f_{\mathrm{s}}[T_{\mathrm{s}}]+f_{\mathrm{d}}[T_{\mathrm{d}}]+\begin{cases}f_{\mathrm{v}}[T_{\mathrm{v}}]^{\mathrm{dipole}}\\f_{\mathrm{v}}[T_{\mathrm{v}}]^{\mathrm{dihedral}}\end{cases}+f_{\mathrm{h}}[T_{\mathrm{h}}]+f_{\mathrm{od}}[T_{\mathrm{od}}]+f_{\mathrm{cd}}[T_{\mathrm{cd}}] \tag{4.32}$$

式中，$[T_{\mathrm{s}}]$、$[T_{\mathrm{d}}]$、$[T_{\mathrm{v}}]$、$[T_{\mathrm{h}}]$、$[T_{\mathrm{od}}]$、$[T_{\mathrm{cd}}]$分别为表面散射、二面角散射、体散射、螺旋散射、定向偶极子散射、复合偶极子散射的相干矩阵模型；f_{s}、f_{d}、f_{v}、f_{h}、f_{od}、f_{cd}分别为各散射的分量大小；$[T_{\mathrm{v}}]^{\mathrm{dipole}}$ 和 $[T_{\mathrm{v}}]^{\mathrm{dihedral}}$ 分别为定向二面角结构和线结构产生的体散射的相干矩阵模型。

Singh 六成分分解的流程框图如图 4.12 所示。在 Singh 六成分分解中，存在并列的四种体散射模型，其中三种是由朝向分布不同的随机粒子组成的体积产生的，而另一种是由定向的二面角结构产生的。因此，在进行分解时，不得不涉及设定分支条件，以确定当前像素中的体散射属于哪一种。在进行目标分解时主要涉及以下三个分支条件。

1. C_1

条件 C_1 用于区分当前像素中的体散射是由定向二面角结构还是随机粒子构成的体积产生的，即

$$C_1=T_{11}(\theta)-T_{22}(\theta)+\frac{7}{8}T_{33}+\frac{1}{16}P_{\mathrm{h}}-\frac{15}{16}P_{\mathrm{od}}-\frac{15}{16}P_{\mathrm{cd}} \tag{4.33}$$

当 $C_1>0$ 时，认为体散射是由随机粒子构成的体积产生；当 $C_1\leqslant 0$ 时，认为是由定向二面角结构产生的。

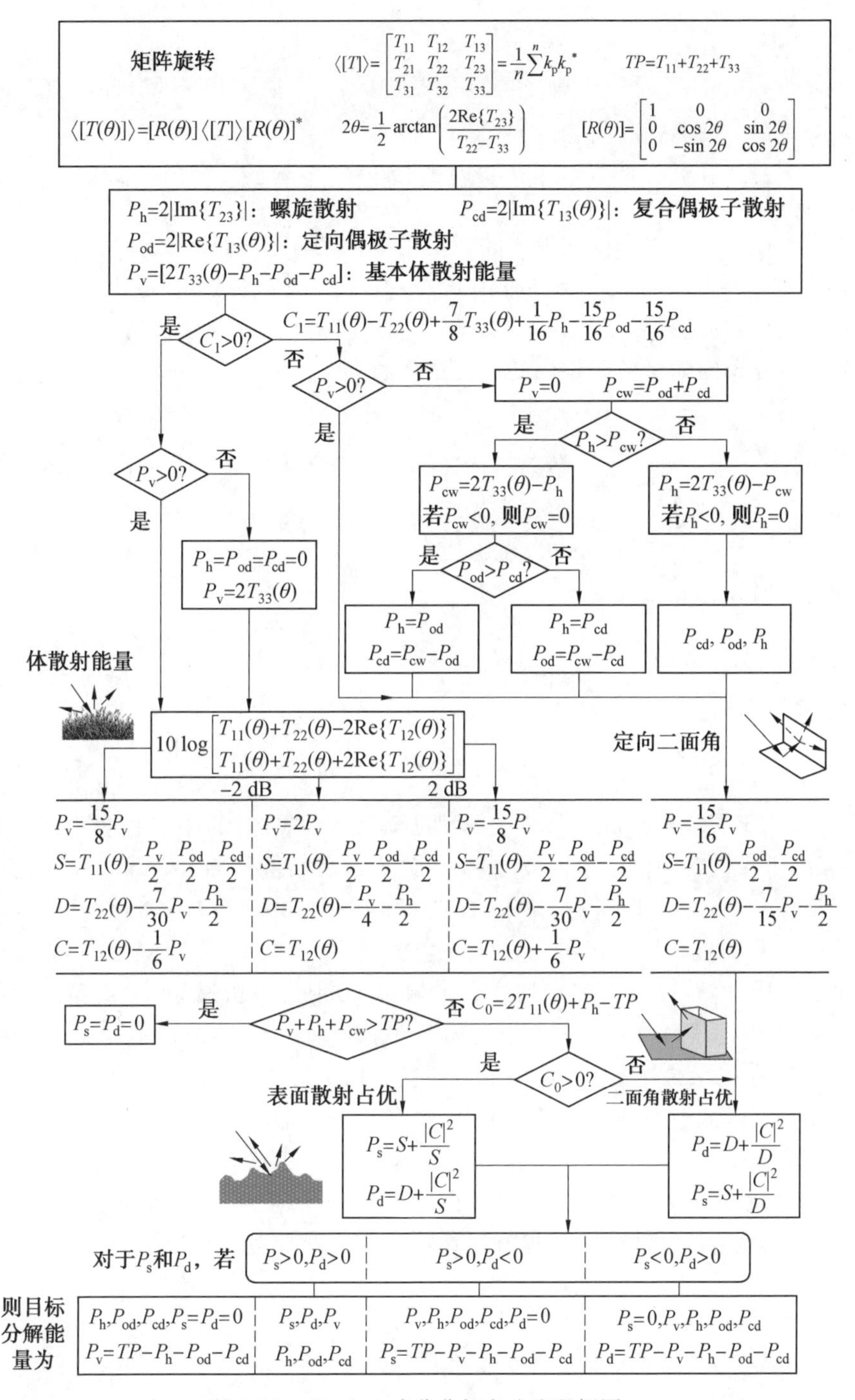

图 4.12　Singh 六成分分解方法流程框图

2. ratio

条件 ratio 用于进一步确定当前像素中的体散射是由哪种分布的随机粒子构成的体积产生的，即

$$\text{ratio}=10\log\frac{T_{11}(\theta)+T_{22}(\theta)-2\text{Re}[T_{12}(\theta)]}{T_{11}(\theta)+T_{22}(\theta)+2\text{Re}[T_{12}(\theta)]} \tag{4.34}$$

当 ratio<−2 dB 时，认为体散射是由朝向为正弦(sine)分布的随机粒子构成的体积产生的；当 −2 dB≤ratio<2 dB 时，认为体散射是由朝向为余弦(cosine)分布的随机粒子构成的体积产生的；当 ratio≥2 时，认为体散射是由朝向为均匀分布的随机粒子构成的体积产生的。

3. C_0

条件 C_0 用于判断表面散射占优还是二面角散射占优，以简化未知参数的个数，进而求解各散射分量大小。其计算公式为

$$C_0=T_{11}(\theta)-T_{22}(\theta)-T_{33}+P_{\text{h}}=2T_{11}(\theta)+P_{\text{h}}-TP \tag{4.35}$$

当 $C_0>0$ 时，有

$$\alpha=0\rightarrow\beta^*=\frac{C}{S},P_{\text{s}}=S+\frac{|C|^2}{S},P_{\text{d}}=D-\frac{|C|^2}{S} \tag{4.36}$$

当 $C_0\leqslant 0$ 时，有

$$\beta^*=0\rightarrow\alpha=\frac{C}{D},P_{\text{s}}=S-\frac{|C|^2}{D},P_{\text{d}}=D+\frac{|C|^2}{D} \tag{4.37}$$

图 4.13 所示为 Singh 六成分分解的假彩色合成图，其中红色表示偶次散射回波分量，绿色表示体散射回波分量，蓝色表示表面散射回波分量。采用的图像分别是丹麦 Foulum 地区的 EMISAR 全极化图像和德国 Oberpfaffenhofen 地区的 E−SAR 全极化图像。可以看出，在建筑区域，六成分分解能够取得更高的二面角散射成分，并且对于旋转的建筑区域，体散射的成分减少，二面角散射的成分增加，尤其是图 4.13(b)中的中间偏右下的大型建筑，其旋转的 L 型二面角散射两线处的分解结果呈现二面角散射占优。以上结果说明了对于旋转的建筑区域六成分分解能够对抑制体散射成分，提高二面角散射成分能起到更大的作用。同时也能从图中发现，森林区域的二面角散射成分也略有提高，这说明在部分森林区域，六成分分解也存在抑制体散射的作用，从而造成了森林区域的体散射成分降低，二面角散射成分略有提升。这与实际的森林散射稍有差别，说明目标分解需要进一步完善。

(a) EMISAR

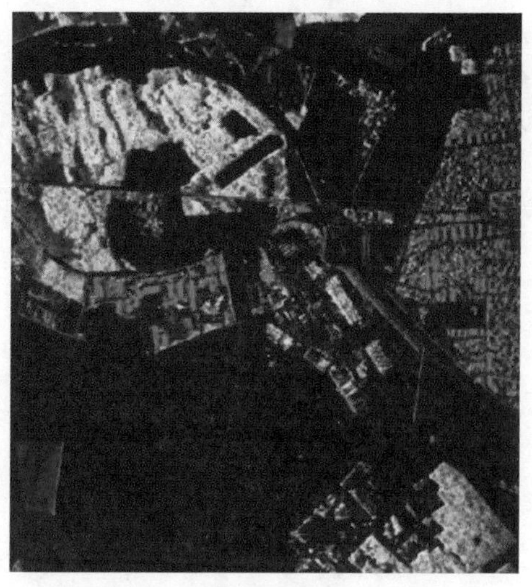
(b) E-SAR

图 4.13　Singh 六成分分解假彩色合成图
红色—P_d；绿色—P_v；蓝色—P_s

4.2.6　Singh 七成分分解方法

在六成分分解的基础上，Singh 等对目标分解进行了进一步的研究，为 T_{23} 的实部(Re[T_{23}])分配一个新的物理散射机制，并建立一个新的散射功率分解模型，创建了七成分目标分解[6]。在此之前的散射功率模型在假设极化指向角补偿条件下，为减少相干矩阵[T]中独立参数的数量，将 Re[T_{23}]剔除。Singh 等进行了实验后发现，Re[T_{23}]的物理散射模型来源于一种特殊的偶极子(称为"混合偶极子"构型)，这种偶极子构型会产生复合散射。混合偶极子散射发生在与雷达照射方向存在较大夹角的城市地区和植被区。与之前的六分量散射模型相比，七成分分解还提供了额外的混合偶极子散射功率。混合偶极子散射模型减少了二面角散射优势区域(如定向城市街区)的体散射功率，从而提高了对相干矩阵中包含的极化信息的理解。

混合偶极子散射的模型为

$$[T_{md}]=\frac{1}{2}\begin{bmatrix}0 & 0 & 0\\ 0 & 1 & \pm 1\\ 0 & \pm 1 & 1\end{bmatrix} \tag{4.38}$$

七成分目标分解为

$$[T]=f_s[T_s]+f_d[T_d]+\begin{cases}f_v\ [T_v]^{\text{dipole}}\\ f_v\ [T_v]^{\text{dihedral}}\end{cases}+$$

$$f_{\mathrm{h}}[T_{\mathrm{h}}]+f_{\mathrm{od}}[T_{\mathrm{od}}]+f_{\mathrm{cd}}[T_{\mathrm{cd}}]+f_{\mathrm{md}}[T_{\mathrm{md}}] \tag{4.39}$$

式中，$[T]$为给定 SAR 数据的平均相干矩阵；f_{s}、f_{d}、f_{v}、f_{h}、f_{od}、f_{cd}、f_{md}是要确定的散射分量；$[T_{\mathrm{s}}]$、$[T_{\mathrm{d}}]$、$[T_{\mathrm{v}}]$、$[T_{\mathrm{h}}]$、$[T_{\mathrm{od}}]$、$[T_{\mathrm{cd}}]$、$[T_{\mathrm{md}}]$分别是表面散射、二面角散射、体散射、螺旋散射、定向偶极子散射、复合偶极子散射、混合偶极子散射的模型。

Singh 七成分分解流程框图如图 4.14 所示。

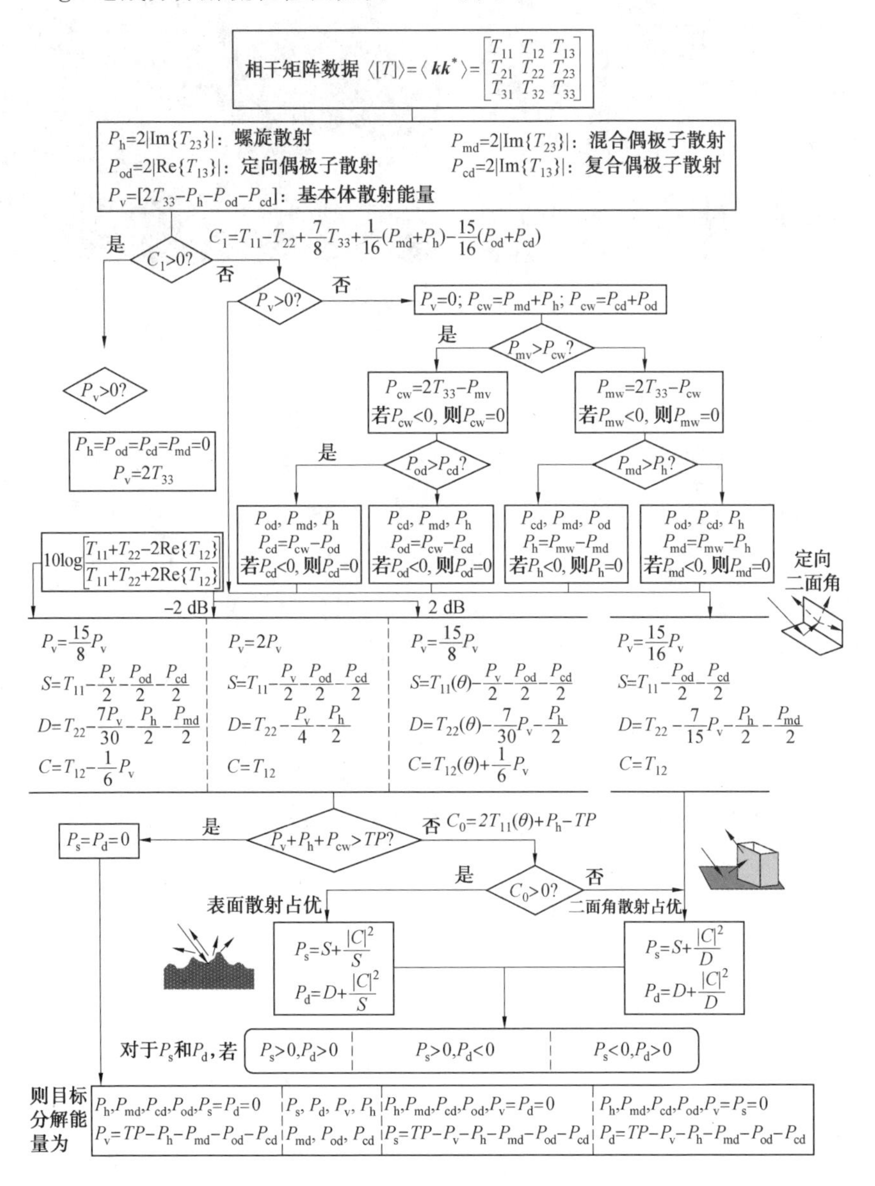

图 4.14　Singh 七成分分解流程框图

图4.15所示为Singh七成分分解假彩色合成图，其中红色表示偶次散射回波分量，绿色表示体散射回波分量，蓝色表示表面散射回波分量。采用的图像分别是丹麦Foulum地区的EMISAR全极化图像和德国Oberpfaffenhofen地区的E－SAR全极化图像。可以看出，在建筑区域，相比于六成分分解，七成分分解的结果二面角散射成分更高；而在森林区域，相比于六成分分解，七成分分解的结果中体散射成分减少，二面角散射成分增加。这在一定程度上反映了六成分和七成分分解能够在旋转的建筑区域获得更高比重的二面角散射分量，但是以牺牲森林区域的部分体散射成分为代价。因此，极化目标分解方法需要进一步发展，以更准确的方式和方法克服森林和旋转的建筑区域之间存在的散射模糊性，获得正确的地物散射机理，为进一步的应用奠定准确可靠的基石。

(a) EMISAR　　(b) E-SAR

图4.15　Singh七成分分解假彩色合成图

红色—P_d；绿色—P_v；蓝色—P_s

4.3　基于非对称散射机理的目标分解方法

在四成分分解的推导过程中，假设极化指向角θ的概率分布为均匀分布，即$p(\theta)=1/(2\pi)$，则协方差矩阵的数学求解中$\langle S_{hh}S_{hv}^*\rangle=\langle S_{hv}S_{vv}^*\rangle$为纯虚数，即$C_{12}=C_{23}$为纯虚数。在此条件下，四成分分解即式(4.7)中螺旋散射可以完整地描述C_{12}和C_{23}所代表的散射不对称的人造目标，从而四成分分解可以很好地适用于散射不对称的情形。然而在实际观测中，C_{12}和C_{23}并不一定为纯虚数，所以螺旋散射在一般情形下并不能很好地描述散射不对称的人造目标。因此,需要一个新的散射机理来更好地描述人造目标的散射不对称信息。

由于人造目标的散射是复杂多变的,不存在明确的散射机理来描述人造目标的不对称散射情形,因此将人造目标的非对称散射机理用归一化的一般形式表示,即

$$[S]_{\text{asym}}=\begin{bmatrix}\gamma & \rho\\ \rho & 1\end{bmatrix} \tag{4.40}$$

式中,参数 γ 和 ρ 分别表示水平极化通道和交叉极化通道与垂直极化通道后向散射系数的比值。对应于这种非对称散射机理的相干矩阵和协方差矩阵分别为

$$[T]_{\text{asym}}=\frac{1}{2}\begin{bmatrix}|\gamma+1|^2 & (\gamma+1)(\gamma-1)^* & 2(\gamma+1)\rho^*\\ (\gamma+1)^*(\gamma-1) & |\gamma+1|^2 & 2(\gamma-1)\rho^*\\ 2(\gamma+1)^*\rho & 2(\gamma-1)^*\rho & 4|\rho|^2\end{bmatrix} \tag{4.41}$$

$$[C]_{\text{asym}}=\begin{bmatrix}|\gamma|^2 & \sqrt{2}\gamma\rho^* & \gamma\\ \sqrt{2}\gamma^*\rho & 2|\rho|^2 & \sqrt{2}\rho\\ \gamma^* & \sqrt{2}\rho^* & 1\end{bmatrix} \tag{4.42}$$

4.3.1 基于极化指向角补偿的非对称目标分解方法

在进行分解操作之前,利用式(4.13)对相干矩阵进行极化指向角补偿处理得到指向角补偿之后的相干矩阵$[T(\theta)]$。利用非对称散射机理代替螺旋散射来描述散射不对称情形下的人造目标,可以将补偿后的相干矩阵分解为奇次散射、偶次散射、体散射和非对称散射,即

$$[T(\theta)]=f_s\begin{bmatrix}1 & \beta^* & 0\\ \beta & |\beta|^2 & 0\\ 0 & 0 & 0\end{bmatrix}+f_d\begin{bmatrix}|\alpha|^2 & \alpha & 0\\ \alpha^* & 1 & 0\\ 0 & 0 & 0\end{bmatrix}+\frac{f_v}{4}\begin{bmatrix}2 & 0 & 0\\ 0 & 1 & 0\\ 0 & 0 & 1\end{bmatrix}+$$
$$f_{\text{asym}}\begin{bmatrix}\frac{1}{2}|\gamma+1|^2 & \frac{1}{2}(\gamma+1)(\gamma-1)^* & (\gamma+1)\rho^*\\ \frac{1}{2}(\gamma+1)^*(\gamma-1) & \frac{1}{2}|\gamma+1|^2 & (\gamma-1)\rho^*\\ (\gamma+1)^*\rho & (\gamma-1)^*\rho & 2|\rho|^2\end{bmatrix} \tag{4.43}$$

式中,f_s、f_d、f_v、f_{asym}分别为四种散射机理的加权系数。

推导得到

$$\begin{aligned}f_v&=4(T_{33}(\theta)-2f_{\text{asym}}|\rho|^2)\\&=4T_{33}(\theta)(1-\text{Cor})\end{aligned} \tag{4.44}$$

$$f_{\mathrm{asym}}=\frac{|\mathrm{Im}[T_{23}(\theta)]|}{k}=\frac{T_{33}(\theta)}{2|\rho|^2}\mathrm{Cor} \tag{4.45}$$

其中

$$\mathrm{Cor}=\sqrt{\frac{|\langle S_{\mathrm{hh}}S_{\mathrm{hv}}^*\rangle|^2|\langle S_{\mathrm{hv}}S_{\mathrm{vv}}^*\rangle|^2}{\langle|S_{\mathrm{hh}}|^2\rangle\langle|S_{\mathrm{hv}}^*|^2\rangle+\langle|S_{\mathrm{hv}}|^2\rangle\langle|S_{\mathrm{vv}}^*|^2\rangle}} \tag{4.46}$$

$$\gamma=\frac{T_{13}(\theta)+T_{23}(\theta)}{T_{13}(\theta)-T_{23}(\theta)},\rho^*=\frac{\pm k\mathrm{j}}{\gamma-1} \tag{4.47}$$

其余未知量可参考 Freeman－Durden 三成分分解的方法求得。

最后可求得四个分量对应的功率大小为

$$\begin{cases}P_{\mathrm{s}}=f_{\mathrm{s}}(1+|\beta|^2)\\P_{\mathrm{d}}=f_{\mathrm{d}}(1+|\alpha|^2)\\P_{\mathrm{v}}=f_{\mathrm{v}}\\P_{\mathrm{asym}}=\dfrac{1}{2}f_{\mathrm{asym}}(|\gamma+1|^2+|\gamma-1|^2+4|\rho|^2)\end{cases} \tag{4.48}$$

本节中的分解模型能够很好地适用于自然区域和城镇区域，而且补偿后相干矩阵的八个独立参数都得到了利用，所以分解模型完全利用了所有的极化信息。

图 4.16(a)为同极化通道和交叉极化通道的归一化相干系数 Cor。可以看出，在建筑区域 Cor 的值较大，特别是中部集装箱区域 Cor 接近于 1，而在森林区域和海洋区域 Cor 的值相对很小。这是因为在自然区域 Cor 接近于 0，而在城镇区域 Cor 值接近于 1。

图 4.16(b)(c)(d)分别为 Freeman－Durden 分解、四成分分解和基于极化指向角补偿相干矩阵的非对称目标分解结果合成的假彩色图，其中偶次散射 P_{d} 用红色表示，体散射 P_{v} 用绿色表示，奇次散射 P_{s} 用蓝色表示。可以看出，在森林区域三幅图都呈现绿色，表示以体散射为主要成分；在建筑区域呈现红色，表示偶次散射较强，这是因为墙面和地面组成的二面角呈现偶次散射；在海洋区域呈现蓝色，说明奇次散射占主要成分。比较三图可以看出，基于指向角补偿相干矩阵的非对称目标分解的结果中建筑区域的红色比 Freeman－Durden 分解和四成分分解更加明显，表明基于指向角补偿相干矩阵的非对称目标分解能够更好地提取城镇区域人造目标的信息。

图 4.16(e)和(f)分别为四成分分解的螺旋散射功率 P_{c} 和基于指向角补偿相干矩阵的非对称目标分解的非对称散射功率 P_{asym}。可以看出，螺旋散射和非对称散射都是在建筑区域较强而在自然区域(包括森林和海洋区域)较弱，这说明二者都可以表示建筑区域的人造目标信息。对比图 4.16(e)和(f)可以发现，非对称散射在建筑区域更加明显，与自然区域的反差更大，表明非对称散射比螺

旋散射能够更好地描述人造目标信息。

由于偶次散射、螺旋散射和非对称散射都可以描述人造目标，因此为突出人造目标，分别对四成分分解中的偶次散射和螺旋散射求和，对基于指向角补偿相干矩阵的非对称目标分解的偶次散射和非对称散射求和。图 4.16(g)和(h)为求和后生成的假彩色图，同样可以发现图 4.16(h)在建筑区比图 4.16(g)红色更加明显，表明在建筑区非对称目标分解比经典的四成分分解能够更好地突出人造目标。

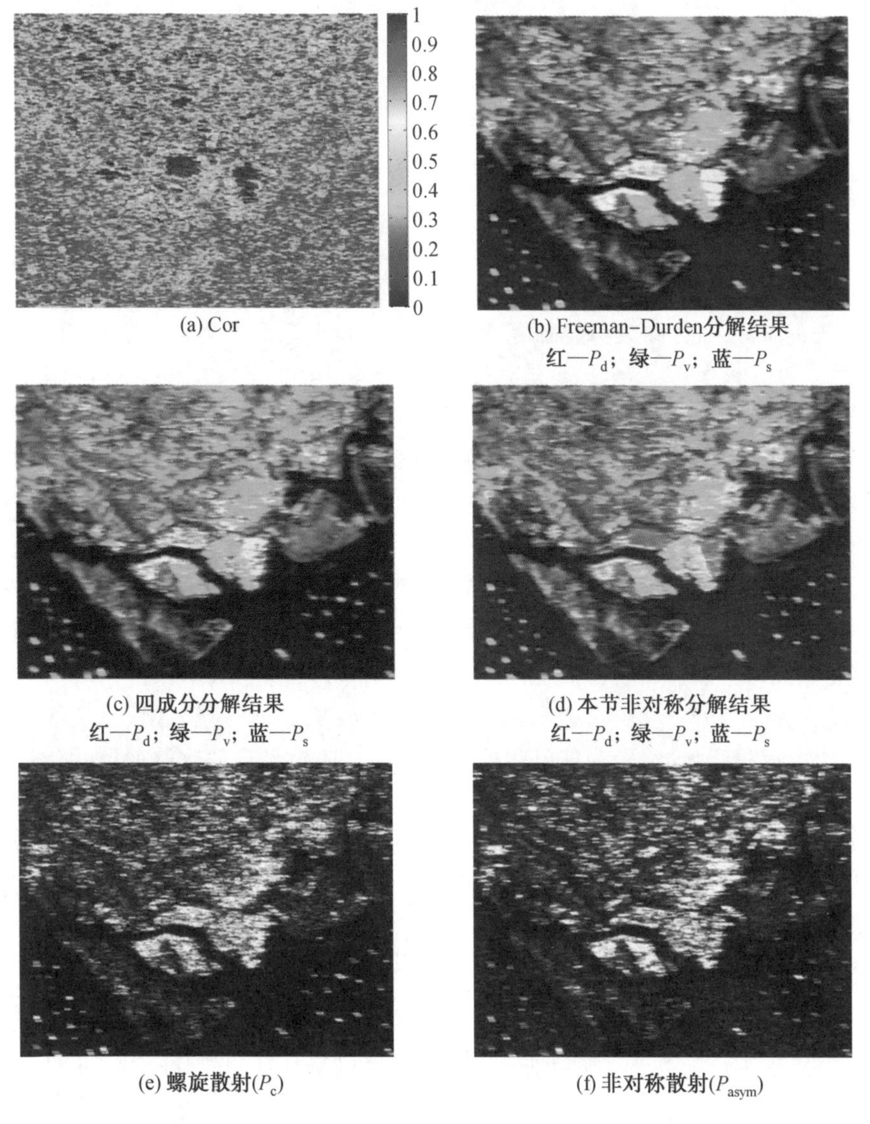

(a) Cor

(b) Freeman-Durden分解结果
红—P_d；绿—P_v；蓝—P_s

(c) 四成分分解结果
红—P_d；绿—P_v；蓝—P_s

(d) 本节非对称分解结果
红—P_d；绿—P_v；蓝—P_s

(e) 螺旋散射(P_c)

(f) 非对称散射(P_{asym})

图 4.16　基于极化指向角补偿相干矩阵的非对称目标分解结果

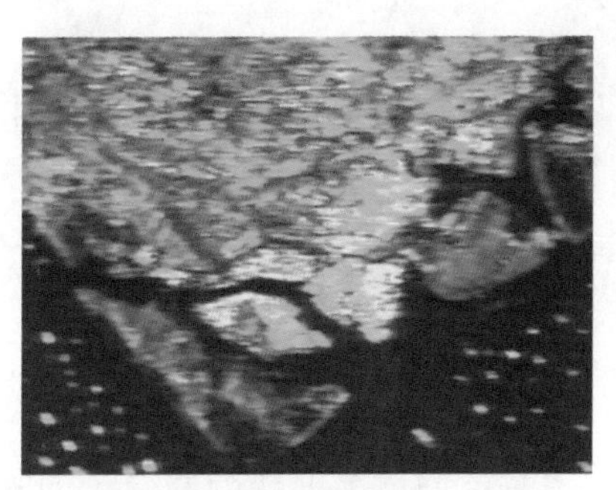

(g) 四成分分解结果
红—P_d+P_c；绿—P_v；蓝—P_s

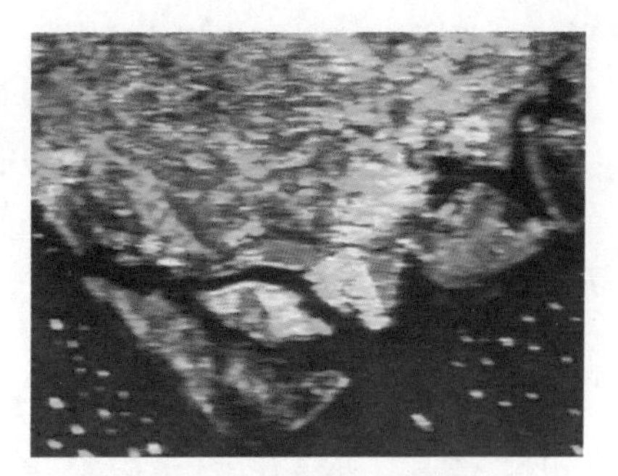

(f) 本节非对称分解结果
红—P_d+P_{asym}；绿—P_v；蓝—P_s

续图 4.16

4.3.2　无极化指向角补偿的非对称目标分解方法

上节提出的基于极化指向角补偿相干矩阵的非对称目标分解存在一个问题，就是其中一个参数是通过构造得到的，并不十分严谨。而且指向角补偿过程会改变原始数据，可能会引起极化信息的改变。因此，本节提出基于协方差矩阵的非对称目标分解方法，直接将协方差矩阵分解为奇次散射、偶次散射、体散射和非对称散射，即

$$\langle [C] \rangle = \frac{P_s}{1+|\beta|^2}\begin{bmatrix} |\beta|^2 & 0 & \beta \\ 0 & 0 & 0 \\ \beta^* & 0 & 1 \end{bmatrix} + \frac{P_d}{1+|\alpha|^2}\begin{bmatrix} |\alpha|^2 & \alpha & 0 \\ 0 & 0 & 0 \\ \alpha^* & 0 & 1 \end{bmatrix} + \frac{P_v}{V}\begin{bmatrix} a & 0 & d \\ 0 & b & 0 \\ d^* & 0 & c \end{bmatrix} + \frac{P_{asym}}{\Lambda}\begin{bmatrix} |\gamma|^2 & \sqrt{2}\gamma\rho^* & \gamma \\ \sqrt{2}\gamma^*\rho & 2|\rho|^2 & \sqrt{2}\rho \\ \gamma^* & \sqrt{2}\rho^* & 1 \end{bmatrix} \tag{4.49}$$

式中，$\Lambda = |\gamma|^2 + 2|\rho|^2 + 1$；$V = a + b + c$；$P_s$、$P_d$、$P_v$、$P_{asym}$ 分别代表四个散射机理的功率大小。

推导得到

$$P_{asym} = \eta P_t, P_v = \frac{V}{b} C_{22}(1-\eta) \tag{4.50}$$

其中

$$\eta = \sqrt{\frac{|C_{12}|^2 + |C_{23}|^2}{C_{11}C_{22} + C_{22}C_{23}}} = \sqrt{\frac{|\langle S_{hh}S_{hv}^* \rangle|^2 |\langle S_{hv}S_{vv}^* \rangle|^2}{\langle |S_{hh}|^2 \rangle \langle |S_{hv}^*|^2 \rangle + \langle |S_{hv}|^2 \rangle \langle |S_{vv}^*|^2 \rangle}} \tag{4.51}$$

$$P_t = C_{11} + C_{22} + C_{33} = P_s + P_d + P_v + P_{asym} \tag{4.52}$$

最后，剩余的未知量 α、β、P_s、P_d 可以仿照 4.3.1 节求得。

可以看出，$\eta = \text{Cov}$，即非对称散射的功率占总功率的百分比等于同极化通道

和交叉极化通道的归一化相干系数。经过分析可以发现如下结论。

(1)在城镇区域，η 接近于 1，此时体散射功率 P_v 接近于 0，而非对称散射功率 P_{asym} 较大，此时分解模型类似于 OEC 分解。

(2)在自然区域，满足散射对称条件 $\langle S_{hh}S_{hv}^*\rangle\approx 0$ 和 $\langle S_{hh}S_{hv}^*\rangle\approx 0$ 时，可得 $\eta\approx 0$，$P_{asym}\approx 0$，$P_v\approx VC_{22}/b$，则本分解模型退化为 Freeman－Durden 分解。

(3)当 C_{12} 和 C_{23} 为纯虚数，且 $C_{12}=C_{23}$，$C_{22}=C_{11}+C_{33}$ 时，可得 $P_{asym}=P_c$，此时本节分解方法与四成分分解完全相同。

由式(4.49)可以看出，采用非对称散射代替螺旋散射使得分解分量的独立参数个数由六个变为九个，所以协方差矩阵中所有的极化信息都得到了利用。

本节利用 Oberpfaffenhofen 地区的 E－SAR 数据对基于协方差矩阵的非对称目标分解方法进行试验和分析。

图 4.17(a)和(b)分别为四成分分解的螺旋散射和基于协方差矩阵的非对称目标分解的非对称散射功率图。可以发现螺旋散射和非对称散射都是在建筑区较明显而在自然区域较小，而且可以清楚地看到非对称散射在建筑区域比螺旋散射要强。当螺旋散射在 C_{12} 和 C_{23} 都为纯虚数时，可以完整地描述散射不对称的人造目标。图 4.17(c)表示的是 $|\mathrm{Re}[C_{12}]|+|\mathrm{Re}[C_{23}]|$，可以发现在森林和农田等自然区域，$|\mathrm{Re}[C_{12}]|+|\mathrm{Re}[C_{23}]|$ 很小，接近于 0。但是在一些建筑区域，$|\mathrm{Re}[C_{12}]|+|\mathrm{Re}[C_{23}]|$ 的值较大，此时螺旋散射不再能够完整地描述非对称散射信息。可以发现，正是在 $|\mathrm{Re}[C_{12}]|+|\mathrm{Re}[C_{23}]|$ 值较大的区域，非对称散射比螺旋散射明显。这说明在实测数据中，C_{12} 和 C_{23} 在建筑区域并不为纯虚数，所以非对称散射机理能够更好地描述人造目标的非对称散射信息。

(a) 螺旋散射(P_c)

(b) 非对称散射(P_{asym})

(c) $|\mathrm{Re}[C_{12}]|+|\mathrm{Re}[C_{23}]|$

图 4.17　螺旋散射和非对称散射的比较分析

图 4.18(a)和(b)分别为四成分分解和基于协方差矩阵的非对称目标分解合成的假彩色图，其中红色为偶次散射与螺旋散射或非对称散射的和，绿色为体散射，蓝色表示奇次散射。如图 4.18(a)和(b)所示，可以看出在左上角和左下角的

森林区域均呈现绿色，表示体散射占主要成分；右上角和左下部的农田区域呈现蓝色，表示奇次散射成分强；在中部和右部的建筑区域红色明显，表示螺旋散射、偶次散射和非对称散射突出。虽然从整体上看两图大致相同，但是仔细比较图 4.18(a)和(b)可以发现，图 4.18(b)在建筑区域红色比图 4.18(a)更加明显。选择左中部和右下部两块建筑区域进行比较，可以发现四成分分解的结果中建筑物呈现青绿色，表示除螺旋散射和偶次散射外，体散射也较强，暗示地物类别为森林。这种将森林和建筑物混叠的现象是四成分分解方法中将有旋转的建筑物产生的交叉散射归为体散射造成的。而图 4.18(b)中两块选择区域中的建筑物均呈现红色，表示与人造目标对应的偶次散射和非对称散射成分突出。因此，基于协方差矩阵的非对称目标分解能够有效地提取建筑物信息，减少在森林和建筑物的混叠现象。

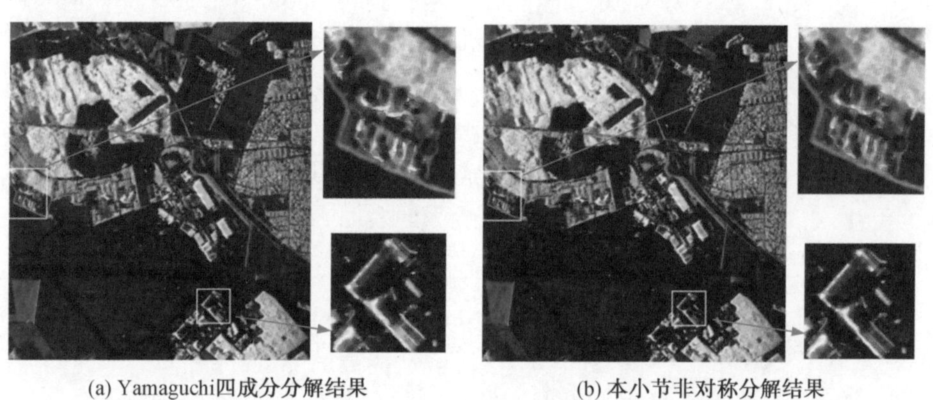

(a) Yamaguchi四成分分解结果 红—P_c+P_d；绿—P_v；蓝—P_s

(b) 本小节非对称分解结果 红—$P_{asym}+P_d$；绿—P_v；蓝—P_s

图 4.18　四成分分解和基于协方差矩阵的非对称目标分解结果比较分析

4.3.3　基于散射非对称的两阶段目标分解方法

本节根据代表性散射模型和有关目标散射对称部分和非对称部分的求解，提出了一种基于相干矩阵的两阶段目标分解方法。

首先第一阶段将极化指向角补偿后的相干矩阵分解为散射对称部分和散射非对称两部分，即

$$[T(\varphi)]=P_{\mathrm{sym}}[T(\varphi)_{\mathrm{sym}}]+P_{\mathrm{asym}}[T(\varphi)_{\mathrm{asym}}] \tag{4.53}$$

其中

$$P_{\mathrm{asym}}=\mathrm{Cor}\ P_{\mathrm{t}},\quad 0\leqslant \mathrm{Cor}\leqslant 1 \tag{4.54}$$

$$P_{\mathrm{sym}}=P_{\mathrm{t}}-P_{\mathrm{asym}}=(1-\mathrm{Cor})P_{\mathrm{t}} \tag{4.55}$$

$$\mathrm{Cor}=\sqrt{\frac{|\langle S_{\mathrm{hh}}S_{\mathrm{hv}}^{*}\rangle|^{2}+|\langle S_{\mathrm{hv}}S_{\mathrm{vv}}^{*}\rangle|^{2}}{\langle|S_{\mathrm{hh}}|^{2}\rangle\langle|S_{\mathrm{hv}}|^{2}\rangle+\langle|S_{\mathrm{hv}}|^{2}\rangle\langle|S_{\mathrm{vv}}|^{2}\rangle}}$$

$$=\sqrt{\frac{|T_{13}(\varphi)|^2+|T_{23}(\varphi)|^2}{T_{11}(\varphi)T_{22}(\varphi)+T_{22}(\varphi)T_{33}(\varphi)}} \tag{4.56}$$

对应的散射对称成分和散射非对称成分的相干矩阵则为

$$\begin{cases}[T(\varphi)]_{\text{asym}}=P_{\text{asym}}[T(\varphi)_{\text{asym}}]\\ [T(\varphi)]_{\text{sym}}=[T(\varphi)]-[T(\varphi)]_{\text{asym}}\end{cases} \tag{4.57}$$

针对散射对称部分，将其分解为表面散射、偶次散射和改进体散射模型，具体的表达式为

$$[T(\varphi)]_{\text{sym}}=P_{\text{s}}[T_{\text{s}}]+P_{\text{d}}[T_{\text{d}}]+P_{\text{v}}[T_{\text{v}}]$$

$$=\frac{P_{\text{s}}}{1+|\beta|^2}\begin{bmatrix}1 & \beta^* & 0\\ \beta & |\beta|^2 & 0\\ 0 & 0 & 0\end{bmatrix}+\frac{P_{\text{d}}}{1+|\alpha|^2}\begin{bmatrix}|\alpha|^2 & \alpha & 0\\ \alpha^* & 1 & 0\\ 0 & 0 & 0\end{bmatrix}+\frac{P_{\text{v}}}{2+\kappa'}\begin{bmatrix}1 & 0 & 0\\ 0 & \kappa' & 0\\ 0 & 0 & 1\end{bmatrix} \tag{4.58}$$

式中，κ'的值由分支条件决定，即

$$C_1=2\text{Re}[\langle S_{\text{hh}}S_{\text{vv}}^*\rangle]=T_{11}^{\text{sym}}(\varphi)-T_{22}^{\text{sym}}(\varphi) \tag{4.59}$$

当 $C_0>0$ 时，$\alpha=0$。此时，P_{s}、P_{d}、P_{v} 的求解过程与经典模型的求解相似，有

$$\begin{cases}P_{\text{v}}=T_{33}^{\text{sym}}(\varphi)(2+\kappa')\\ P_{\text{s}}=S+\dfrac{|C|^2}{S}\\ P_{\text{d}}=D-\dfrac{|C|^2}{S}\end{cases} \tag{4.60}$$

当 $C_0\leqslant 0$ 时，$\beta=1$，有

$$\alpha=\frac{(S-D)+\sqrt{(S-D)^2-4(C-D)(S-C)}}{2(C-D)}$$

此时 P_{s}、P_{d}、P_{v} 的值就变成

$$\begin{cases}P_{\text{d}}=\dfrac{(C-D)}{\alpha-1}(1+|\alpha|^2)\\ P_{\text{s}}=2\left[S-\dfrac{(C-D)|\alpha|^2}{\alpha-1}\right]\\ P_{\text{v}}=T_{33}^{\text{sym}}(\varphi)(2+\kappa')\end{cases} \tag{4.61}$$

针对散射非对称部分，首先将其分解为螺旋散射、线散射、定向偶极子散射和定向四分之一波散射，即

$$[T(\varphi)]_{\text{asym}}=P_{\text{h}}[T_{\text{h}}]+P_{\text{w}}[T_{\text{w}}]+P_{\text{od}}[T_{\text{od}}]+P_{\text{cd}}[T_{\text{cd}}]$$

$$=\frac{P_{\text{h}}}{2}\begin{bmatrix}0 & 0 & 0\\ 0 & 1 & \pm\text{j}\\ 0 & \mp\text{j} & 1\end{bmatrix}+\frac{P_{\text{od}}}{2}\begin{bmatrix}1 & 0 & \pm1\\ 0 & 0 & 0\\ \pm1 & 0 & 1\end{bmatrix}+\frac{P_{\text{cd}}}{2}\begin{bmatrix}1 & 0 & \pm\text{j}\\ 0 & 0 & 0\\ \mp\text{j} & 0 & 1\end{bmatrix}+$$

$$\frac{P_{\mathrm{w}}}{\Lambda}\begin{bmatrix}\frac{1}{2}|\gamma+1|^2 & \frac{1}{2}(\gamma+1)(\gamma-1)^* & (\gamma+1)\rho^* \\ \frac{1}{2}(\gamma+1)^*(\gamma-1) & \frac{1}{2}|\gamma-1|^2 & (\gamma-1)\rho^* \\ (\gamma+1)^*\rho & (\gamma-1)^*\rho & 2|\rho|^2\end{bmatrix} \tag{4.62}$$

其中

$$\Lambda=\frac{1}{2}|m+1|^2+\frac{1}{2}|m-1|^2+2|n|^2$$

推导得到

$$\begin{cases}P_{\mathrm{w}}=\dfrac{2\Lambda T_{12}^{\mathrm{sym}}(\varphi)}{(\gamma+1)(\gamma-1)^*} \\ P_{\mathrm{h}}=2\left|\mathrm{Im}\left[T_{23}^{\mathrm{sym}}(\varphi)-\dfrac{2T_{12}^{\mathrm{sym}}(\varphi)(\gamma-1)\rho^*}{(\gamma+1)(\gamma-1)^*}\right]\right| \\ P_{\mathrm{od}}=2\left|\mathrm{Re}\left[T_{13}^{\mathrm{sym}}(\varphi)-\dfrac{2(\gamma+1)\rho^* T_{12}^{\mathrm{sym}}(\varphi)}{(\gamma-1)^*}\right]\right| \\ P_{\mathrm{cd}}=2\left|\mathrm{Im}\left[T_{13}^{\mathrm{sym}}(\varphi)-\dfrac{2(\gamma+1)\rho^* T_{12}^{\mathrm{sym}}(\varphi)}{(\gamma-1)^*}\right]\right|\end{cases} \tag{4.63}$$

然而发现，关于散射非对称部分的相干矩阵中的对角线元素并没有得到充分的利用，能量的利用存在缺失。为此，本节提出了一个新的散射成分——复合非对称散射 P_{ca} 来表征这部分的能量，则其表达式可以表示为

$$P_{\mathrm{ca}}=P_{\mathrm{asym}}-P_{\mathrm{h}}-P_{\mathrm{w}}-P_{\mathrm{od}}-P_{\mathrm{cd}} \tag{4.64}$$

两阶段目标分解过程的详细描述如图 4.19 所示。

实验数据首先采用了 E－SAR 系统获取的德国 Oberpfaffenhofen 地区数据。E－SAR 实验数据的第一阶段目标分解结果如图 4.20 所示，其中图4.20(a)为散射对称功率 P_{sym}，图 4.20(b)为散射非对称功率 P_{asym}。自然区域中的散射对称成分要高于散射非对称成分，建筑区域由于同样存在较高的表面散射和体散射成分，因此其散射对称功率也同样较高，并且由于建筑区域内部复杂的空间结构，因此其散射模型不满足对称的情况较多，散射非对称功率高于自然区域。同样，图 4.20(c)给出了 $|\mathrm{Re}[T_{13}]|+|\mathrm{Re}[T_{23}]|$ 的结果，可以发现实际情况下 T_{13} 和 T_{23} 的实部普遍不为零，并且自然区域中 $|\mathrm{Re}[T_{13}]|+|\mathrm{Re}[T_{23}]|$ 的值很小，人造目标区域的值要高于自然区域，$|\mathrm{Re}[T_{13}]|+|\mathrm{Re}[T_{23}]|$ 的值较大的区域，其散射非对称成分也较多。因此，使用螺旋散射不能够完整地描述目标的散射非对称情况。

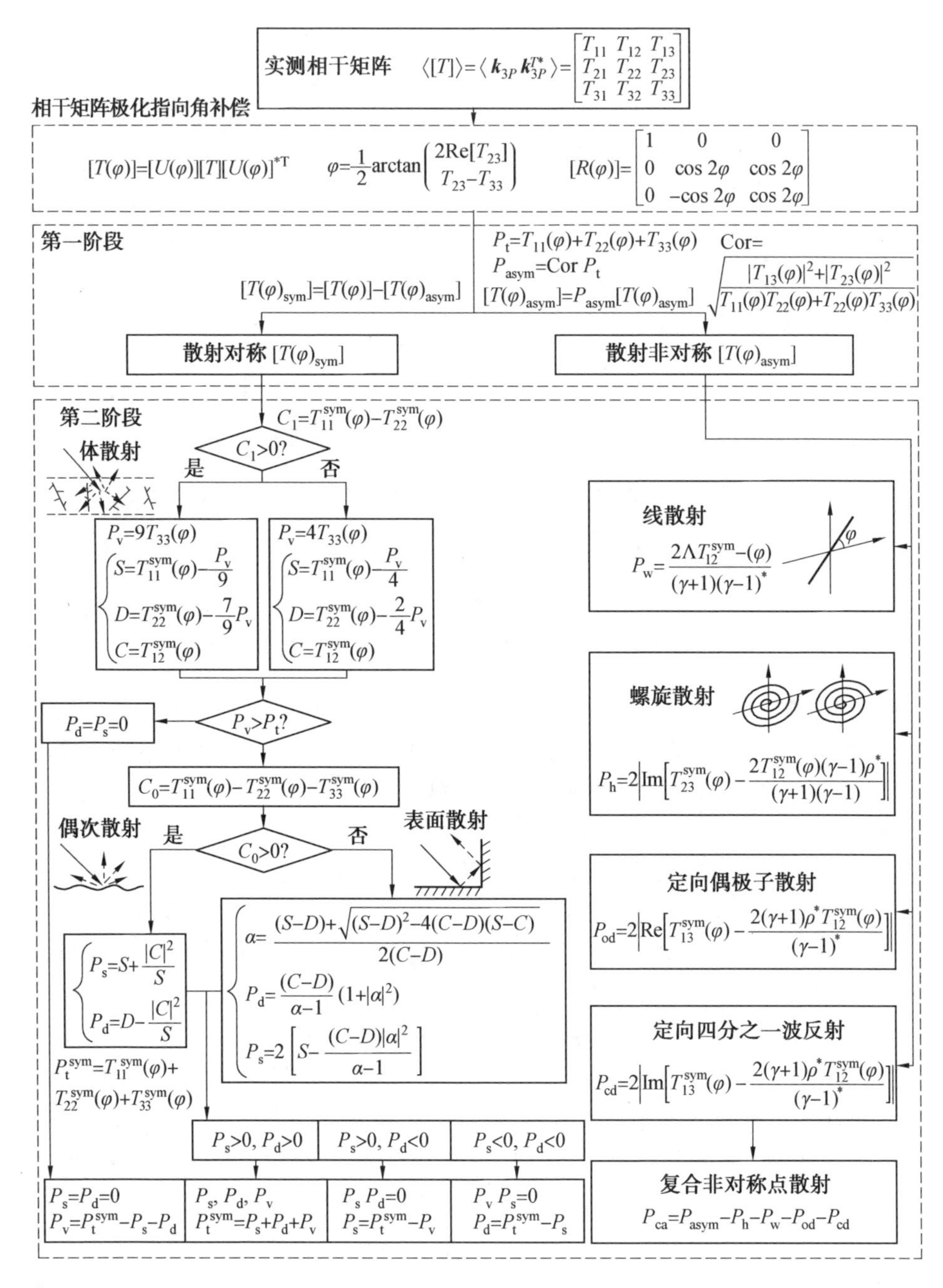

图 4.19 两阶段目标分解过程的详细描述

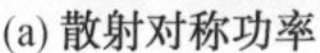

(a) 散射对称功率

(b) 散射非对称功率

(c) $|\mathrm{Re}[T_{13}]|+|\mathrm{Re}[T_{23}]|$

图 4.20　E－SAR 实验数据的第一阶段目标分解结果

图 4.21 同样选取了森林、农田和建筑区域这三种典型地物进行采样，得到了参数 Cor 的分布情况。能够发现图 4.21(a)和(b)中森林、农田等自然区域的 Cor 的值较低且分布较为集中，主要集中在 0.05～0.3，而图 4.21(c)中建筑物区域的分布则较为平均，0～0.7 都存在较多的分布。参数 Cor 的分布也同样证明了其在散射对称的自然区域和散射非对称的区域之间的可分能力。

同样采用五组典型的目标分解方法进行对比，E－SAR 图像不同分解结果的假彩色合成图如图 4.22 所示。图 4.22(a)、(b)和(c)分别为 Yamaguchi 四成分分解(Y4O)、六成分分解和两阶段目标分解。对第一阶段得到的散射对称部分和散射非对称部分继续分解，得到多种散射成分分量，其假彩色合成图如图 4.22(c)所示。也能够得到类似的结论，森林区域的分解结果是绿色的，其主要散射成分为体散射；图像中下部的农田区域主要为紫色和蓝色，表示具有很强的表面散射成分；图像中间的建筑区域则表现为白色和紫色，表示表面散射、偶次散射和体散射的成分是大体上相同的。实验结果也说明了两阶段目标分解方法能够有效地区分各种散射机制。前两种方法也都能够有效地实现目标分解，但也都存在不同程度的体散射过估计问题。Y4O 的过估计最严重；六成分分解由于引入了新的散射模型，因此其在减少体散射过估计问题上具有更好的改进。与其他典型的目标分解方法相比，两阶段目标分解方法能够有效抑制体散射成分，并且对散射非对称部分进行了进一步的细化分解，从而使得目标散射特性的分析更加详细。

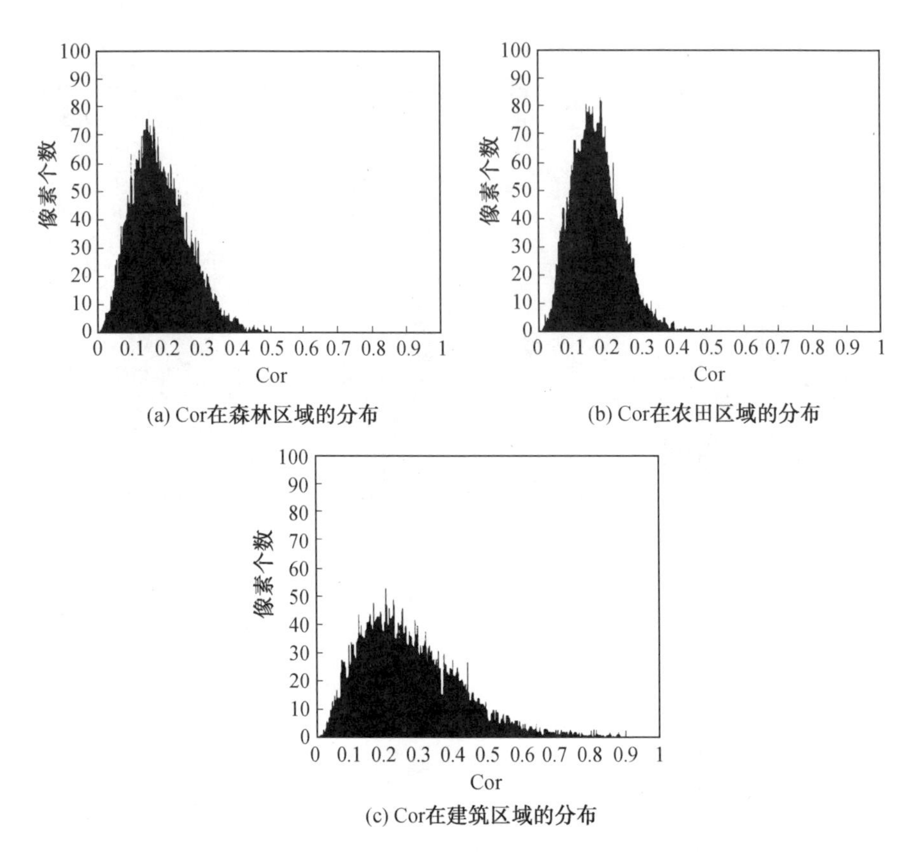

(a) Cor在森林区域的分布

(b) Cor在农田区域的分布

(c) Cor在建筑区域的分布

图 4.21　E—SAR 图像中 Cor 在不同区域的分布情况

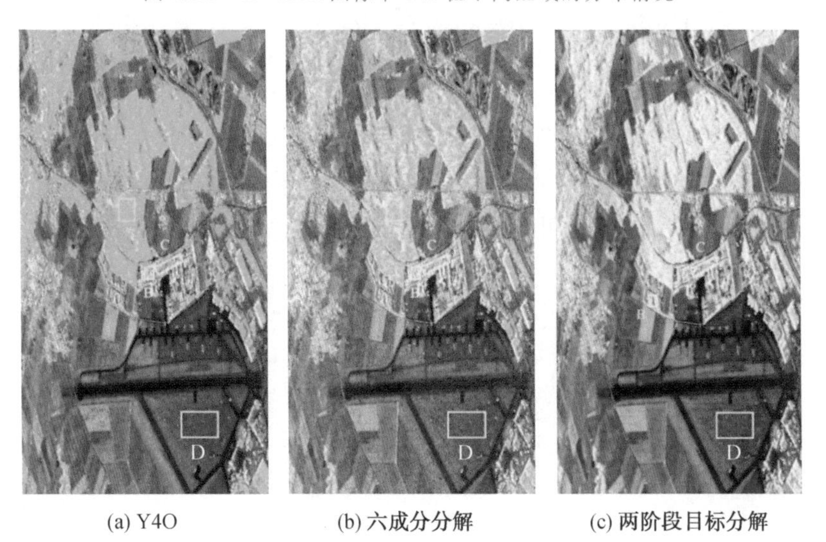

(a) Y4O　　(b) 六成分分解　　(c) 两阶段目标分解

图 4.22　E—SAR 图像不同分解结果的伪彩色合成图

红色—P_d；绿色—P_v；蓝色—P_s

此外，为更有效地分析建筑区域的分解效果，将图中的建筑区域进行了放大，以更好地讨论该方法的分解能力。E－SAR 图像不同分解结果放大区域的假彩色合成图如图 4.23 所示。可以看到，这片区域的建筑大部分都是白色的，这意味着建筑区域与森林区域可以很好地区分。但是在对比实验中仍然有一些建筑区域以绿色显示，这意味着这些区域以体散射为主，这个结果显然与事实不符。而本节方法的结果显示的部分建筑区域的绿色没有对比实验中的结果明显，说明体散射分量可以在一定程度上得到抑制。同时，该方法增加了新的散射模型来描述城市区域的复杂结构，能够实现对人造目标散射特性和机理更详细的描述。

(a) Y4O

(b) 六成分分解

(c) 两阶段目标分解

图 4.23　E－SAR 图像不同分解结果放大区域的假彩色合成图

同样，对图 4.22 中 A、B、C、D 四个区域的不同地物进行了定量分析，计算了图中黄色方框区域各目标分解方法中各散射成分的贡献，E－SAR 图像中不同区域各散射功率百分比贡献的饼状图见表 4.1。同样可以得到相似的结论，森林区域因其冠层较强的后向散射而导致其体散射成分极高，达到了 80％以上，易被过估计，两阶段目标分解方法能够有效地缓解这一问题，其体散射成分得到了较

表 4.1　E－SAR 图像中不同区域各散射功率百分比贡献的饼状图

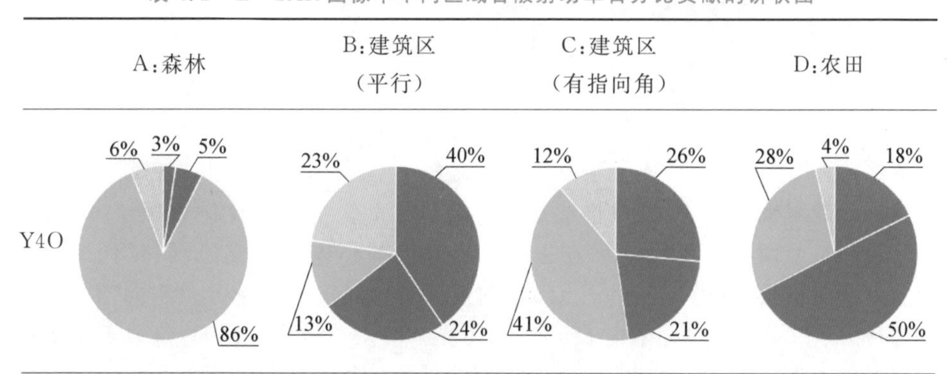

续表 4.1

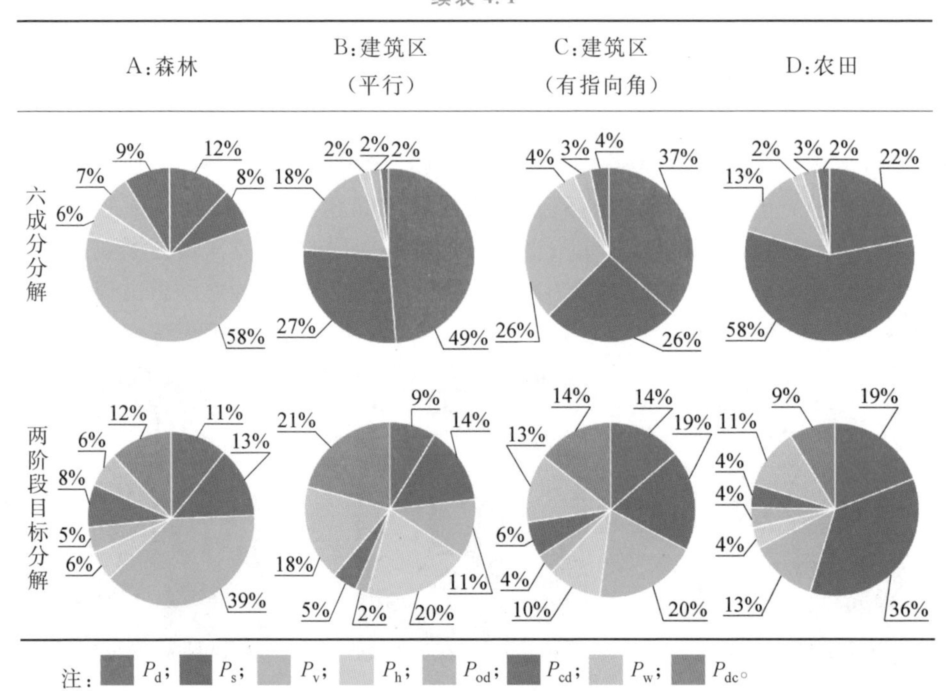

多的抑制;农田区域因其较为平整导致散射回波较少而以表面散射成分为主,而对比实验结果表明,典型目标分解方法也存在体散射过估计的问题,两阶段目标分解方法能够有效地减少体散射成分的占比,增加其他散射成分的比例,提高了可分性。

值得注意的是,区域 B 为与雷达飞行方向平行的建筑,区域 C 为与雷达飞行方向呈一定指向角的建筑。对于与雷达飞行方向没有夹角的城市区域,如区域 B 所示,其体散射成分较低,偶次散射是主要的散射成分;而对于与雷达飞行方向具有一定夹角的城市区域,如区域 C 所示,其具有斜二面体结构,导致偶次散射成分的占比减小,体散射成分的占比增大。因此,在基于模型的目标分解结果中,这些倾斜的建筑结构很容易被错误地分解为类似森林或植被等以体散射为主要散射类型的目标。并且由于建筑区域包含复杂的人造目标,不满足散射对称条件,因此散射非对称成分较强。从上述的对比实验中可以看出,用于描述人造目标的散射模型较少,并且描述这些人造目标的模型所占比例也很小,体散射成分较高。而两阶段目标分解方法可以有效地减小体散射成分,同时利用更多的散射非对称模型(螺旋散射 P_h、线散射 P_w、定向偶极子散射 P_{od}、定向四分之一波散射 P_{cd} 和复合非对称散射 P_{ca})来描述复杂的人造目标。同时,这些散射非对称模型的比例得到了有效的提高,因此实现了对人造目标区域更为精细化的描述,提高了建筑物的可分性。而且能够发现,该方法的散射非对称成分占比也远

大于 Y4O 中的螺旋散射成分及六成分分解方法中的其他散射非对称成分。这也同样表明，与螺旋散射等散射非对称模型相比，该分解方法的散射非对称成分能够更加有效地反映目标的散射非对称信息，并能更好地提取建筑物信息。

关于 E－SAR 数据的实验结果也同样说明了该方法能够较好地提取不同地物的信息，有效地减少体散射成分的过估计，增加了具有代表性的散射成分，对分析不同地物的散射特性起到了很大的作用。

另外，实验也使用了 UAVSAR 系统获取的美国 Moss Beach 及 Half Moon Bay 地区实验数据（图 4.24 和图 4.25），实验结论与 E－SAR 数据的结论相似。

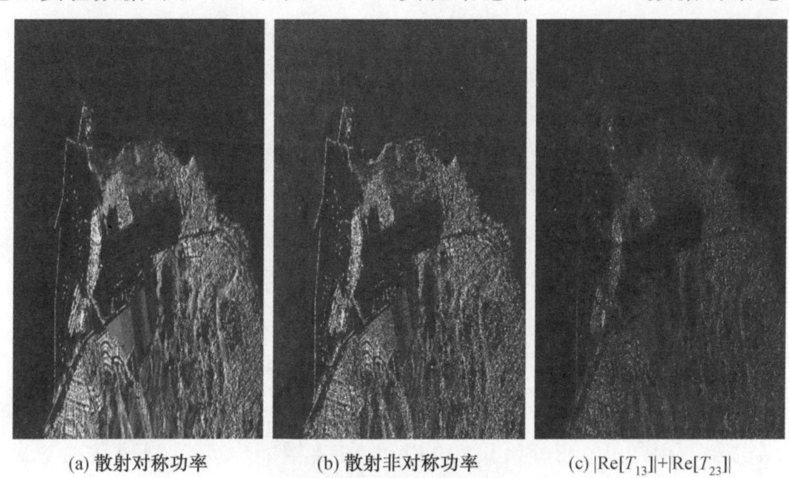

(a) 散射对称功率　　(b) 散射非对称功率　　(c) $|\mathrm{Re}[T_{13}]|+|\mathrm{Re}[T_{23}]|$

图 4.24　UAVSAR 图像第一阶段分解结果

图 4.25　UAVSAR 图像两阶段分解结果的假彩色合成图

红色—P_d；绿色—P_v；蓝色—P_s

综上所述，两阶段目标分解方法能够较好地提取不同地物的散射信息，有效减少体散射分量的过估计问题，同时增加了更具有代表性的散射成分，更详细地分解了散射非对称部分，对分析不同地物的散射特性起到了很大的作用。

4.4 修正旋转二面角模型的五成分分解方法

将高频电磁计算方法与极化目标分解结合，构建更准确的散射模型，从而进行目标分解也是一种目标分解的方法。本节基于高频电磁计算算法，对旋转二面角的电磁散射特性进行了分析。利用几何光学法(geometric optics, GO)和物理光学法(physical optics, PO)分析并计算了具有一定方位角的二面角结构的极化散射场，并使用参数化公式表示了散射场。基于散射场公式，综合考虑多个极化通道间的相关性，提出了表征旋转二面角散射特性的散射矩阵，称为修正旋转二面角模型(modified rotational dihedral model, MRDM)。在推导出的精确散射场的基础上，将 MRDM 引入了五成分分解方法(MRDM five-component scattering power decomposition, MRDM－5SD)[7]。该分解方法可以有效提升具有一定方位角的建筑物区域的二面角散射成分能量占比，并能保证剩余能量成分的合理性。

根据电磁散射原理，在分析旋转的二面角结构的电磁波物理散射过程后，推导得到修正旋转二面角散射模型为

$$[T_{\mathrm{d}}]=f_{\mathrm{d}}\begin{bmatrix}0 & 0 & 0\\0 & 2 & -(\alpha^{*}+P)\\0 & -(\alpha+P) & 2\left|\alpha+P\right|^{2}\end{bmatrix} \tag{4.65}$$

其中

$$f_{\mathrm{d}}=\left|R_{\mathrm{H1}}R_{\mathrm{H2}}\right|^{2} \tag{4.66}$$

$$\alpha=\frac{R_{\mathrm{H2}}^{*}}{\left|R_{\mathrm{H2}}\right|^{2}}N+\frac{R_{\mathrm{H1}}^{*}}{\left|R_{\mathrm{H1}}\right|^{2}}Q \tag{4.67}$$

由于 MRDM 针对的是具有一定方位角的二面角结构，针对方位角很小的二面角结构，仍然使用传统的二面角模型来描述其散射特性，因此在执行极化分解前，需要首先进行方位角估计。根据 MRDM 提出了用于估计方位角的矩阵，即

$$[P_{\varphi}]=\begin{bmatrix}-\cos^{3}\varphi & \cos\theta\sin\varphi(1+\cos^{2}\varphi)\\\cos\theta\sin\varphi(1+\cos^{2}\varphi) & \cos^{3}\varphi\end{bmatrix} \tag{4.68}$$

根据散射相似性原理计算实测数据窗口中数据与该估计矩阵的相似度，即

$$r(\varphi)=\frac{\boldsymbol{k}_{\varphi}^{\mathrm{H}}\langle[T]\rangle\boldsymbol{k}_{\varphi}}{\mathrm{Trace}(\boldsymbol{k}_{\varphi}\cdot\boldsymbol{k}_{\varphi}^{\mathrm{H}})\cdot\mathrm{Trace}(\langle[T]\rangle)} \tag{4.69}$$

式中，$[T]$ 为实测极化相干矩阵；$\boldsymbol{k}_{\varphi}$ 为 $[P_{\varphi}]$ 的 Pauli 矢量。循环遍历 $(-90°,90°)$ 方位角并计算出所有的散射相似度，取相似度最大时对应的方位角作为估计得到的方位角。

基于 MRDM 及方位角估计结果，提出 MRDM－5SD 分解方法，其流程框图如图 4.26 所示。

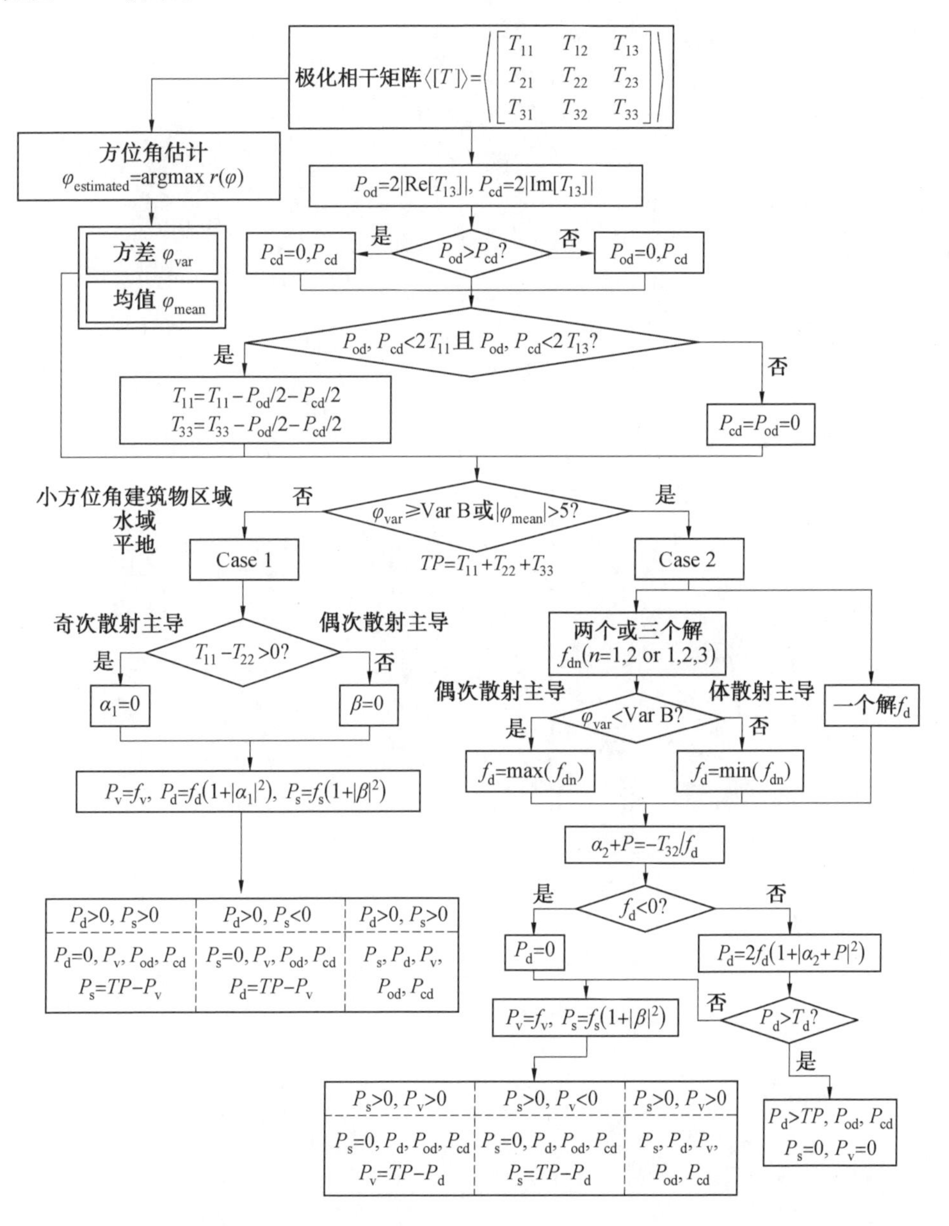

图 4.26　MRDM－5SD 分解方法流程框图

根据方位角估计的情况，列出两个用于极化分解的方程，分别为 case1 和 case2。case 1 针对的是平坦地面、水面和小方位角的建筑物区域，该方程基于传统的 Freeman－Durden 分解方法，并引入了两项偶极子散射分量；case 2 针对的是具有较大方位角的建筑物区域以及植被等随机散射区域，在此情况中引入了 MRDM 模型。f_s、f_d、f_v、f_{od}和 f_{cd}分别是奇次散射、二面角散射、体散射、±45°指向偶极子散射和复合偶极子散射的散射系数。

方程中偶极子分量的散射系数可以直接求得，分别为

$$\begin{cases} f_{od}=2\left|\mathrm{Re}[T_{13}]\right| \\ f_{cd}=2\left|\mathrm{Im}[T_{13}]\right| \end{cases} \tag{4.70}$$

case1 为

$$\begin{aligned} \langle[T]\rangle &= f_s[T_s]+f_d[T_{d1}]+f_v[T_v]+f_{od}[T_{od}]+f_{cd}[T_{cd}] \\ &= f_s\begin{bmatrix} 1 & \beta^* & 0 \\ \beta & |\beta|^2 & 0 \\ 0 & 0 & 0 \end{bmatrix}+f_d\begin{bmatrix} |\alpha_1|^2 & \alpha_1 & 0 \\ \alpha_1^* & 1 & 0 \\ 0 & 0 & 0 \end{bmatrix}+\frac{f_v}{4}\begin{bmatrix} 2 & 0 & 0 \\ 0 & 1 & 0 \\ 0 & 0 & 1 \end{bmatrix}+ \\ &\quad \max\left(\frac{f_{od}}{2}\begin{bmatrix} 1 & 0 & \pm 1 \\ 0 & 0 & 0 \\ \mp 1 & 0 & 1 \end{bmatrix}+\frac{f_{cd}}{2}\begin{bmatrix} 1 & 0 & \pm \mathrm{j} \\ 0 & 0 & 0 \\ \mp \mathrm{j} & 0 & 1 \end{bmatrix}\right) \end{aligned} \tag{4.71}$$

case 1 的求解已由 Freeman－Durden 给出，可以总结为

$$T_{11}-T_{22}>0: \quad \begin{cases} \alpha=0 \\ f_v=4T_{33} \\ f_s=T_{11}-f_v/2 \\ \beta=T_{21}/f_s \\ f_d=T_{22}-f_v/4-f_s\,|\beta|^2 \end{cases} \quad \text{或} \quad T_{11}-T_{22}\leqslant 0: \quad \begin{cases} \beta=0 \\ f_v=4T_{33} \\ f_d=T_{22}-f_v/4 \\ \alpha=T_{21}/f_d \\ f_s=T_{11}-f_v/2-f_d\,|\alpha|^2 \end{cases} \tag{4.72}$$

case 2 为

$$\begin{aligned} \langle[T]\rangle &= f_s[T_s]+f_d[T_{d2}]+f_v[T_v]+f_{od}[T_{od}]+f_{cd}[T_{cd}] \\ &= f_s\begin{bmatrix} 1 & \beta^* & 0 \\ \beta & |\beta|^2 & 0 \\ 0 & 0 & 0 \end{bmatrix}+f_d\begin{bmatrix} 0 & 0 & 0 \\ 0 & 2 & -(\alpha_2^*+P) \\ 0 & -(\alpha_2+P) & 2\,|\alpha_2+P|^2 \end{bmatrix}+\frac{f_v}{4}\begin{bmatrix} 2 & 0 & 0 \\ 0 & 1 & 0 \\ 0 & 0 & 1 \end{bmatrix}+ \\ &\quad \max\left(\frac{f_{od}}{2}\begin{bmatrix} 1 & 0 & \pm 1 \\ 0 & 0 & 0 \\ \mp 1 & 0 & 1 \end{bmatrix}+\frac{f_{cd}}{2}\begin{bmatrix} 1 & 0 & \pm \mathrm{j} \\ 0 & 0 & 0 \\ \mp \mathrm{j} & 0 & 1 \end{bmatrix}\right) \end{aligned} \tag{4.73}$$

对于 Case 2，可以得到五个方程，即

$$\begin{cases} f_s + \dfrac{f_v}{2} = T_{11} \\ \beta f_s = T_{21} \\ f_s\ |\beta|^2 + 2f_d + \dfrac{f_v}{4} = T_{22} \\ -f_d(\alpha_2 + P) = T_{32} \\ \dfrac{f_v}{4} + 2f_d\ |\alpha + P|^2 = T_{33} \end{cases} \tag{4.74}$$

消掉未知数后，可以得到一个关于 f_d 的一元三次方程，即

$$af_d^3 + bf_d^2 + cf_d + d = 0 \tag{4.75}$$

其中

$$\begin{cases} a = 4T_{11} - 8T_{33} \\ b = 2\ |T_{21}|^2 + 16\ |T_{32}|^2 + 2T_{11}T_{33} \\ -2T_{11}T_{22} + 4T_{22}T_{33} - 4\ T_{33}{}^2 \\ c = 16\ |T_{32}|^2 T_{33} - 8\ |T_{32}|^2 T_{22} - 4\ |T_{32}|^2 T_{11} \\ d = -16\ |T_{32}|^4 \end{cases} \tag{4.76}$$

f_d 的求解如图 4.26 所示，其余参数的求解为

$$\begin{cases} f_v = 4\left(T_{33} - \dfrac{2\ |T_{32}|^2}{f_d}\right) \\ f_s = T_{11} - f_v/2 \\ \beta = T_{21}/f_s \\ \alpha_2 + P = -T_{32}/f_d \end{cases} \tag{4.77}$$

获得以上参数的求解后，所有散射成分的散射能量可以通过下式求得，即

$$\begin{cases} P_s = f_s(1 + |\beta|^2) \\ P_d = f_d(1 + |\alpha_1|^2) \quad 或 \quad P_d = 2f_d(1 + |\alpha_2 + P|^2) \\ P_v = f_v \\ P_{od} = f_{od} \\ P_{cd} = f_{cd} \end{cases} \tag{4.78}$$

使用 ALOS－2/PALSAR－2 的数据进行实验，观测区域为美国 San Francisco 地区，其光学图如图 4.27 所示。将 MRDM－5SD 的结果与四种分解结果进行对比，分别为 Yamaguchi 四成分分解（Y4O）、旋转补偿 Yamaguchi 四成分分解（Y4R）、Singh 六成分分解（6SD）和 Singh 七成分分解（7SD），如图 4.28(a)～(d)所示，MRDM－5SD 的结果如图 4.28(e)所示。

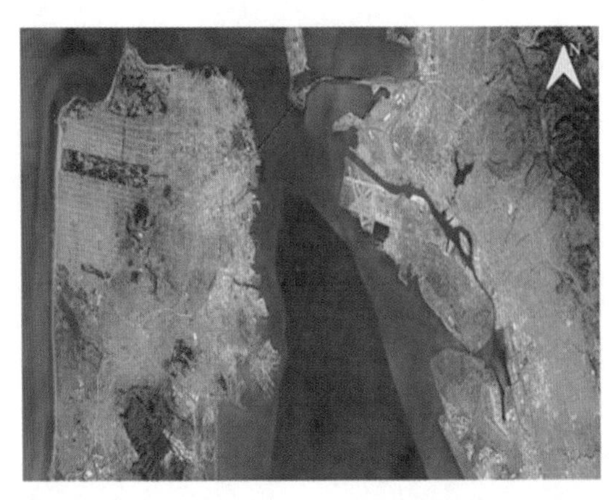

图 4.27　美国 San Francisco 地区的 ALOS－2/PALSAR－2 数据光学图

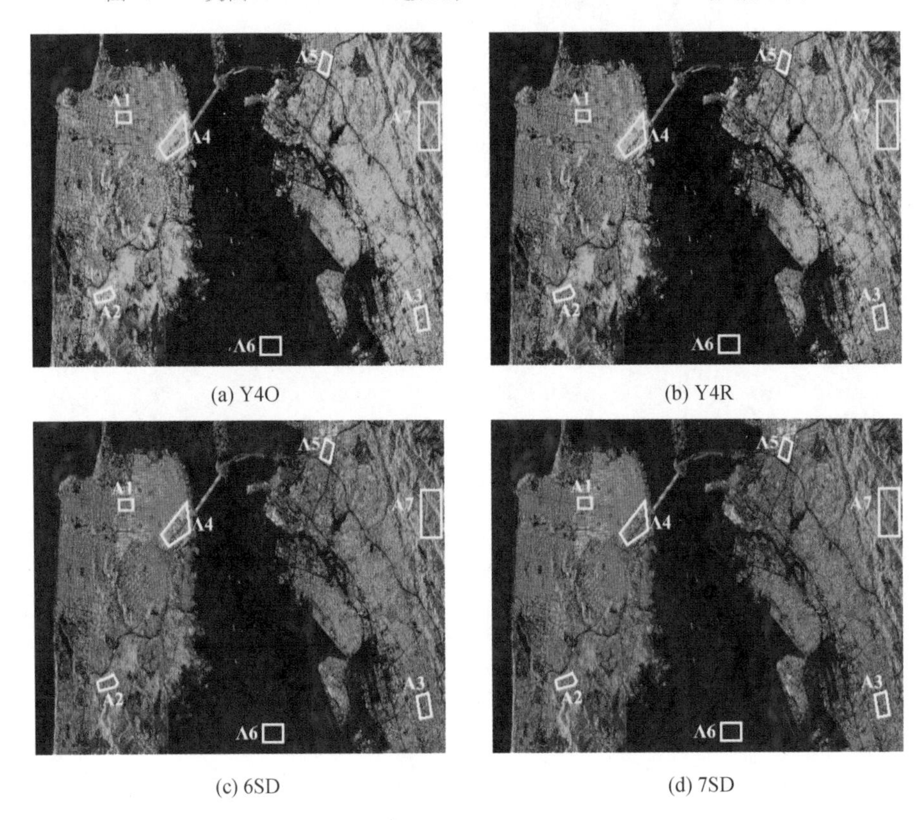

(a) Y4O　(b) Y4R

(c) 6SD　(d) 7SD

图 4.28　ALOS－2/PALSAR－2 极化目标分解结果对比
红色—P_d；绿色—P_v；蓝色—P_s

(e) 6 MRDM-5SD

续图 4.28

可以看出,MRDM－5SD 方法中建筑物区域的二面角散射大幅增加了,特别是在方位角较大的建筑物区域,二面角散射占比有了显著的上升。

为进一步分析各个分解方法的效果,选取了七个感兴趣区域进行了散射成分百分比计算,计算结果见表 4.2。A1 区域为小方位角建筑物区域,A2、A3 区域为中等方位角建筑物区域,A4、A5 区域为大方位角建筑物区域,A6 区域为水域,A7 区域为植被区。可以看出,MRDM－5SD 在具有一定方位角的建筑物区域可以有效提升二面角散射成分百分比,而在非建筑物区域可以保证其余散射成分百分比的合理性。

表 4.2　七个感兴趣区域散射成分百分比计算结果

感兴趣区域	方法	P_s	P_d	P_v	P_h	P_{od}	P_{cd}	P_{md}
A1	Y4O	30.6	53.2	12.5	3.7	—	—	—
	Y4R	32.2	56.6	8.7	2.5	—	—	—
	6SD	29.8	59.3	4.2	2.4	2.1	2.3	—
	7SD	29.8	56.7	4.7	1.7	1.4	1.2	4.5
	MRDM—5SD	32.5	57.4	6.2	—	2.0	1.9	—
A2	Y4O	21.5	28.2	42.4	7.9	—	—	—
	Y4R	27.5	52.0	16.3	4.2	—	—	—
	6SD	24.5	57.0	7.7	3.3	3.7	3.8	—
	7SD	21.7	44.1	9.5	1.4	3.7	2.4	17.2
	MRDM—5SD	19.0	65.1	3.5	—	7.5	4.9	—

续表 4.2

感兴趣区域	方法	P_s	P_d	P_v	P_h	P_{od}	P_{cd}	P_{md}
A3	Y4O	22.1	17.3	49.8	10.8	—	—	—
	Y4R	27.4	29.5	34.5	8.6	—	—	—
	6SD	24.3	37.8	16.3	6.1	7.9	7.6	—
	7SD	19.9	32.0	18.6	4.8	6.3	5.8	12.6
	MRDM—5SD	22.3	50.4	10.7	—	8.6	8.0	—
A4	Y4O	21.0	10.0	57.2	11.8	—	—	—
	Y4R	20.0	13.4	55.7	10.9	—	—	—
	6SD	18.4	22.4	18.3	7.0	16.0	17.9	—
	7SD	19.5	27.0	12.2	6.0	12.7	11.0	11.6
	MRDM—5SD	24.0	42.8	13.2	—	9.2	10.8	—
A5	Y4O	34.3	22.9	35.0	7.8	—	—	—
	Y4R	37.5	31.2	25.1	6.2	—	—	—
	6SD	34.7	37.3	12.8	4.4	5.5	5.3	—
	7SD	32.8	33.6	14.4	3.4	4.1	3.7	8.0
	MRDM—5SD	33.9	45.6	8.8	—	6.3	5.4	—
A6	Y4O	78.2	7.8	8.2	5.8	—	—	—
	Y4R	78.7	8.1	7.7	5.5	—	—	—
	6SD	65.8	7.3	9.1	5.8	6.0	6.0	—
	7SD	82.1	4.4	13.1	0.1	0.1	0.1	0.1
	MRDM—5SD	82.9	8.8	7.1	—	0.6	0.6	—
A7	Y4O	24.0	6.6	58.5	10.9	—	—	—
	Y4R	25.5	10.2	53.7	10.6	—	—	—
	6SD	23.1	18.1	31.7	6.9	10.2	10.0	—
	7SD	20.2	15.9	34.2	5.9	9.0	8.8	6.0
	MRDM—5SD	26.7	22.5	32.0	—	9.5	9.3	—

本章参考文献

[1] FREEMAN A, DURDEN S. A three component scattering model for polarimetric SAR data[J]. IEEE transactions on geoscience and remote sensing, 1998,36(3):963-973.

[2] YAMAGUCHI Y, MORIYAMA T, ISHIDO M, et al. Four-component scatteing model for polarimetric SAR image decomposition[J]. IEEE transactions on gecscienceand remote sensing, 2005,43(8):1699-1706.

[3] YAMAGUCHI Y, SATO A, BOERNER W M, et al. Four-component scattering power decomposition with rotation of coherency matrix[J]. IEEE transactions on geoscience and remote sensing, 2011,49(6):2251-2258.

[4] ZHANG L, ZOU B, CAI H, et al. Multiple-component scattering model for polarimetric SAR image decomposition[J]. IEEE geoscience and remote sensing letters, 2008,5(4):603-607.

[5] YAMAGUCHI Y, SINGH G. Model-based six-component scattering matrix power decomposition[J]. IEEE transactions on geoscience and remote sensing, 2018,56(10):5687-5704.

[6] SINGH G, MALIK R, MHANTY S, et al. Seven-component scattering power decomposition of POLSAR coherency matrix[J]. IEEE transactions on geoscience and remote sensing, 2019,57(11):8371-8382.

[7] CHEN Y F, ZHANG L, ZOU B, et al. Polarimetric SAR decomposition method based on modified rotational dihedral model[J]. Remote sensing, 2022,15(1):101.

面向土地利用的极化 SAR 图像分类

5.1 引　言

极化 SAR 图像地物与土地利用分类是遥感领域中极化雷达的最重要的应用之一。对于中、低分辨率的 PolSAR 图像，由于单个像素的复杂度较低，因此常用的图像解译方法均为基于像素的处理方法。对于高分辨率 PolSAR 图像，由于单个像素的不确定性增加，因此基于像素的处理方法在结果中存在更为严重的杂点现象。针对上述问题，面向对象的图像分析方法应运而生。基本处理单元从单个像素转变为包含重要语义信息在内的“一簇像素”，即图像对象。

一般来说，极化 SAR 图像分类分为三个步骤：首先对不同地物的散射特性进行分析，确认不同地物的散射机理；然后利用极化目标分解的方法获取地物的极化特征；最后基于获取的极化特征及构建的分类器对地物进行有效分类。本章介绍了经典的面向像素的极化 SAR 土地分类算法和面向对象的分类算法。

5.2 基于极化特征和机器学习的极化 SAR 图像分类

5.2.1 基于 SVM 的极化 SAR 图像分类

1. SVM 理论

对于分类，比较重要的问题就是分类器的选择，常用的分类器有距离分类

器、神经网络（neural network，NN）分类器和支持向量机（support vector machine，SVM）等。传统的距离分类器多为线性分类器，分类器的性能依赖于阈值的选择。NN 分类器往往收敛较慢，网络结构和参数的选择没有充足的理论依据，并且不能使经验风险（训练误差）和期望风险同时达到最小，容易陷入局部最小值。

在统计学习理论基础上提出的 SVM 方法基于结构风险最小化原则和 VC（Vapnik－Chervonenkis）维理论[1-3]，能有效地解决过学习问题，具有良好的推广性能和较好的分类精确性，已表现出很多优于现有方法的性能。SVM 的核心思想是把学习样本非线性映射到高维核空间，在高维核空间创建具有低 VC 维的最优分类超平面，通过综合考虑经验风险和置信范围的大小，根据结构风险最小化原则取其折中，从而得到风险上界最小的分类函数。

（1）最优分类超平面。

SVM 方法是基于线性可分情况的最优分类超平面（optimal hyperplane）提出的，根据线性可分条件下的分类方法，逐渐将问题推广到非线性、不可分的情况。分类超平面如图 5.1 所示，图中圆点和方点分别表示两类的训练样本，H 是把两类无误分开的分类线，H_- 和 H_+ 是分别过各类样本中距分类线最近的点且平行于分类线 H 的直线，H_- 与 H_+ 之间的距离称为两类的分类间隔。最优分类线不仅能将两类无误地区分开，而且能使两类的分类间隔最大。从二维推广到高维，最优分类线就成了最优分类超平面。

设线性可分训练样本集为$(\boldsymbol{x}_i, y_i)$（$i=1, 2, \cdots, l$，l 为样本个数），$\boldsymbol{x}_i \in \mathbf{R}^n$ 为 n 维特征向量，$y_i \in \{-1, 1\}$ 为类别标签。线性判别函数的一般形式为 $f(\boldsymbol{x})=\langle \boldsymbol{w},\boldsymbol{x}\rangle+b$，则分类超平面为

$$H=\{\boldsymbol{x} \mid \langle \boldsymbol{w},\boldsymbol{x}\rangle+b=0\} \tag{5.9}$$

式中，$\langle \cdot , \cdot \rangle$表示向量内积；$\boldsymbol{w}$ 是判别函数的权值向量，$\boldsymbol{x}$ 是分类超平面的法向量；b 是阈值。

为便于讨论，将判别函数归一化，则所有样本都有 $|\langle \boldsymbol{w},\boldsymbol{x}\rangle+b| \geqslant 1$，即两类样本中距分类面最近的点满足 $|\langle \boldsymbol{w},\boldsymbol{x}\rangle+b|=1$。规范化之后的分类超平面如图 5.1 所示，分别过两类样本中距分类超平面 H 最近的点 x_+ 和 x_- 的超平面记作 $H_+=\{x \mid \langle \boldsymbol{w},\boldsymbol{x}\rangle+b=1\}$ 和 $H_-=\{x \mid \langle \boldsymbol{w},\boldsymbol{x}\rangle+b=-1\}$，两个超平面相互平行，中间的分类间隔等于 $2/\|\boldsymbol{w}\|$。对于适当的法向量，都存在两个超平面，则分类间隔均为 $2/\|\boldsymbol{w}\|$，最优分类超平面就是使得分类间隔 $2/\|\boldsymbol{w}\|$ 最大（即 $\|\boldsymbol{w}\|^2$ 最小）的法向量所表示的超平面，即最优分类超平面应该使两类的分类间隔最大，同时满足

$$y_i[\langle \boldsymbol{w},\boldsymbol{x}_i\rangle+b] \geqslant 1 , \quad i=1, 2, \cdots, l \tag{5.10}$$

在两类样本中，距最优分类超平面最近的点（图 5.1 中超平面 H_+ 和 H_- 上

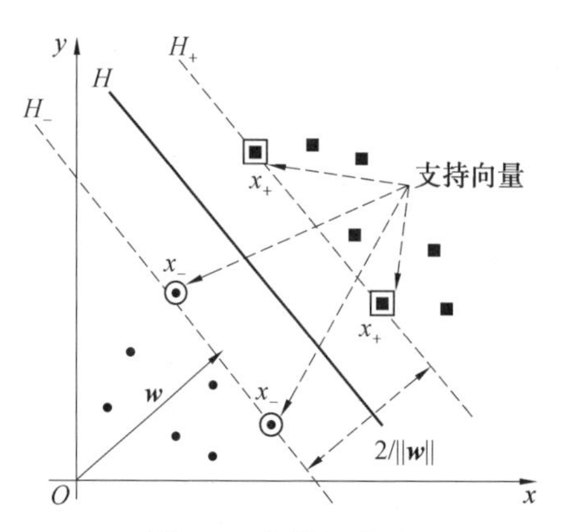

图 5.1 分类超平面

被线条圈上的点 x_+ 和 x_-)也是使式(5.10)中等号成立的样本点称为支持向量(support vector),这些向量共同支撑了最优分类超平面。

根据上面的讨论,可以将求取最优分类超平面的问题归纳为求解一个约束优化问题,即在式(5.10)的约束下,求解

$$\min \Phi(\boldsymbol{w}) = \min\left(\frac{1}{2}\|\boldsymbol{w}\|^2\right) = \min\left(\frac{1}{2}\langle \boldsymbol{w}, \boldsymbol{w}\rangle\right) \tag{5.11}$$

上述约束优化问题的解可以由下面的 Lagrange 函数的鞍点给出,即

$$L(\boldsymbol{w}, b, \boldsymbol{\alpha}) = \frac{1}{2}\langle \boldsymbol{w}, \boldsymbol{w}\rangle - \sum_{i=1}^{l}\alpha_i\{y_i[\langle \boldsymbol{w}, \boldsymbol{x}_i\rangle + b] - 1\} \tag{5.12}$$

式中,$\boldsymbol{\alpha}$ 是 Lagrange 函数,$\boldsymbol{\alpha} = [\alpha_1, \alpha_2, \cdots, \alpha_l]^{\mathrm{T}}$,$\alpha_i \geqslant 0$。

式(5.12)是一个凸二次规划问题,存在唯一的最优解。通过求偏微分,把原问题转化为如下简单的对偶问题,即满足

$$\sum_{i=1}^{l}\alpha_i y_i = 0, \quad i = 1, 2, \cdots, l \tag{5.13}$$

$$\alpha_i \geqslant 0, \quad i = 1, 2, \cdots, l \tag{5.14}$$

的约束。

求下列函数 $W(\boldsymbol{\alpha})$ 取得最大值时的解 α_i,有

$$W(\boldsymbol{\alpha}) = \sum_{i=1}^{l}\alpha_i - \frac{1}{2}\sum_{i,j=1}^{l}\alpha_i\alpha_j y_i y_j\langle \boldsymbol{x}_i, \boldsymbol{x}_j\rangle \tag{5.15}$$

式中,α_i 为原问题中与式(5.10)相对应的 Lagrange 乘子。这是一个不等式约束下二次函数寻优的问题,存在全局最优解 α_i^*。根据 KKT(Karush－Kuhn－Tucher)条件,最优解中只有一部分(通常是少部分)α_i^* 不为零,对应的样本就是支持向量 $\boldsymbol{x}_i^*$,定义所有支持向量的集合为 SV,则最优分类面的权值向量为

$$\boldsymbol{w}^* = \sum_{i=1}^{l}\alpha_i^* y_i\boldsymbol{x}_i = \sum_{\boldsymbol{x}_i^* \in \mathrm{SV}}\alpha_i^* y_i\boldsymbol{x}_i^* \tag{5.16}$$

即最优分类面的权值向量 $\boldsymbol{w}^*$ 是训练样本中支持向量的线性组合。得到支持向量 $\boldsymbol{x}_i^*$ 及权值向量 $\boldsymbol{w}^*$ 后，分类器的阈值 b^* 可以通过两类中任意一对支持向量取中值得到，即

$$b^* = \frac{1}{2}\left[\max_{y_i=-1}\langle \boldsymbol{w}^*, \boldsymbol{x}_i^* \rangle + \min_{y_i=1}\langle \boldsymbol{w}^*, \boldsymbol{x}_i^* \rangle\right] \tag{5.17}$$

根据式(5.16)和式(5.17)得到的最优参数，上述问题的最优分类超平面表示为

$$f(\boldsymbol{x}) = \langle \boldsymbol{w}^*, \boldsymbol{x} \rangle + b^* = \sum_{i=1}^{l} \alpha_i^* y_i \langle \boldsymbol{x}_i, \boldsymbol{x} \rangle + b^* = \sum_{\boldsymbol{x}_i^* \in \mathrm{SV}} \alpha_i^* y_i \langle \boldsymbol{x}_i^*, \boldsymbol{x} \rangle + b^* \tag{5.18}$$

非支持向量对应的 α_i 都为 0，因此式(5.18)中的求和只对支持向量进行，线性可分的分类超平面由支持向量确定，只需要少量的样本就可以构成最优分类超平面，并且样本数据仅出现在内积计算中。

(2) 核函数方法。

对于非线性可分的样本分类问题，模式识别方法中提出了一种广义的线性判别方法，即通过某种非线性变换的方法将原来处在低维特征空间中数据映射到高维空间中，使得在高维空间中的样本是线性可分的，因此可以使用某种简单的线性分类器将不同类别的样本区分开来。注意到前面讨论的线性分类超平面及其广义形式得到的最优分类判别函数中实际上只包含待分类样本和支持向量间的内积运算 $\langle \boldsymbol{x}, \boldsymbol{x}_i \rangle$，因此要解决一个特征空间中的线性最优分类问题，只要进行空间中的内积运算。统计学习定理指出，只要一种运算满足 Mercer 条件[4]，就能作为内积运算，把低维空间中的非线性问题变换到高维空间中的线性问题，而没有必要知道“升维”变换的具体形式。

定理(Mercer **条件**)：对于任意的对称函数 $K(x, y)$，作为某个空间的内积运算的充分必要条件时，对于任意的 $\varphi(x) \neq 0$ 且 $\int \varphi^2(x)\mathrm{d}x < \infty$，有

$$\iint K(x, y)\varphi(x)\varphi(y)\,\mathrm{d}x\mathrm{d}y > 0 \tag{5.19}$$

则 $K(\cdot, \cdot)$ 称为核函数。

SVM 的设计思想就是通过一个事先选择的非线性映射 Φ 将处于低维空间中的向量 $\boldsymbol{x}$ 映射到一个高维的特征空间 Ψ 中，并在特征空间 Ψ 中构建具有较低 VC 维的最优分类超平面。这种非线性变换通过定义适当的内积核函数实现，高维空间中的内积可以定义为

$$K(\boldsymbol{x}_i, \boldsymbol{x}_j) = \langle \Phi(\boldsymbol{x}_i), \Phi(\boldsymbol{x}_j) \rangle \tag{5.20}$$

如果用核函数 $K(\boldsymbol{x}_i, \boldsymbol{x}_j)$ 代替上面最优分类超平面中的内积运算，就相当于

把样本从原来所在的空间变换到了一个新的特征空间中，此时的最优分类超平面改写为

$$f(\boldsymbol{x})=\sum_{i=1}^{l}\alpha_i^* y_i K(\boldsymbol{x}_i,\boldsymbol{x})+b^* \tag{5.21}$$

最终的分类超平面计算中只包括了与支持向量的内积和求和，因此算法的计算复杂度取决于支持向量的数量。

通过构造和使用不同的核函数，SVM 算法避免了传统的广义线性分类思路带来的缺点，即在构建判别函数时，不是直接将低维空间中的样本向量映射到高维的特征空间中求解，而是先在原空间中对向量做某种比较（如求内积和某种距离），然后再对其做非线性变换，直接得到高维空间中的内积结果。大量的实际运算工作是在输入空间而不是在高维的特征空间中完成的，因此也就避免了所谓的“维数灾难”。

在 SVM 方法的应用中，采用不同的内积核函数，就能够构造不同类型的非线性分类器。常用的核函数有多项式核函数 $K(\boldsymbol{x},\ \boldsymbol{x}_i)=[\langle\boldsymbol{x},\boldsymbol{x}_i\rangle+1]^q$、径向基函数核函数（其中最常用高斯核函数 $K(\boldsymbol{x},\ \boldsymbol{x}_i)=\mathrm{e}^{-\|x-x_i\|^2/2\sigma^2}$）和基于神经网络的 S 型内积核函数 $K(\boldsymbol{x},\ \boldsymbol{x}_i)=\tanh[\nu\langle\boldsymbol{x},\boldsymbol{x}_i\rangle+c]$。

(3) 多类分类器算法。

在分类问题上，标准 SVM 的基本理论只针对两类问题。然而，在实际应用中常见的是多类分类问题，要解决多类分类问题，必须辅以一定的策略，常用的方法有以下几种[5]。

①“一对多”方法。对 k 一类问题构造 k 个分类器，每一个分类器中将某一类作为正的训练样本，其他的样本作为负的训练样本，将该类的训练样本从其他类别中鉴别出来。该方法易于实现，但鲁棒性不强。

②“一对一”方法。在 k 一类训练样本中构造所有可能的两类分类器，共可构造 $N=k(k-1)/2$ 个分类器，每类仅在 k 一类中的两类训练样本上训练，对这些两类分类器采用投票法进行组合，得票最多的类为新点所属的类。虽然这种算法需要的分类器较多，但是每个分类器训练的样本数据（仅仅来自两个类）都较小，所以全部训练时间相对来说并不多，最适合实际解决多类问题。后续的分类实验中就采用“一对一”方法构造多类分类器。

2. 基于 MCSM 和 SVM 的 PolSAR 图像分类

SVM 不依赖于输入数据的统计特征，可以解决特征维数较高带来的维数灾难。用 VC 维理论和结构风险最小化准则来构造分类器，在固定训练误差的同时使置信区间最小，有较强的泛化能力，并且能够使经验风险同时达到最小，所以本节使用 SVM 进行 PolSAR 图像分类，充分利用了其可以将目标分解的极化散

射特征和纹理等多种参数结合作为输入，且无须考虑特征之间内在联系的优势。因此，在分类时不仅用到了目标的极化信息，还运用了 SAR 图像中的空间信息，即从像素点本身的极化特征和周围的环境（临近的像素点）出发，寻找差异，并将各类像素点区分出来。

利用该分类器对整幅图像进行分类。EMISAR 实验数据基于 MCSM 和 SVM 的分类结果如图5.2 所示。

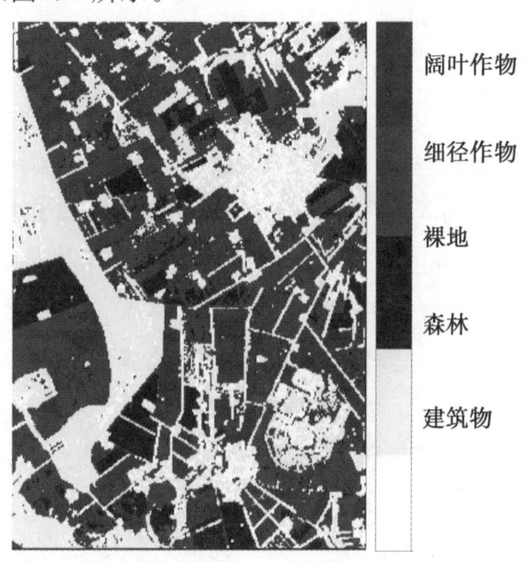

图 5.2　EMISAR 实验数据基于 MCSM 和 SVM 的分类结果

从分类结果中可以发现，整幅图像分类效果非常好。很明显，大多数相邻像素都能够被分成同一个类别。由于以偶次散射为主，因此森林和建筑物具有很强的散射能量，森林和建筑物与裸地和作物能够非常好地区分开。但是森林和建筑物彼此会有少量误分，主要体现为奇次散射的裸地具有较弱的散射能量，但具有较明显的纹理特征。两种作物能够与裸地、森林和建筑物区分开，但仍存在误分，因为阔叶作物主要表现为体散射，而细径作物同时具有偶次散射和体散射。

5.2.2　基于随机森林的极化 SAR 图像分类

1. 基于随机森林方法的 PolSAR 图像分类

随机森林由多棵决策树集成，通过对每棵决策树的分类结果进行综合评估，判断最后的类别。

(1) 决策树。

决策树是一种类似于流程图的树状结构，节点表示一个测试样本，每一个树枝代表测试样本的输出，每一个树叶代表一个类别标识。典型的决策树如图 5.3 所示。

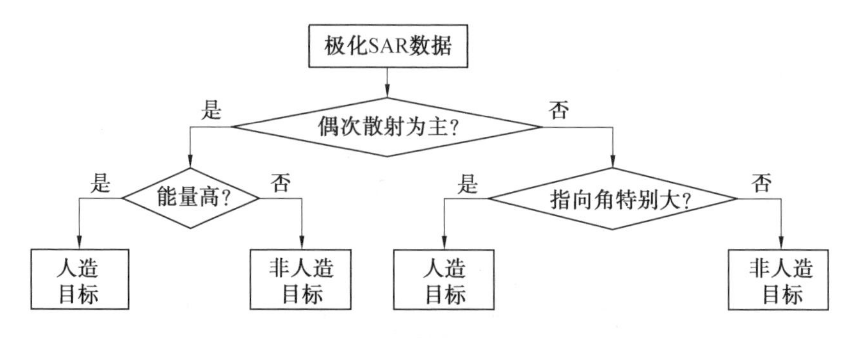

图 5.3　典型的决策树

定义特征空间为 $\boldsymbol{X}$,通常 $\boldsymbol{X}$ 是多维的欧拉空间,$\boldsymbol{X}$ 包含 p 个特征 $X_1,X_2,\cdots,X_p$。树状的分类器通过从 $\boldsymbol{X}$ 开始反复分裂成越来越小的子集构建。定义树中的节点为 t,左子树为 t_L,右子树为 t_R。定义树中所有的节点为 T,树的所有叶子为 $\widetilde{T}$。则决策树的构建存在下列问题需要解决。

① 如何选择分裂?如在哪个节点分裂及如何分裂。

② 当知道怎么分裂时,如何决定停止分裂?

③ 如何给最终的节点赋值为类别标签?

为解决上述提出的三个问题,从以下三个方面进行展开。

① 对于每个节点 t 中的每一次分裂 s,分裂候选通过评分准则 $\Phi(s,t)$ 获取。

② 需要定义一个停止分裂准则。

③ 需要定义一个将最终节点赋为类别标签的准则。

首先针对①,定义一个不纯度方程 Φ 来解决。不纯度方程用来测量一个区域中包含不同类别的纯度。假设有 K 个类别,区域中每一个点属于类别 $1,2,\cdots,K$ 的概率定义为 $p_1,p_2,\cdots,p_K(p_j\geqslant 0,j=1,\cdots,K)$,$\sum_j p_j=1$。定义不纯度方程 Φ 是 $p_1,p_2,\cdots,p_K$ 的函数,满足以下性质:

① 当 p_j 都相同时,Φ 达到最大,也就是最不纯;

② 当有一个 p_j 为 1 时,Φ 达到最小,也就是最纯;

③ p_j 的序列改变不会影响 Φ 的值。

给定不纯度方程后,对于每一个节点 t 定义不纯度度量 $i(t)$,有

$$i(t)=\varphi(p(1\mid t),p(2\mid t),\cdots,p(K\mid t)) \tag{5.22}$$

式中,$p(j\mid t)$ 是在给定节点 t 中一个点属于类别 j 的后验概率。

一旦确定了 $i(t)$,则定义分裂评分准则 $\Phi(s,t)$ 为

$$\Phi(s,t)=\Delta i(s,t)=i(t)-p_R i(t_R)-p_L i(t_L) \tag{5.23}$$

式中,$\Delta i(s,t)$ 是节点 t 的不纯度度量和分类后左右子树的不纯度度量加权和;权值分别为 p_L 和 p_R,代表被分到左子树和右子树的样本比率。

定义累计不纯度度量为

$$I(T)=\sum_{t\in\widetilde{T}}I(t)=\sum_{t\in\widetilde{T}}i(t)p(t) \tag{5.24}$$

对于任意节点，有

$$\begin{cases}p(t_{\mathrm{L}})+p(t_{\mathrm{R}})=p(t)\\ p_{\mathrm{L}}=p(t_{\mathrm{L}})/p(t)\\ p_{\mathrm{R}}=p(t_{\mathrm{R}})/p(t)\\ p_{\mathrm{L}}+p_{\mathrm{R}}=1\end{cases} \tag{5.25}$$

定义父节点和子节点的加权不纯度度量差为

$$\begin{aligned}\Delta I(s,t)&=I(t)-I(t_{\mathrm{L}})-I(t_{\mathrm{R}})\\ &=p(t)i(t)-p(t_{\mathrm{L}})i(t_{\mathrm{L}})-p(t_{\mathrm{R}})i(t_{\mathrm{R}})\\ &=p(t)i(t)-p_{\mathrm{L}}i(t_{\mathrm{L}})-p_{R}i(t_{\mathrm{R}})\\ &=p(t)\Delta i(s,t)\end{aligned} \tag{5.26}$$

常用的不纯度方程采用 Gini 指数构建，有

$$\sum_{j=1}^{K}p_j(1-p_j)=1-\sum_{j=1}^{K}p_j^2 \tag{5.27}$$

分裂节点 t 后的不纯度差值 $\Delta I(s,t)$ 最大的分裂就是要获取的分裂方式。

在树的生长过程中，由于计算量的要求，因此分裂不可能一直持续下去，需要一个停止准则。当

$$\max_{s\in S}\Delta I(s,t)<\beta \tag{5.28}$$

成立时，定义一个节点 t 不再分裂。式中，β 是预先设置的阈值。

最后需要确定对每一个叶子节点赋哪种类别。对于每一个叶子节点 $t\in\widetilde{T}$，定义 $\kappa(t)$ 为类别标号，则根据下式确定 $\kappa(t)$，即

$$\kappa(t)=\arg\max_{j}p(j\mid t) \tag{5.29}$$

由于训练样本中可能存在噪声，在 PolSAR 特征中尤其常见，因此单棵决策树会存在过拟合的问题。

(2) 随机森林。

随机森林(random forest, RF) 是一种集成学习方法，包含多个独立的决策树组合以解决单棵决策树易过拟合的问题。随机森林的概念第一次由 Ho[7] 提出，随机森林中有两个随机性：一是训练样本的随机选择[8]；二是特征的随机选择。定义决策树的个数为 N，用于分类的特征数为 F，在建立了随机森林 RF 之后，对于一个测试样本，将测试样本输入到 RF 中的每一棵数中，经过每棵数分类的结果集成，获取最后的投票结果[9]。

(3) 特征加权随机森林。

原始随机森林算法在对所有特征进行采样时采用简单的随机采样方式。那些信息量很小甚至是没有信息量的特征与那些有着很重要信息量的特征有相同的机会被选中。因此,对于小训练样本的情况,原始的随机算法通常表现得非常差。这里提出一种基于特征加权的随机森林(feature weighted random forest,FWRF) 方法。

基于特征权值随机森林方法与原始随机森林方法不同在于采用基于特征权值的特征采样方式。特征的权重则可以通过对每个特征的重要性进行评分而得到。

2. 基于特征加权随机森林方法的分类

基于 ISTD 的非相干目标分解方法(IC－ISTD) 能够更加完整、准确地从极化协方差矩阵中获取极化信息。基于 IC－ISTD 的极化特征提取方法提取的极化特征共有 18 个,如果部分特征具有较少的信息或完全没有信息,那么原始的随机森林分类算法的分类效果会变得很差。例如,对于所谓的“纯目标”,有 $\lambda_1=\text{SPAN}$、$\lambda_2=0$ 和 $\lambda_3=0$,有 12 个与 λ_2 和 λ_3 相关的特征是没有意义的。在含有无用特征的节点上构建起来的分类器和分类集成的效果必然不好。同时,由于 IC－ISTD 分解结果 ISTD_1、ISTD_2 和 ISTD_3 分别由特征值为 λ_1、λ_2 和 λ_3 对应的特征向量导出,因此基于 IC－ISTD 的极化特征提取方法所提取的极化特征 θ_i、γ_i、λ_i、α_i、Nr_i、$\text{Hel}_i(i=1,2,3)$ 具有层次性。由于 $\lambda_1\geqslant\lambda_2\geqslant\lambda_3$,因此 θ_1、γ_1、λ_1、α_1、Nr_1、Hel_1 包含的信息最重要,θ_2、γ_2、λ_2、α_2、Nr_2、Hel_2 次之,θ_3、γ_3、λ_3、α_3、Nr_3、Hel_3 再次之。将基于 IC－ISTD 的极化特征提取方法所提取的极化特征分成三个组:$\text{FV}_{\text{F1}}=\{\lambda_1,\theta_1,\text{Nr}_1,\gamma_1,\text{Hel}_1,\alpha_1\}$、$\text{FV}_{\text{F2}}=\{\lambda_2,\theta_2,\text{Nr}_2,\gamma_2,\text{Hel}_2,\alpha_2\}$ 和 $\text{FV}_{\text{F3}}=\{\lambda_3,\theta_3,\text{Nr}_3,\gamma_3,\text{Hel}_3,\alpha_3\}$,其中 $\text{FV}_{\text{F}i}(i=1,2,3)$ 代表与特征值 λ_i 及其对应特征向量有关的特征集合。则每一个组的重要性可以表示为

$$P_i=\frac{\lambda_i}{\sum_{i=1}^{3}\lambda_i}\tag{5.30}$$

同时,对每一个组,组内的六个特征被认为是权值相同的,在 $\text{FV}_{\text{F}i}(i=1,2,3)$ 中每一个特征的权重共享权值 P_i,因此 $\text{FV}_{\text{F}i}(i=1,2,3)$ 中任意特征的权值定义为 $P_i/6$。

接下来,荷兰 Flevoland 区域的 AIRSAR 图像也被用于分类验证,该组图像非常适合分类研究,实验区域由各种规则的农田构成,具备优异的真实地物图[10]。AIRSAR 图像的 Pauli 分解假彩色图和该区域真实地物图如图 5.4 所示,在该实验区域一共有 15 种地物。

根据真实地物图,对于训练样本,100 像素/类别被选中。

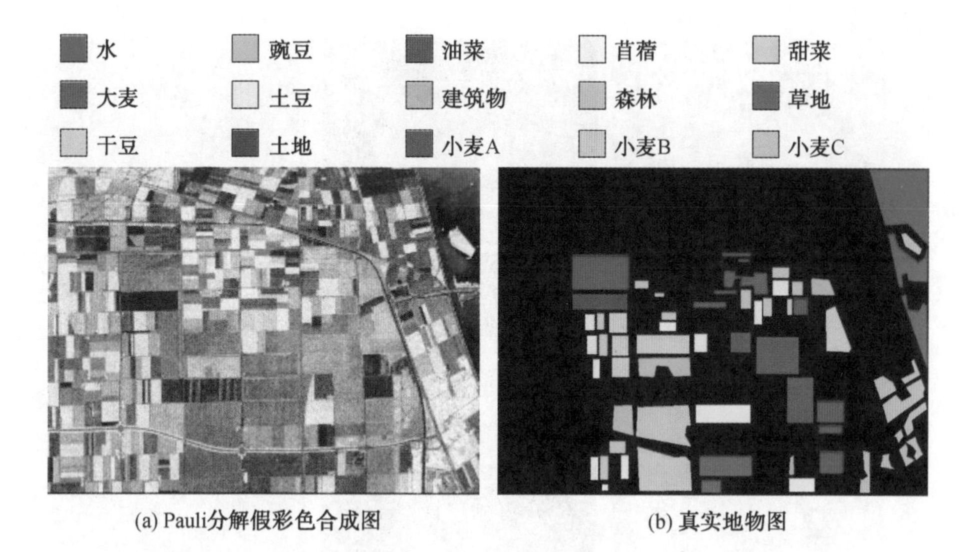

图 5.4　AIRSAR 图像的 Pauli 分解假彩色合成图和该区域真实地物图

首先应用 RF 分类器和 FWRF 分类器，在 AIRSAR 图像上，分类器的树总数设置在 100 棵。对于 RF 分类器，采用 FV_D、FV_E、FV_M、FV_{DEM}和 FV_F 作为特征输入；对于 FWRF 分类器，采用 FV_F 作为特征输入。

基于随机森林的 AIRSAR 图像分类结果如图 5.5 所示。对于 RF 分类结果，单独使用FV_D、FV_E 或FV_M 特征在小麦 A 和小麦 C 区域出现了严重的错分，利用特征集合FV_{DEM}有最佳的分类效果，在小麦 A 和小麦 C 区域比使用单个特征有更好的分类效果，然而 RF+FV_{DEM}在草地和森林区域出现了比较严重的错分。对比 RF+FV_{DEM}分类结果和 FWRF+FV_F 分类结果，从与真实地物的差异图中能看出基于特征加权的随机森林方法在小麦 C 和森林区域具有更佳的分类结果，同时 RF+FV_{DEM}在海洋区域和土地区域错分的现象在 FWRF+FV_F 中也不明显。因此，在所有的分类结果中，FWRF+FV_F 具有最佳的分类结果。

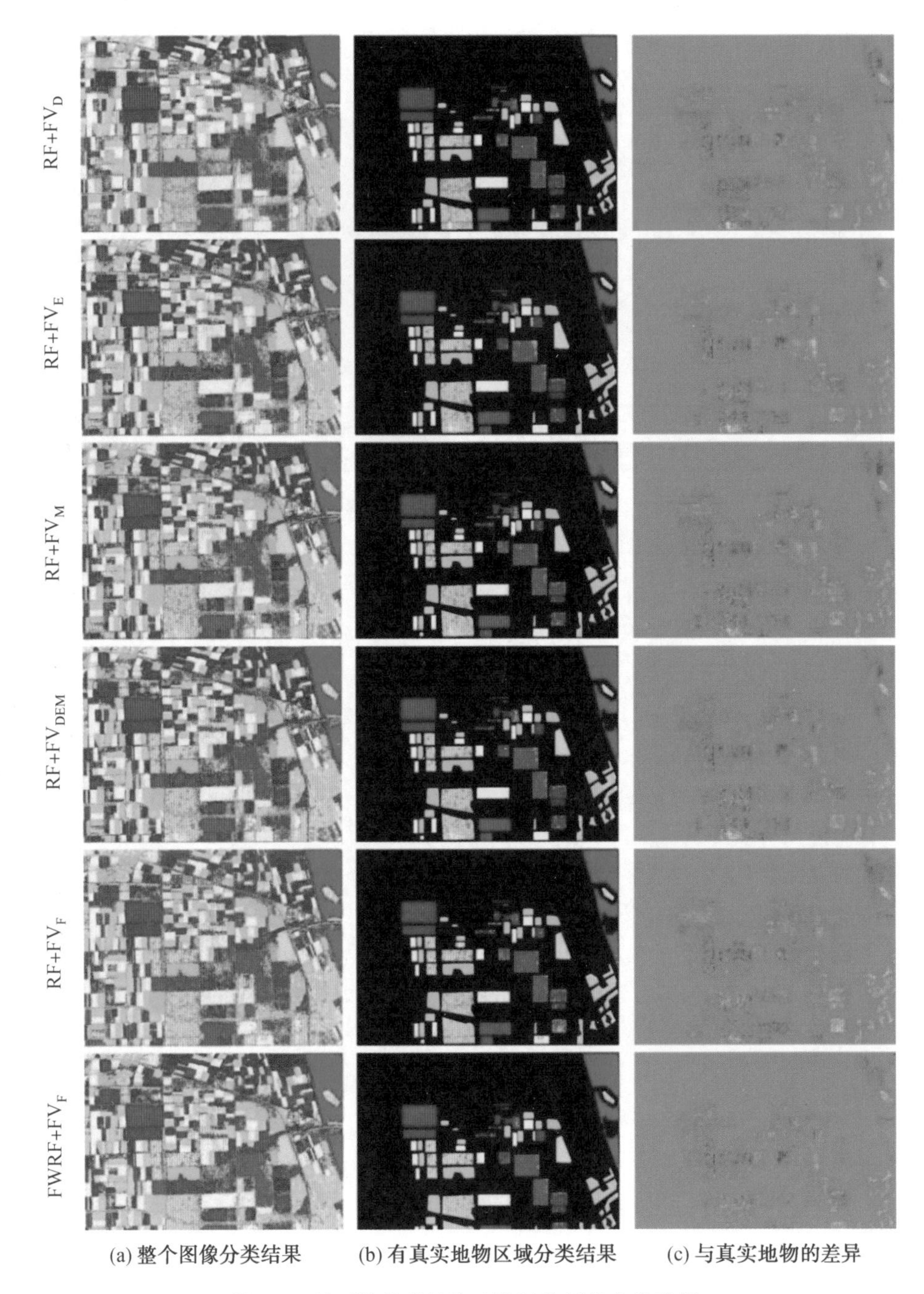

图 5.5 基于随机森林的 AIRSAR 图像分类结果

依旧采用 SVM 分类算法进行比对，图 5.6 所示为基于 SVM 的 AIRSAR 图像分类结果。

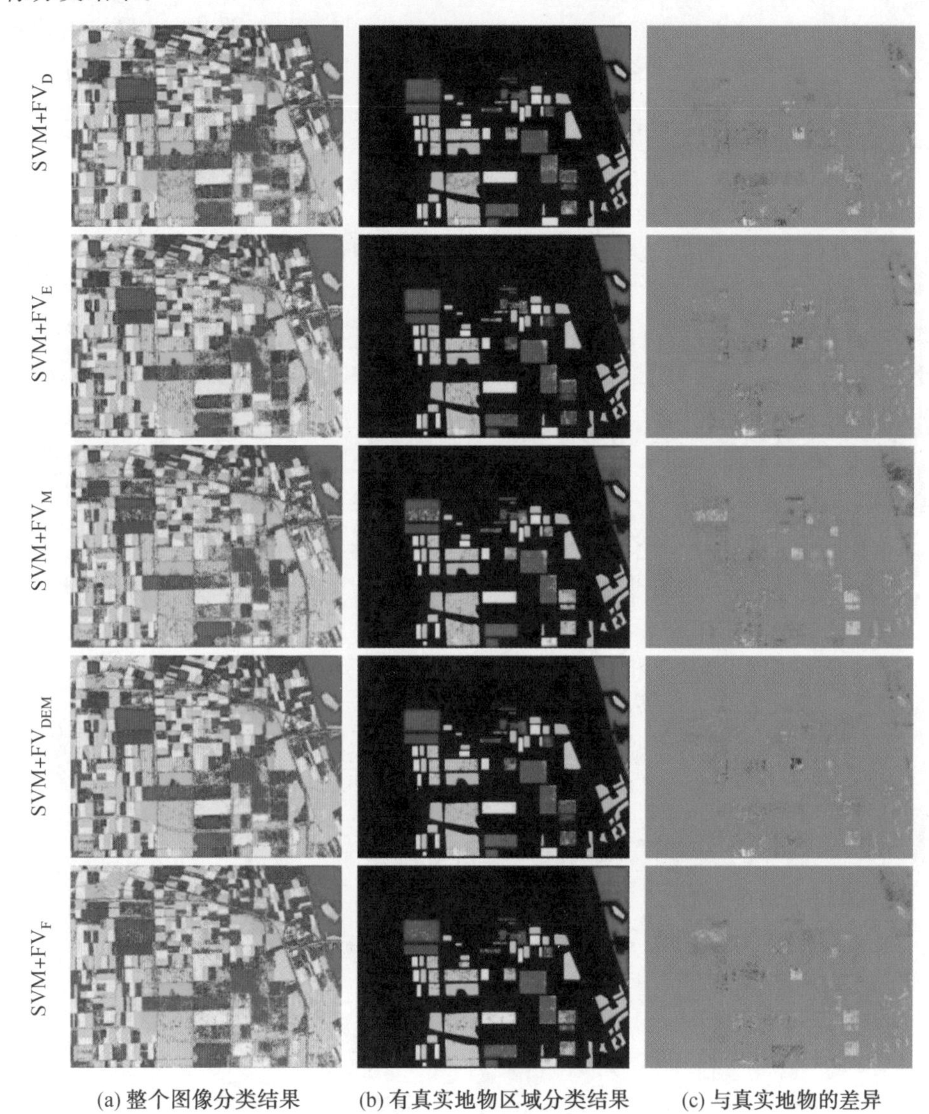

(a) 整个图像分类结果　(b) 有真实地物区域分类结果　(c) 与真实地物的差异

图 5.6　基于 SVM 的 AIRSAR 图像分类结果

如图 5.6 所示，对于 SVM 分类方法，使用FV_M 特征的分类结果在油菜、小麦 A 和小麦 C 出现了非常严重的误分，这是因为这几种农作物经过基于模型的目标分解得到的特征是类似的，不足以区分不同种类的农作物。同样，由于海洋和土地在基于模型的目标分解中表现出相类似的特征，因此使用FV_M 在这些区域的分类表现也非常差。同时，使用FV_D 或FV_E 在小麦 A 和小麦 C 处分类结果也不理想，而使用FV_{DEM}这组特征在小麦 A、小麦 C、草地和海洋处比单独使用任何一组特征分类效果都要好。使用FV_{F} 特征的分类结果在小麦 A、小麦 B、小麦 C、草地、油菜和海洋区域的分类效果都非常差，说明这种基于 IC－ISTD 的特征 FV_{F} 不适用于 SVM 分类器。

5.2.3 基于上下文稀疏表示的极化 SAR 图像分类

1. 上下文稀疏表示分类模型

直接应用基于稀疏表达的分类(sparse representation-based classifier，SRC)进行 PolSAR 图像分类将各个像素的特征矢量单独考虑，忽略了上下文信息。本节将对 SRC 分类器进行进一步改进，通过邻域像素联合进行稀疏表示来建立上下文稀疏表示模型，实现基于特征的上下文稀疏表示 PolSAR 图像分类。根据相关研究成果发现，在遥感图像(自然光学图像也是)中，相邻像素往往属于同一类别。相邻的像素的电磁散射特性及其他特征往往具有较大的相似性。上下文稀疏表示分类模型就是据此提出的，即应该满足如下假设：对于一组空间相邻的测试样本，可以用相同的训练样本进行近似线性表示，但对应的训练样本的权重系数不同，即相邻样本的稀疏表示过完备字典中的原子的支撑集是相同的，不同的仅是权重系数。

根据上述假设，对于相邻的样本，以三个像素为例作图进行说明，其原始的稀疏表示模型和上下文稀疏表示模型分别如图 5.7 和图 5.8 所示。

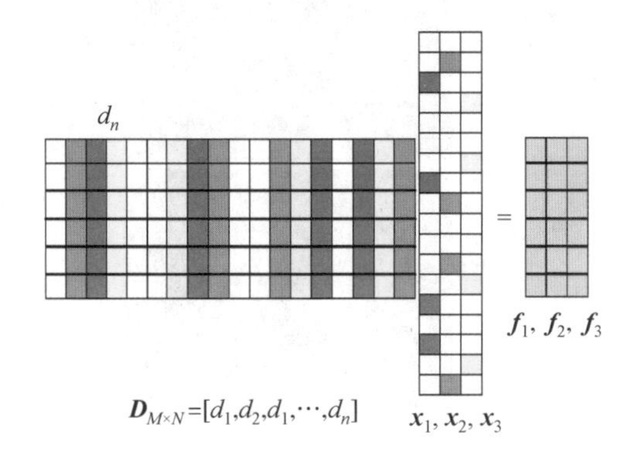

图 5.7 相邻像素原始稀疏表示模型

从图 5.7 中可以看出，在原始的稀疏表示模型中，三个相邻像素 $\boldsymbol{f}_1$、$\boldsymbol{f}_2$ 和 $\boldsymbol{f}_3$ 在稀疏表示的过程中从过完备字典里选择的原子是不相同的，从而得到的系数向量的非零项的位置也是不相同的，它们各自的稀疏表示过程是独立的。而在图 5.8 所示上下文稀疏表示模型中，相邻像素在稀疏表示过程中选择的原子是相同的，从而得到系数向量的非零项的位置是相同的，即系数矩阵的每一列都是

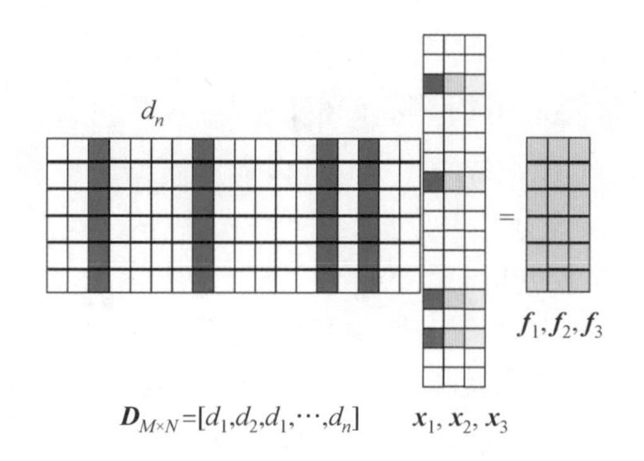

图 5.8　相邻像素上下文稀疏表示模型

相同位置的元素是非零的，这一点与原始稀疏表示得到的系数矩阵不同。从整个系数矩阵来看，就是系数矩阵的特定行的元素是非零的，其他行均为零。下面进行数学模型的分析。

假设空间相邻试验样本 p_i 和 p_j，提取的特征矢量分别为 $\boldsymbol{f}_i$ 和 $\boldsymbol{f}_j$，如果 $\boldsymbol{f}_i$ 可以由过完备字典稀疏表示为

$$\boldsymbol{f}_i=\boldsymbol{D}\boldsymbol{x}_i=\boldsymbol{d}_{\lambda_1}x_{i\lambda_1}+\boldsymbol{d}_{\lambda_2}x_{i\lambda_2}+\cdots+\boldsymbol{d}_{\lambda_N}x_{i\lambda_N} \tag{5.31}$$

式中，$\boldsymbol{D}$ 是 $M\times N$ 的由训练样本的特征矢量组成的过完备字典；$\boldsymbol{x}_i$ 是对 $\boldsymbol{f}_i$ 用过完备字典 $\boldsymbol{D}$ 进行稀疏表示的系数矢量，其中非零系数的下标用集合为 $\Lambda_i=\{\lambda_k\mid x_{i\lambda_k}\neq 0\}\,(k=1,2,\cdots,N)$。

根据上述假设，相邻的像素 p_j 提取的特征矢量 $\boldsymbol{f}_j$ 可以用像素 p_i 相同的原子 $\{d_{\lambda_i}\}_{\lambda_i\in\Lambda_i}$ 但不同系数进行线性表示

$$\boldsymbol{f}_j=\boldsymbol{D}\boldsymbol{x}_j=\boldsymbol{d}_{\lambda_1}x_{j\lambda_1}+\boldsymbol{d}_{\lambda_2}x_{j\lambda_2}+\cdots+\boldsymbol{d}_{\lambda_N}x_{j\lambda_N} \tag{5.32}$$

假设有 u 个空间相邻元素，构建的特征矩阵 $\boldsymbol{\Phi}=[\boldsymbol{f}_1,\boldsymbol{f}_2,\cdots,\boldsymbol{f}_u]$ 可以由过完备字典表示为

$$\begin{aligned}\boldsymbol{\Phi}&=[\boldsymbol{f}_1,\boldsymbol{f}_2,\cdots,\boldsymbol{f}_u]\approx[\boldsymbol{D}\boldsymbol{x}_1,\boldsymbol{D}\boldsymbol{x}_2,\cdots,\boldsymbol{D}\boldsymbol{x}_u]\\&=\boldsymbol{D}[\boldsymbol{x}_1,\boldsymbol{x}_2,\cdots,\boldsymbol{x}_u]=\boldsymbol{D}\boldsymbol{X}\end{aligned} \tag{5.33}$$

式中，系数向量 $\{\boldsymbol{x}_i\}$ $(i=1,2,\cdots,u)$ 中非零项有相同的底标 $\Lambda_i=\{\lambda_k\mid x_{i\lambda_k}\neq 0\}\,(k=1,2,\cdots,N)$，因此它们形成的矩阵 $\boldsymbol{X}$ 具有 K 个非零行。

因此，上下文稀疏表示模型可以表示为

$$\boldsymbol{X}^*=\operatorname{argmin}\ \|\boldsymbol{X}\|_{行,0}\ \text{subject to}\ \boldsymbol{D}\boldsymbol{X}=\boldsymbol{\Phi} \tag{5.34}$$

式中，$\|\boldsymbol{X}\|_{行,0}$ 代表矩阵中非零行的个数。

在实际应用中考虑到误差 ξ，可以将式(5.34)转化为

$$\boldsymbol{X}^*=\operatorname{argmin}\ \|\boldsymbol{X}\|_{行,0}\ \text{subject to}\ \|\boldsymbol{D}\boldsymbol{X}-\boldsymbol{\Phi}\|_F\leqslant\xi \tag{5.35}$$

式中，$\|\cdot\|_F$ 为 Frobenius 范数。

也可以以稀疏度作为松弛条件，将式(5.35)转化为

$$X^{*}=\arg\min \|DX-\Phi\|_{F} \text{ subject to } \|X\|_{行,0}\leqslant K \tag{5.36}$$

2. 基于上下文稀疏表示的 PolSAR 图像分类

采用 Foulum 地区 EMISAR 实验数据，利用极化特征和纹理特征信息对基于 SVM 的 PolSAR 图像分类进行实验并与稀疏表示分类(SRC)、上下文稀疏表示分类(CSRC)进行比较分析[11]。

图 5.9(a)中 CSRC 与图 5.9(b)中 SRC 和图 5.9(c)中 SVM 相比，对地物有较好的区分性。SVM 虽然能够对地物进行分类，但是存在较多的错分和混分，尤其是农田存在较多噪点，而森林与城市的分类清晰度远不如 CSRC 和 SRC。在分类效率方面，基于 Foulum 地区 EMISAR 数据的 CSRC 的程序耗时为 41 s，而 SRC 的程序耗时为 1 154 s。因此，基于上下文稀疏表示的 PolSAR 图像分类的效率也大大提高。这是因为结合上下文信息的稀疏表示在分类过程中，相邻像素的稀疏表示过程是同时进行的；而在稀疏表示的分类过程中，稀疏表示是基于单个像素进行的。因此，基于上下文信息的稀疏表示 PolSAR 图像分类不仅利用了上下文信息提高了分类精度，而且大幅提高了分类效率。总之，结合上下文的稀疏表示分类器的分类精度高于基于单个像素的稀疏表示分类器，同时分类效率大大提高，分类时间缩短。而基于单个像素的稀疏表示分类器能够取得比支持向量机更好的分类精度，但是由于对单个像素逐一进行稀疏重构耗时较多，因此效率降低。

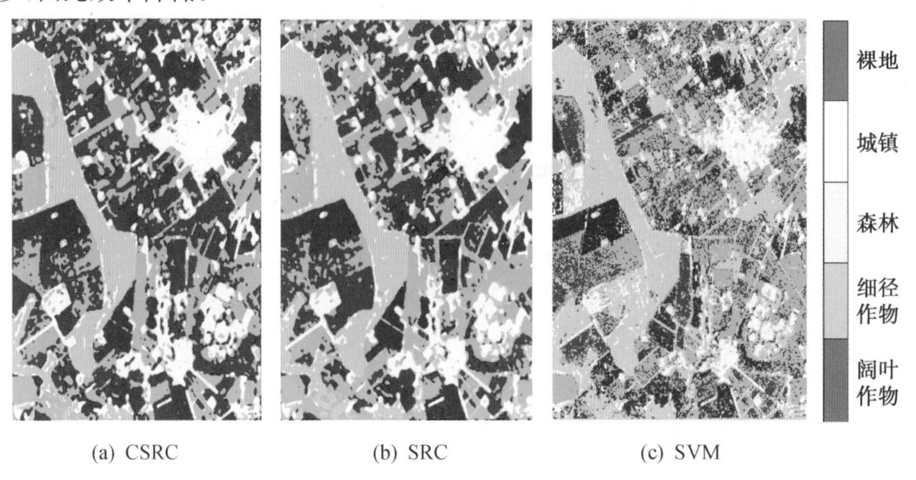

图 5.9 Foulum 地区 EMISAR 实验数据的 CSRC、SRC、SVM 分类结果对比

5.2.4 基于金字塔变换的极化 SAR 图像分类

1. 整体分类框架

根据土地覆盖在多分辨率 PolSAR 图像中的性质，首先利用低分辨率图像

对大部分背景进行粗分类，再利用高分辨率图像更精细地对低分辨率图像分类结果中的混合像素进行分类。基于 PolSAR 图像金字塔变换的分类框架如图 5.10所示。

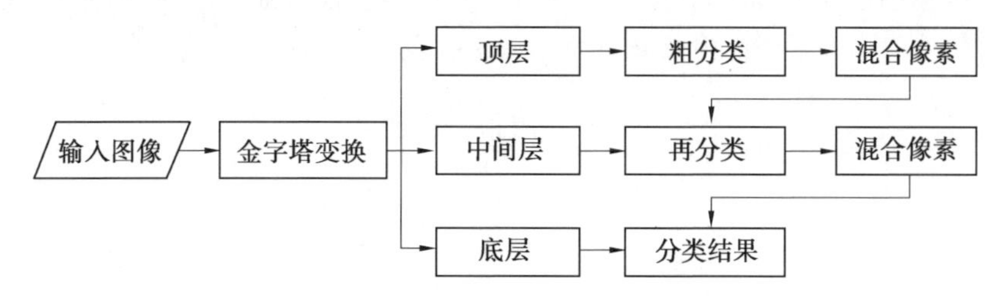

图 5.10　基于 PolSAR 图像金字塔变换的分类框架

图像金字塔变换最初应用在实数形式的可见光图像中，然而 PolSAR 图像是复数矩阵。因此，需要将金字塔变换改进为适用于 PolSAR 图像的形式。由于普遍认为 PolSAR 图像的噪声是乘性的，因此平滑滤波部分应该改为 PolSAR 图像的复高斯滤波、Lee 滤波等。在下采样过程中，只能够选取某一个原始图像的像素作为下采样结果，不能用四个像素的平均值，这是因为[C]矩阵和[T]矩阵的任何目标分解算法都不满足叠加性，即

$$f([T_1]+[T_2])\neq f([T_1])+f([T_2]) \tag{5.38}$$

式中，$f(\cdot)$代表目标分解算法。只有一些相干分解方法满足叠加性，但是相干分解方法不适用于土地覆盖分类。

此外，只希望通过金字塔变换得到不同分辨率的图像和每层金字塔像素之间的对应关系，并不需要从低分辨率图像复原出上一层图像，所以插值获取差分图像的步骤可以省略。PolSAR 金字塔的构造就可以表示为图 5.11 所示的 PolSAR 图像金字塔变换流程。

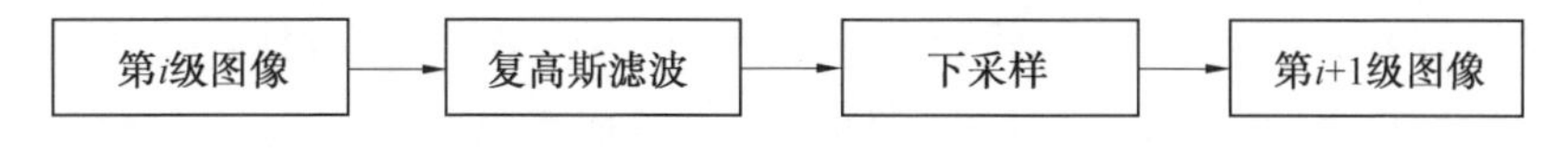

图 5.11　PolSAR 图像金字塔变换流程

对于一幅输入图像，金字塔变换后，先利用顶层图像分类，产生粗分类结果。随着分辨率的降低，在粗分类结果中一定存在不能准确分类的像素，称为混合像素，通过层与层之间的关系，找到混合像素在下一层图像的对应位置，再重新分类。依此类推，直到对原始图像处理完成。其中，粗分类和再分类用的是同样的分类方法。

变分辨率的分类框架可以解决大数据量的图像分类的困难，但是由于类别的增多，因此需要选择鲁棒性强、分类精度较高的分类器与该分类框架结合。本节选择 SVM 分类方法与金字塔分类框架相结合，用来验证基于金字塔变换分类

框架的有效性。

2. 基于金字塔变换的 SVM 分类方法

基于金字塔变换的 SVM 分类(SVM－PY)方法流程如图 5.12 所示,包括多分辨率图像 SVM 训练过程及基于金字塔变换的 SVM 分类过程。

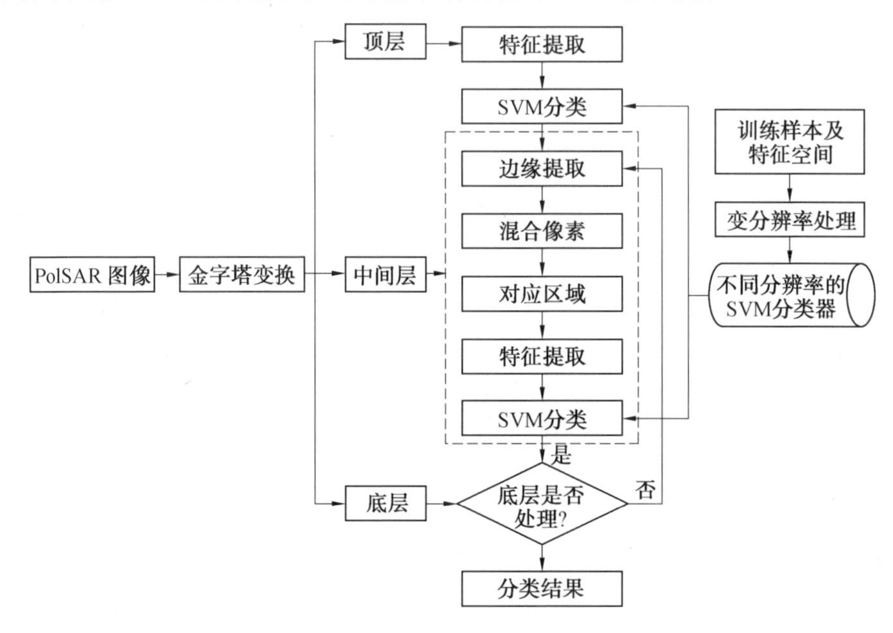

图 5.12 SVM－PY 方法流程

SVM 分类是基于像素的监督分类方法,SVM 分类方法的分类结果都是确定的,因此混合像素由类别边界的像素构成。监督分类首先需要训练分类器,训练样本通过目视解译从原始图像中做标记。在基于金字塔变换的分类方法中,每一层分类都需要训练出当前分辨率下的分类器,所以需要将训练样本的标记图像同样进行变分辨率处理,与每一层的分类器训练相匹配。首先对原始图像、样本标记图像及特征空间进行金字塔变换,对顶层分类器训练并分类,找到边界混合像素在下一层的对应区域,重新训练分类器并分类,直到底层的像素完成分类[12]。

(1)EMISAR 图像分类结果分析。

图 5.13 所示为 EMISAR 样本标记图像,图 5.14 所示为 EMISAR 图像 SVM 和不同层数 SVM－PY 分类结果,0 层代表没有利用金字塔变换进行分类得到的结果,后面为不同层数的 SVM－PY 分类结果[13]。

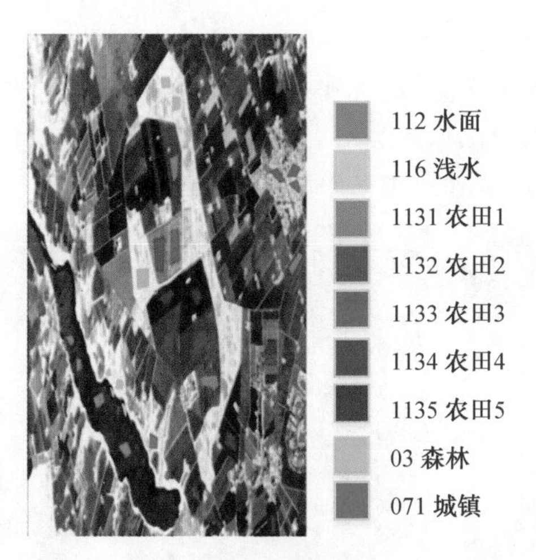

图 5.13　EMISAR 样本标记图像

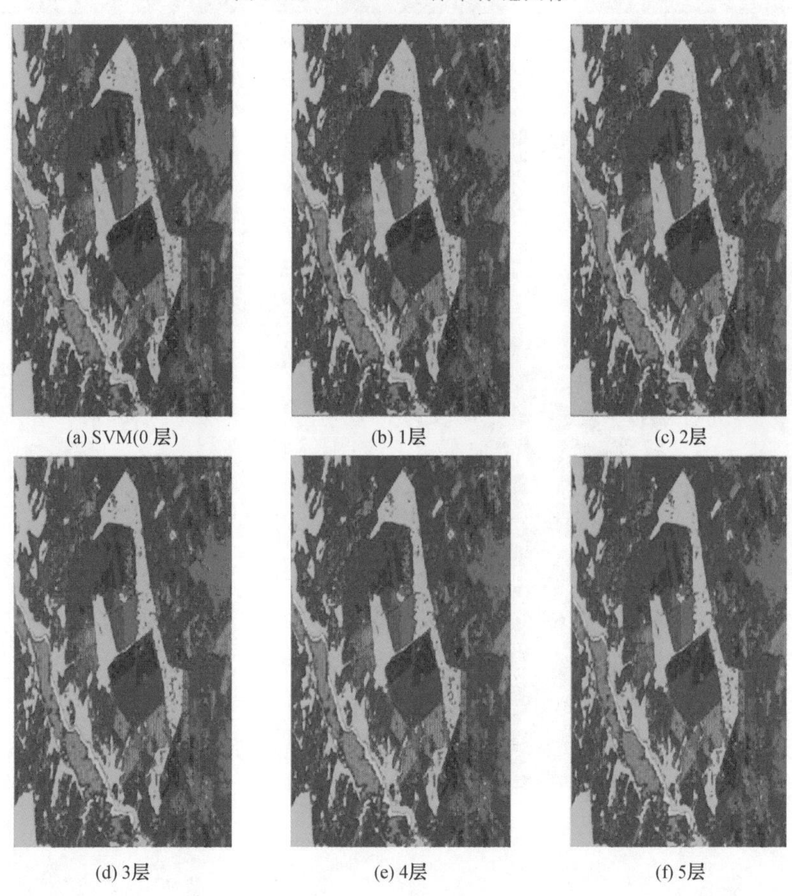

图 5.14　EMISAR 图像 SVM 和不同层数的 SVM－PY 分类结果

观察图 5.14 中的分类结果，可以看出随着金字塔变换层数的增加，大面积均匀地物中的错分点越来越少，完整性增强，右上角红色的建筑物区域尤为明显。EMISAR 图像城镇区域分类结果如图 5.15 所示，在城镇区域中，SVM－PY 分类结果中的散点比 SVM 分类结果中的散点少很多。

(a) Pauli 分解图

(b) SVM 分类结果

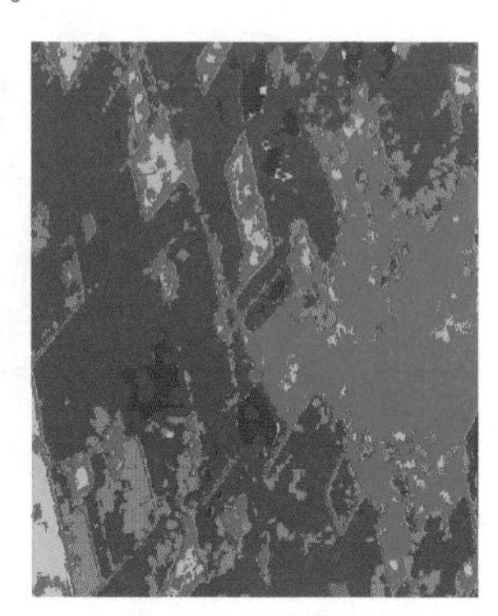

(c) 5层SVM-PY分类结果

图 5.15　EMISAR 图像城镇区域分类结果

(2)E－SAR 图像分类结果分析。

E－SAR 样本标记图像如图 5.16 所示。E－SAR 图像 SVM 和不同层数的 SVM－PY 分类结果如图 5.17 所示。从分类结果中发现，金字塔层数小于 4 时，分类效果逐步提升，但是 5 层 SVM－PY 的分类结果明显是错误的，并没有像 EMISAR 图像一样随着金字塔层数的增加，分类结果趋于稳定。

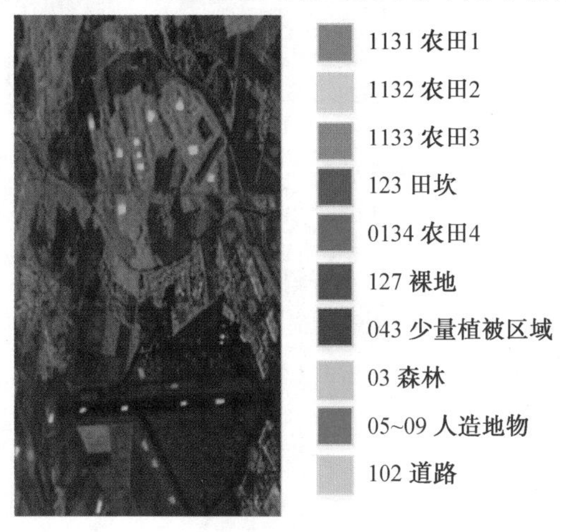

图 5.16　E－SAR 样本标记图像

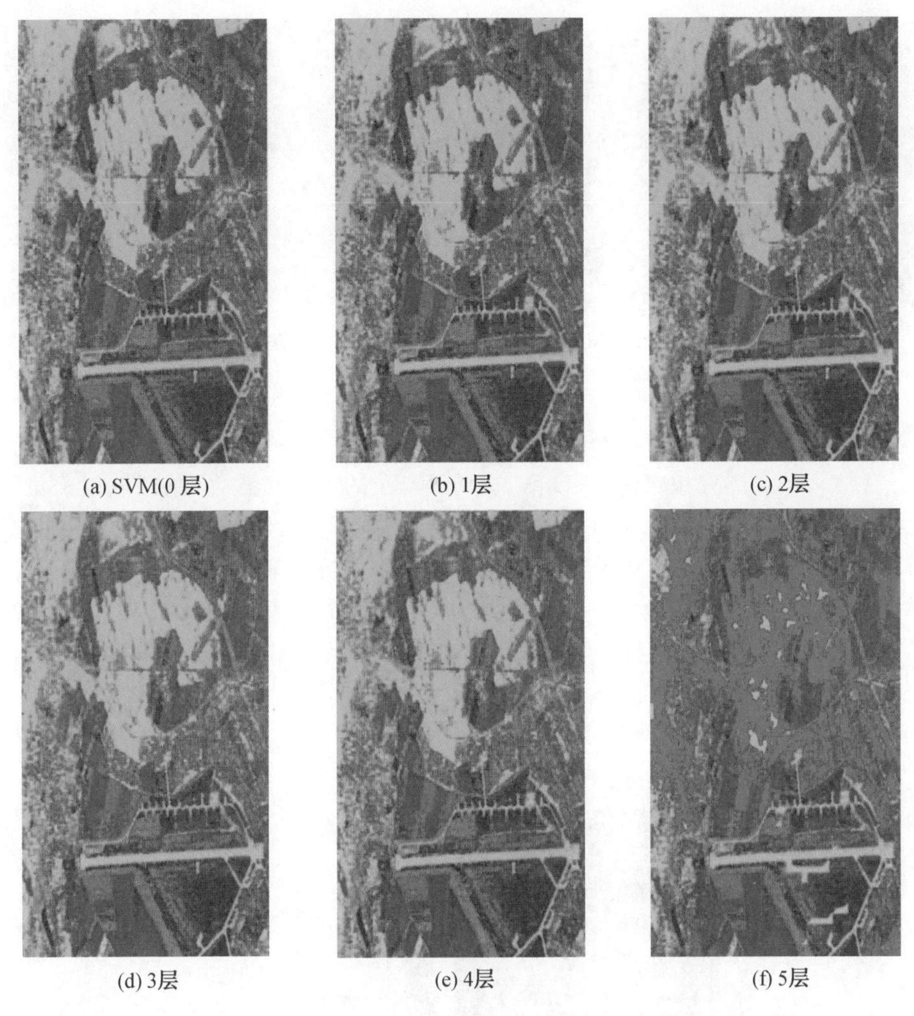

图 5.17　E－SAR 图像 SVM 和不同层数的 SVM－PY 分类结果

图 5.18 所示为 E－SAR 图像局部分类结果，包括森林部分建筑及四种农田。可以看出，4 层 SVM－PY 的分类结果在森林和农田区域都比 SVM 分类结果效果更好，然而 5 层的 SVM－PY 分类结果中出现了明显的错分。

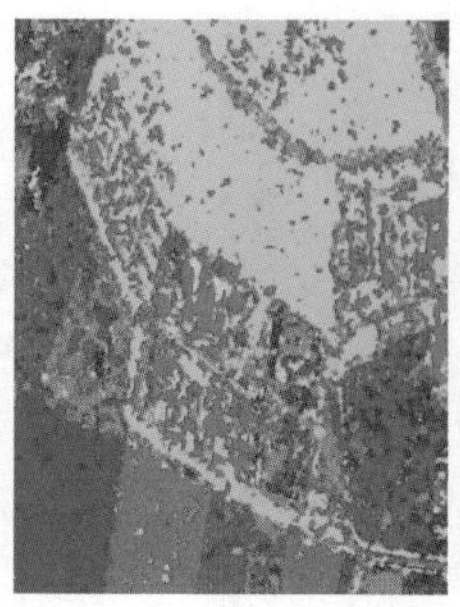
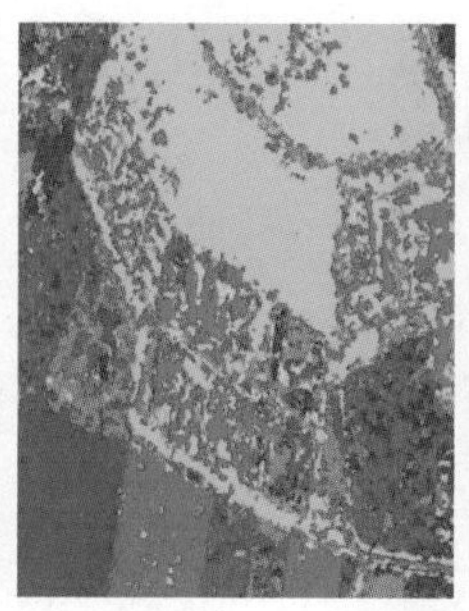
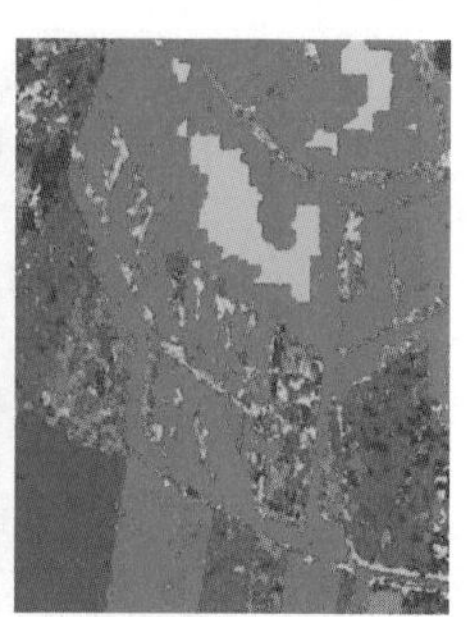

(a) Pauli 分解图　(b) SVM 分类结果　(c) 4层SVM-PY结果　(d) 5层SVM-PY结果

图 5.18　E-SAR 图像局部分类结果

(3)UAVSAR 图像实验结果。

UAVSAR 图像包含海洋、浅滩、机场等复杂的土地覆盖，实验区域位于美国 Haward 地区。UAVSAR 样本标记图像如图 5.19 所示，包含十种地物。UAVSAR 图像 SVM 和不同层数 SVM-PY 分类结果如图 5.20 所示。从分类结果中可以看出，随着金字塔层数的增加，均匀区域中散点越来越少。图 5.21 所示为 UAVSAR 图像港口分类结果，其中包括堤坝和船只。从图中可以看出，4 层 SVM-PY 的分类结果中，船只更多地被分到了人工地物，而 SVM 的分类结果中许多船只被分到了森林类别。可见，基于金字塔变换的分类方法不仅提高了均匀地物的分类效果，还提高了目标的分类效果。

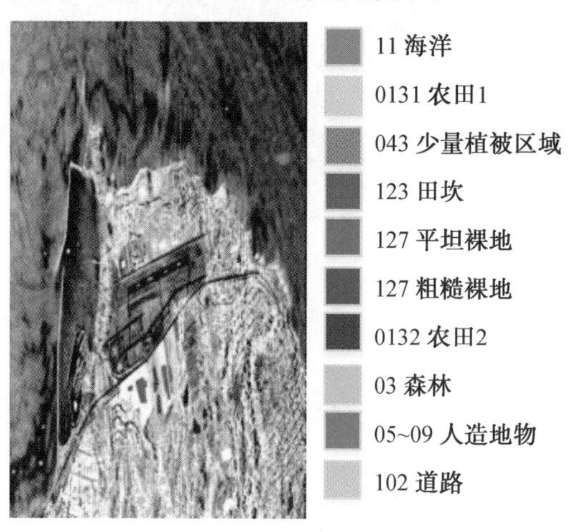

图 5.19　UAVSAR 样本标记图像

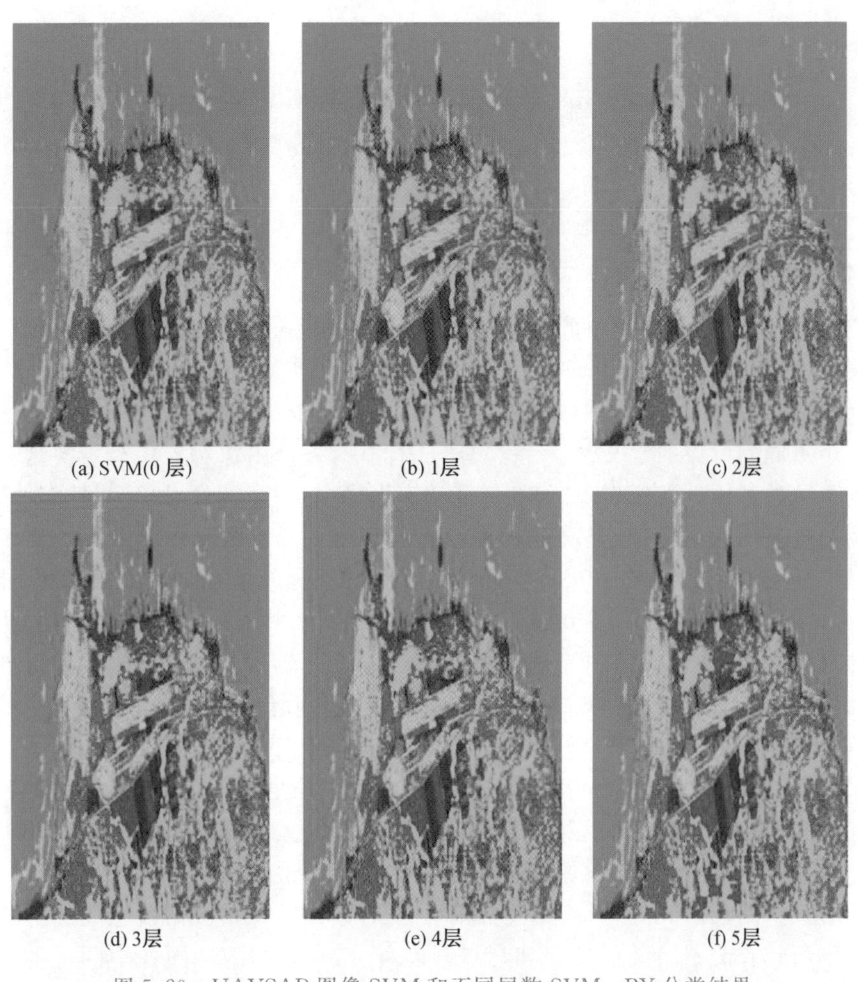

(a) SVM(0 层)　(b) 1层　(c) 2层

(d) 3层　(e) 4层　(f) 5层

图 5.20　UAVSAR 图像 SVM 和不同层数 SVM－PY 分类结果

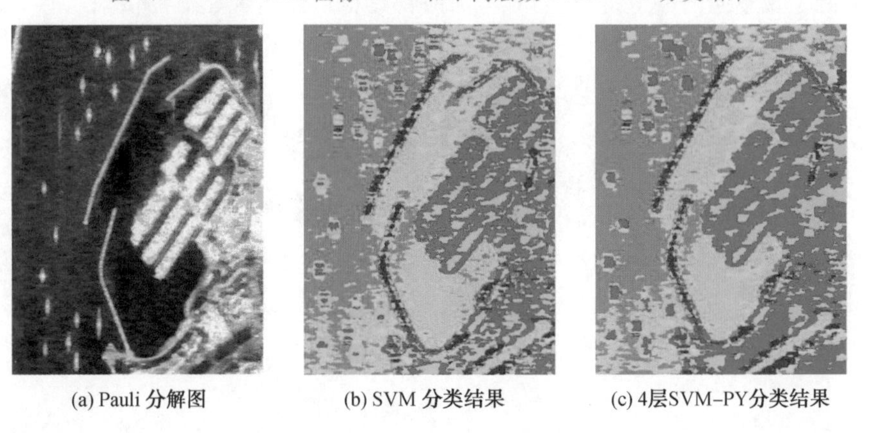

(a) Pauli 分解图　(b) SVM 分类结果　(c) 4层SVM-PY分类结果

图 5.21　UAVSAR 图像港口分类结果

5.3 面向对象的极化 SAR 图像分类

5.3.1 极化 SAR 图像对象的定义

几十年来，面向对象的图像处理领域还没有对图像对象统一的定义。Hay 等定义对象为图像中单个的、可分的实体，可理解为强度等信息类似的图像像素的集合体[14]。2001 年，Mauro 针对光学遥感图像定义图像对象是结合光谱、几何、纹理和拓扑等特征的同质均一单元[15]。Wookcock 针对不同分辨率的图像给出了不同的对象的定义[16]。在高分辨图像中，一个图像对象相当于实地几个类别斑块的整体可视化表现；而在低分辨率图像中，一个图像对象则是实地多个地物类别斑块的集合体，是高分辨图像对象的进一步整合。Blaschke[17] 对遥感图像中面向对象的处理方法进行了总结，提出遥感领域面向对象的图像处理(geographic object-based image analysis, GEOBIA)概念。大量研究表明，为便于计算机中的存储和运算，普遍认为图像对象可视为基于图像分割算法得到的图像块。极化 SAR 图像对象是具有空间特征的像素有机集合体，包含丰富的属性信息，属于合并对象。

图 5.22 所示为飞机目标切片，不同于光学遥感图像中较为完整的地物目标描述，SAR 图像中所固有的相干斑噪声使图像中的飞机等地物目标存在“断裂”现象。此外，与光学遥感图像相比，PolSAR 图像中的对象除具有散射强度、纹理、几何、空间及语义等特征外，还具有丰富的极化信息。极化信息能够描述不同地物所具有的不同散射过程和特点。随着分辨率的提高，图像中同一地物类型可能呈现不同的散射特征，同时不同地物目标可能呈现相似的散射特性，即图像中存在明显的“同物异质”和“同质异物”现象。

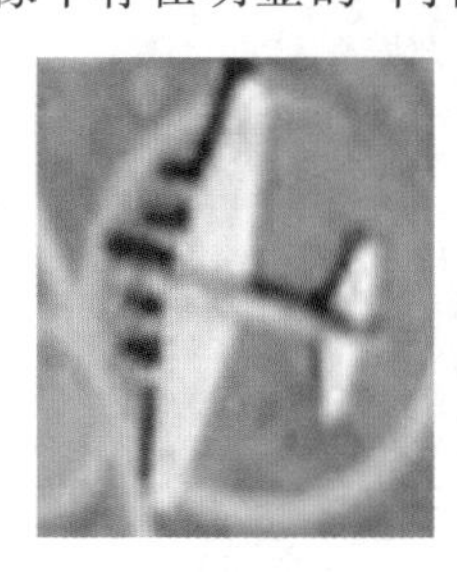
(a) 光学遥感图像

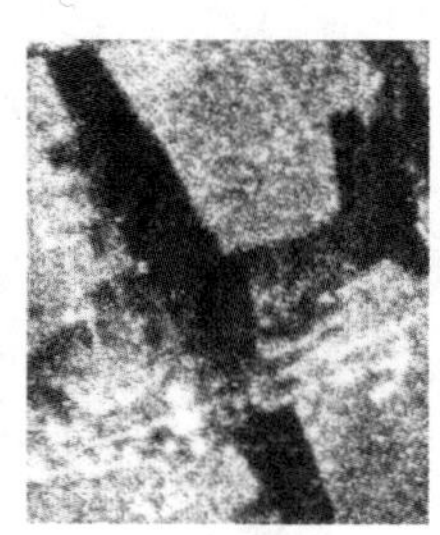
(b) SAR图像切片1

(c) SAR图像切片2

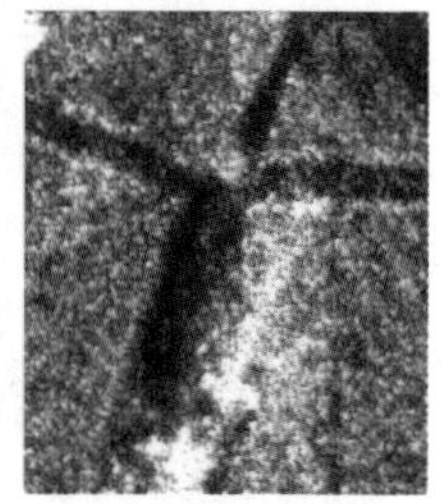
(d) SAR图像切片3

图 5.22 飞机目标切片

因此，本节将 PolSAR 图像对象定义为具有相同或相似的极化、强度、纹理、

空间及语义等特征的图像块。这些图像块由对 PolSAR 图像进行分割得到，具有一定的几何特征，一个图像块可能对应一个真实的地物类型，也可能是一个地物目标有机结构的一部分。经过后续对象级的图像特征提取、分割、分类或目标检测等算法，得到最终的 PolSAR 图像面向对象的解译结果。

5.3.2　极化 SAR 图像对象的构建

1.基于超像素分割的 PolSAR 对象构建

对象的构建是后续面向对象图像解译的基础，对象的准确度对面向对象图像处理的效率和精度有着重要的影响。通常，对象的构建由对图像中地物的分割实现，因此图像分割技术是面向对象图像处理的关键。通过对图像的分割，可以获得表征不同地物属性的图像块，这些图像块与实际地物类型或有机组成相对应，是对象级图像信息提取的基本单元。利用图像分割算法生成高精度的图像对象及建立有效的面向对象处理流程在面向对象处理中具有重要的意义。

图像的分割过程主要是基于图像像素或小图像块的特征提取和分析，依据一定的合并或分裂准则，将图像划分为若干个具有较高类内同质性和类间异质性的图像块。这些由图像分割获取的像素集合间互不相交，且每个子集合是内部连通且非空的，同一集合内包含的像素具有相似或相同的散射强度、极化信息及空间纹理等特征。基于分割算法的图像对象构建是面向对象处理技术的基础，是对象多维特征提取和应用的前提。

基于集合论的图像分割过程的定义可以表示为[18]假设 I 表示整个图像像素的集合，则对图像 I 的分割可以看作将集合 I 划分为 n 个非空子集 $R_1, R_2, \cdots, R_n$ 的过程，这些非空子集对应图像中的子区域，且具备以下几个性质：

(1) $\bigcup_{i=1}^{n} R_i = I$；

(2)对于 $\forall i=1, 2, \cdots, n$，集合 R_i 是一个连通域；

(3) $R_i \cap R_j = \varnothing,\ i \neq j$；

(4) $\forall i=1, 2, \cdots, n, P(R_i) = \text{TRUE}$；

(5) $P(R_i \cup R_j) = \text{FALSE}, i \neq j$。

其中，$P(R_i)$ 是定义在集合 R 上的逻辑谓词，是对子集 $R_1, R_2, \cdots, R_n$ 性质的描述；$\varnothing$ 表示空集。

(1)表示图像经过分割后，图像中的每个像素都属于某个子区域类别，这些子区域可以构成整幅图像；(2)表示分割得到的子区域内部的像素间是连通的；(3)表示子区域之间没有重叠部分，是互不相交的；(4)表示同一子区域内的像素具有某些相似或相同的特征；(5)表示不同子区域的像素间存在一些不同的属性。

目前，对于 PolSAR 图像，从分割结果上可将常用的图像分割方法划分为三个类别，包括常规分割算法、超像素分割和多尺度分割方法。图像常规分割实现的基本原理是将空间相邻且具有相似或相同属性的像素划分为同一图像块，特征差异较大的像素划分为不同区域，得到的图像块没有固定的空间尺寸或几何形态，可在一定程度上反映实际地物的空间属性。超像素分割方法与常规分割方法的原理相似，主要是根据像素间的同质和异质性划分图像块，不同之处是超像素分割过程中通过限制图像块的尺寸、形状和边缘平滑度等，得到大小相近或形态相似的图像对象，此时图像块不能有效体现实际地物的尺度信息，但常常对目标边缘具有更好的保持效果。多尺度分割方法即层次分割方法，其基本原理是通过自底向上或自顶向下的顺序对图像进行不同尺度下的分割，并将各尺度的分割结果进行整合，得到不同地物类型的最优分割尺度。

在高分辨率 PolSAR 图像中，相邻像素很有可能属于同一种地物，因此这些像素中含有的信息基本相似，如果对这些像素单独处理，则会造成信息冗余。采用超像素分割，将局部相邻的属于同一种地物的某些像素看作一个整体，可以改善信息冗余的问题。在高分辨率图像中，数据量很大，像素数有成千上万个，经过超像素分割，后续就变为对几百个超像素进行处理。因此，超像素分割对于图像的后续处理是很重要的，现在很多图像研究都将超像素分割作为预处理步骤。超像素分割方法通过在图像处理过程中限制分割块的面积，得到尺寸相近的图像块。图像块在区分不同地物的同时，在一定程度上保持 PolSAR 图像数据的统计特性。

分水岭分割算法常用来生成超像素，其输入是梯度图。分水岭分割算法的原理是：每个积水盆地都有唯一的极小值点，将该点刺穿，然后将模型浸入水中，那么极小值最小的积水盆地最先有水进入，然后所有的积水盆地都将有水进入，随着水位的逐渐升高，为避免不同积水盆中水的连通，在分界处筑起分水岭，阻断两边水位的蔓延。当水浸入完全之后，任意两个积水盆地都被隔开，每个积水盆地将会成为独立的一部分，不与其他积水盆地相连通。

为改善极化 SAR 图像中相干斑噪声严重的问题，采用测地学腐蚀对梯度图像进行处理，采用 F－Watershed 算法对腐蚀前后的梯度进行超像素分割[19]，EMISAR 图像梯度测地学腐蚀前后的超像素分割结果对比如图 5.23 所示。从实验结果中可看出，梯度图像经过测地学腐蚀后的超像素个数减少，水域是大面积的均匀地物。整体而言，超像素的边缘贴合度变好。

然而，超像素分割方法需要图像的先验信息，获取难度较大。因此，后文采用适用性更强的自使用均值漂移算法进行 PolSAR 对象构建。

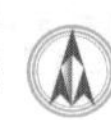

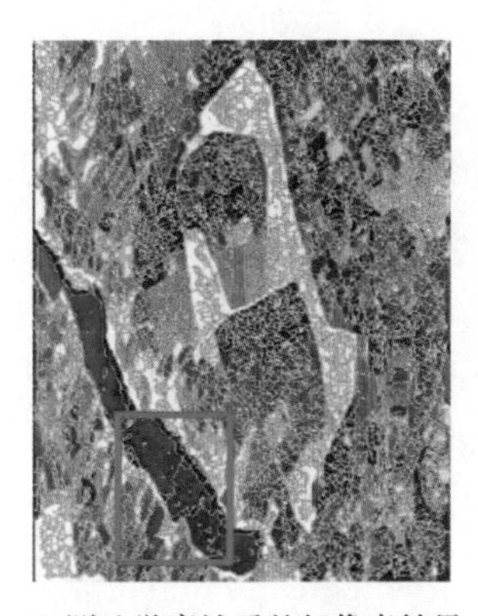

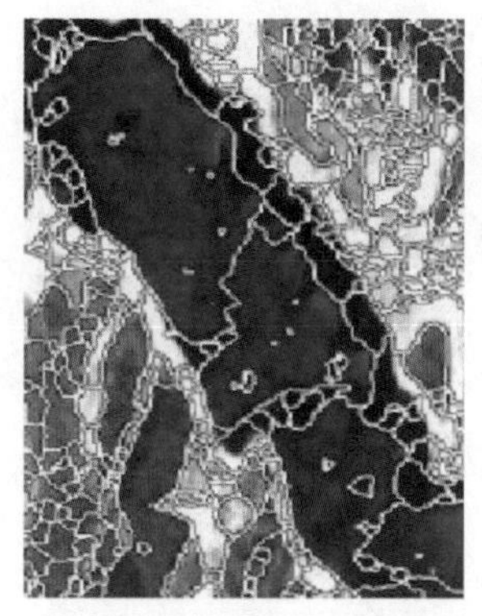

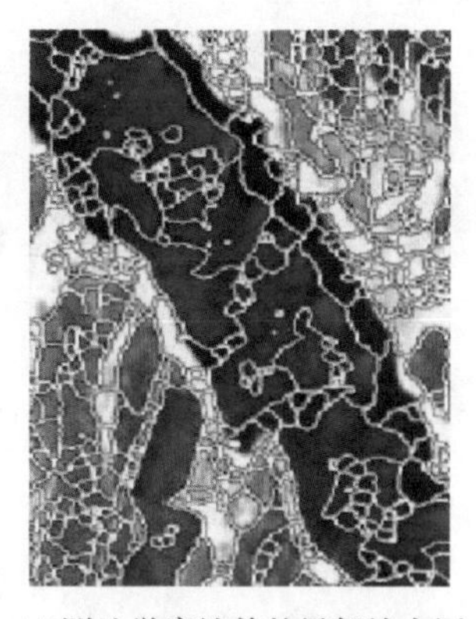

(a) 测地学腐蚀后的超像素结果 (b) 测地学腐蚀后的局部放大图 (c) 测地学腐蚀前的局部放大图

图 5.23　EMISAR 图像梯度测地学腐蚀前后的超像素分割结果对比

2. 基于自适应均值漂移算法的 PolSAR 对象构建

在 PolSAR 图像分割过程中，对象的空间尺度主要由分割算法中的尺度参数进行确定。均值漂移算法无须图像的先验信息，可以通过空间带宽参数控制图像分析的窗口范围，能够更为直观地表征和确定对象构建的空间尺度。因此，本节基于均值漂移算法，研究基于图像极化和统计特性的自适应空间带宽参数选择方法，构建最优空间尺度下的图像对象。

由于 PolSAR 图像中通常包含多种地物类型，这些地物具有不同的空间结构和尺度信息，因此选择合适的空间分析尺度是面向对象的图像解译技术的关键。基于人工的尺度参数选择方法通常烦琐且难以选择最优的空间尺度，因此需要发展一种适用于 PolSAR 图像的自适应的对象空间尺度选择方法。本节基于上述分析，结合 PolSAR 图像的极化散射特性，利用图像的半方差统计模型，自适应地选择最优的空间分析尺度，即得到 Mean Shift 算法中最优的空间带宽参数，实现 PolSAR 图像的分割，构建高精度的图像对象。

(1)PolSAR 图像散射模型分析。

由于空间尺寸、纹理结构及材料属性等特征的差异，因此不同的地物类型通常具有不同的极化散射特性。在 PolSAR 图像中，常见的散射机制有三种：Bragg 表面散射(奇次散射)、偶次散射和体散射(图 5.24)。

在 PolSAR 图像中，数据的极化散射矩阵可分解为几种散射机制对应散射矩阵的和，若 P_{Suf}、P_{Dbl} 和 P_{Vol} 分别表征 PolSAR 图像表面散射、偶次散射和体散射的能量，则相应的图像总能量分解可表示为几种散射机理能量的和，即

$$\mathrm{SPAN} = P_{\mathrm{Suf}} + P_{\mathrm{Dbl}} + P_{\mathrm{Vol}} \tag{5.39}$$

同时，经过极化目标分解，通过对地物极化散射中三种散射机制能量的对比和分析，可以计算得到每种地物的主导散射机制 dpm_i，即

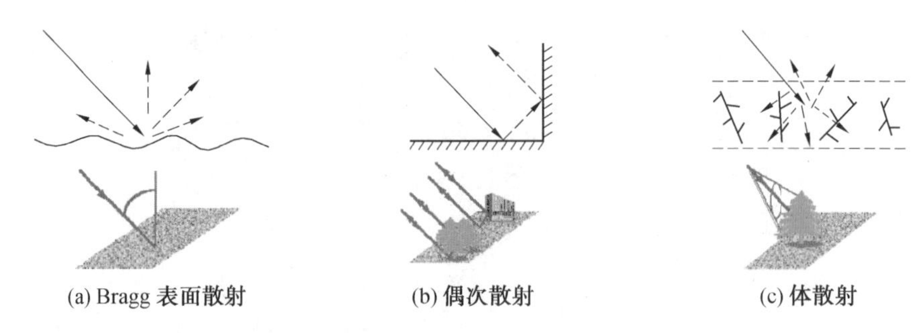

图 5.24　PolSAR 图像中地物的极化散射机制

$$\mathrm{dpm}_i = \max(P_{\mathrm{Suf}_i}, P_{\mathrm{Dbl}_i}, P_{\mathrm{Vol}_i}) \tag{5.40}$$

基于每种地物主导散射机制 dpm_i 的分析，通过分析全图中所包含地物的主导散射机制，即统计和比较全图中以相应散射机制为主导的地物总量，可以计算得到相应 PolSAR 图像中的主导散射地物类型，即可变形的组件模型(DPM)，其计算公式为

$$\mathrm{DPM} = \max\left\{ \sum_{i=1}^{n} (\mathrm{dpm}_i = \mathrm{Suf}),\ \sum_{i=1}^{n} (\mathrm{dpm}_i = \mathrm{Dbl}),\ \sum_{i=1}^{n} (\mathrm{dpm}_i = \mathrm{Vol}) \right\} \tag{5.41}$$

通过分析和计算 PolSAR 图像中的主导散射机制 DPM，可以分析得到图像中的主导空间结构和纹理特性。如图 5.24 所示，若 PolSAR 图像中的主导散射机制是奇次散射，则图像中的主要地物类型为粗糙地面，如农田、道路等；当偶次散射为主导散射机制时，图像中地物的主要组成部分为二面角结构，如具有规则几何结构的建筑物等人造目标；体散射模型描述了随机取向的类圆柱体散射体云的散射特性，如森林冠层等地物。基于对图像中的主导空间结构和纹理特性等的分析，可以计算得到图像的最优空间带宽参数。

(2)PolSAR 图像半方差统计分析。

对象空间尺度参数的自适应选择主要可以分为两个方向：第一个方向是选择地物中尺寸最小的类别对应的空间尺度作为对象的分析尺度，这种方法需要图像的先验知识，而且所选择的空间尺度不一定适用于所有的地物类别；第二个方向则是为不同的地物类型选择相应最优的空间尺度，即多尺度的图像分析方法，但不同地物的最优分析尺度通常需要在图像分割后进行选择，难以在图像分割之前计算得到，因此计算量较大且依赖图像分割的精度。本节采用基于图像半方差统计特性的对象空间尺度选择方法，无须地物的先验信息，可以在图像分割前自适应地选择最优的地物空间分析尺度，构建高精度的图像对象。

在一定空间范围内，图像像素间存在较强的空间联系，随着空间距离的增加，像素间的空间联系随之减弱。因此，通过分析图像像素灰度的变化，可以得

到最优的地物空间尺度描述。半方差统计特性能够描述图像的空间灰度变化，因此本节引入统计半方差来计算和分析 PolSAR 图像中的最优空间尺度。通过设定不同的步长参数 h，半方差能够描述在不同的取样间隔条件下图像的变化，从而表征图像空间信息变化的范围或尺度。图像半方差 $\gamma(h)$ 的计算公式为

$$\gamma(h)=\frac{1}{2N(h)}\sum_{h=1}^{N(h)}\left(X(i)-X(i+h)\right)^{2} \tag{5.42}$$

式中，h 是步长；$X(i)$ 和 $X(i+h)$ 分别表示像素 i 和 $i+h$ 的特征值；$N(h)$ 是距离为 h 的配对点的数量。

在理想情况下，区域化变量的半方差函数 $\gamma(h)$ 应经过坐标原点。但对于实际图像数据，在样本点的空间距离趋于零时，其半方差的值通常趋于一个接近零的常数值，此现象称为半方差函数的“块金效应”，此时的非零常数值称为“块金常数”或“基底方差”，反映了图像中地物目标变化的随机成分。图像的半方差函数 $\gamma(h)$ 随步长 h 变化的示意图如图 5.25 所示。

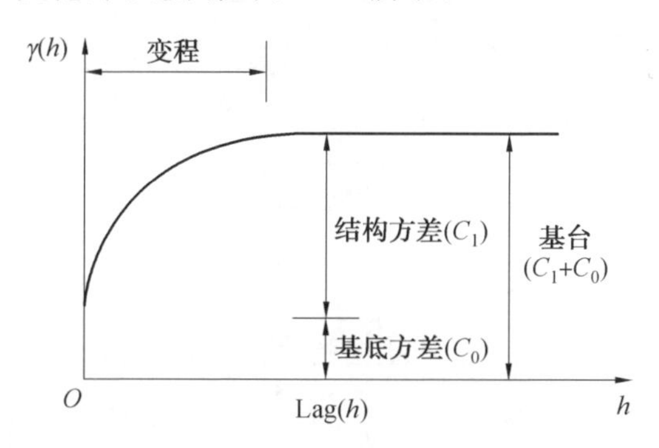

图 5.25　图像的半方差函数 $\gamma(h)$ 随步长 h 变化的示意图

从图 5.25 中可以看出，通过改变函数中的样本点的间距 h，可以计算得到数据的一系列半方差值 $\gamma(h)$。随着样本点之间的间距 h 增加，$\gamma(h)$ 随之增加，并在增加到一定间距后，数据半方差的值趋于一个基本稳定的常数值 C_0+C_1，该值称为半方差函数曲线的基台，此时样本点间的空间距离称为半方差函数的变程，其中 C_0 和 C_1 分别为数据的基底方差和结构方差。变程描述了数据间的空间联系，反映了数据变化的空间尺度，因此可用于分析图像中像素灰度的空间变化。半方差函数的值也可能不断增加，没有相应稳定的基台和变程，此时则无法有效分析数据的半方差空间特性，表明数据具有非平稳性和趋势效应。半方差函数也可能没有明显的空间结构，表明此时数据间没有可定量分析的统计相关性，或数据间的空间相关性较弱。

(3) 基于 PolSAR 图像极化和统计分析的空间尺度选择。

本节主要介绍结合地物极化和统计特性分析的自适应空间尺度选择方法。

PolSAR 图像通常包含多种地物类型，由于雷达成像特性，PolSAR 图像的异质度较高，因此本节提出的方法主要基于图像主导极化散射机制的分析，计算图像主导散射特征图在不同方向上的半方差统计特性，综合利用图像的极化和空间统计特征，选择图像最优的空间尺度参数。本节提出的基于半方差的最优空间尺度选择如图 5.26 所示[20]。

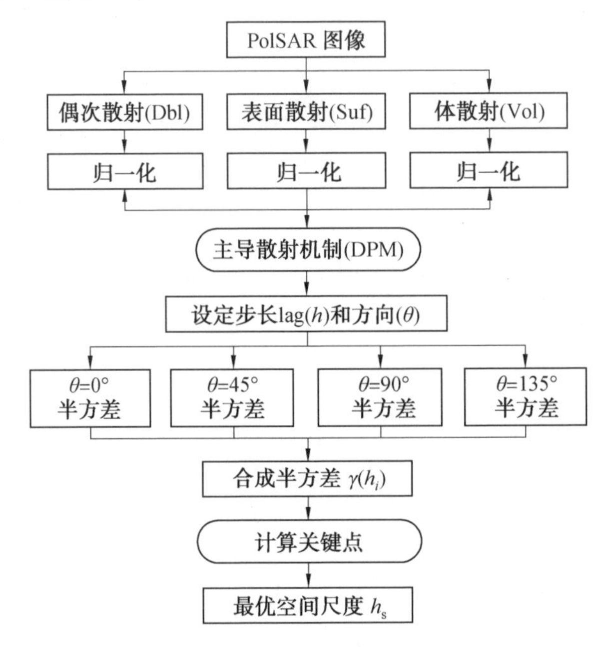

图 5.26　基于半方差的最优空间尺度选择

基于图像极化模型的分析，确定 PolSAR 图像的主导散射机制，从而描述图像中地物的主导空间结构和纹理特性；基于图像的主导散射特征图，设定半方差的计算步长 h_i，分别计算图像中与水平方向呈 0°、45°、90° 和 135° 方向的半方差值，并计算得到合成的半方差值 $\gamma(h_i)$。通过分析半方差 $\gamma(h_i)$ 的二阶统计特性 $\Delta\gamma(h_i)$，分析选择相应的最优空间尺度，其计算方法为

$$\Delta\gamma(h_i)=\gamma(h_i)+\gamma(h_{i-2})-2\gamma(h_{i-1}) \tag{5.43}$$

式中，i 表示通过设定不同的步长 h_i 条件时方差的计算次数。当 $\Delta\gamma(h_i)$ 首次大于或等于零时，相应的步长 h_i 描述了图像中地物的空间结构，即图像最优的空间分析尺度，从而得到 Mean Shift 算法中的最优空间带宽参数，实现 PolSAR 图像的分割，获得高精度的图像对象。

3. PolSAR 图像对象构建结果及分析

(1)EMISAR 图像对象构建结果及分析。

对 EMISAR 图像进行 Freeman－Durden 三分量分解，得到体散射、偶次散

射和奇次散射三个特征分量(图 5.27)。

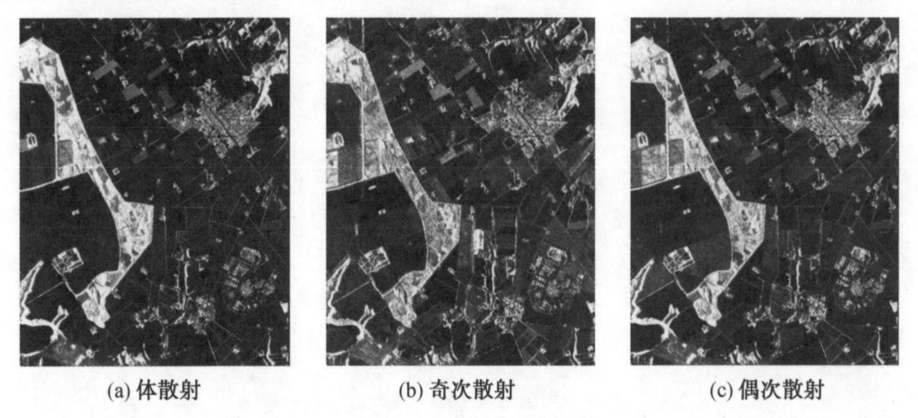

图 5.27　EMISAR 图像 Freeman－Durden 分解特征分量

实验采用 Freeman－Durden 极化目标分解得到的奇次散射、偶次散射和体散射分量，通过比较图像中地物的主导散射像素数，可以得到 EMISAR 图像中的主导散射机制是奇次散射，即图像中的地物主导空间结构为粗糙表面，如农田、裸地及草地等，可以从 EMISAR 的光学图像和 Freeman－Durden 假彩色合成图中得到验证。

因此，选择 Freeman－Durden 极化目标分解中的奇次散射特征分量对该特征图进行统计半方差量分析。根据空间步长的变化，计算得到与水平方向呈 0°、45°、90° 和 135° 角度的四个方向的图像半方差及合成的半方差(图 5.28)，相应的 EMISAR 图像合成半方差的二阶增量 $\Delta\gamma(h_i)$ 如图 5.29 所示。其中，半方差的二阶增量首次过零点时，对应的空间步长为 $R_2=40$，即图像最优空间尺度。因此，Mean Shift 分割算法中最优空间带宽参数为 $h_s=[R_2/2]=20$。

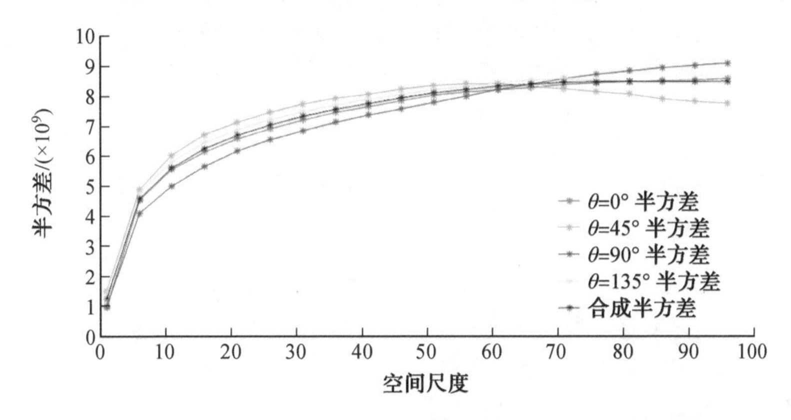

图 5.28　EMISAR 图像的半方差图

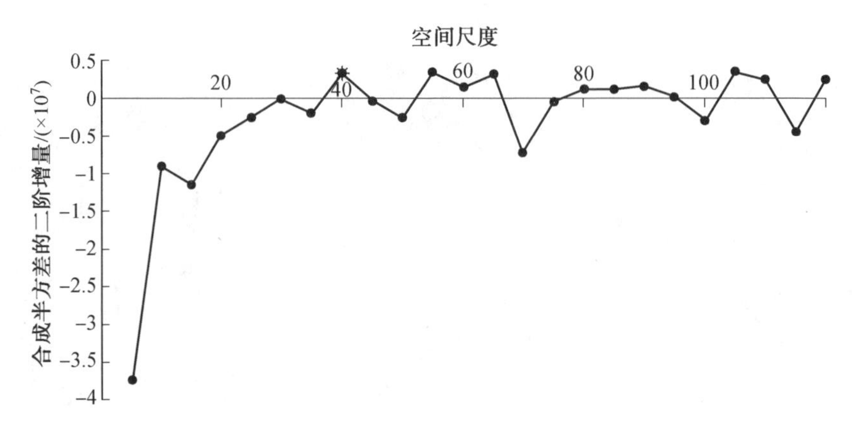

图 5.29 EMISAR 图像合成半方差的二阶增量 $\Delta\gamma(h_i)$

为验证所提出的基于极化与统计特征联合的最优空间尺度选择方法的有效性，实验进行了三组对比实验：为验证基于 PolSAR 图像极化主导散射机制选择图像最优空间尺度的有效性，实验基于半方差二阶统计分析，实现了传统的采用图像总能量 SPAN 图进行空间参数的选择，所计算得到的最优空间参数为 5；为验证所提出的图像半方差二阶增量的有效性，基于 PolSAR 图像极化主导散射机制的分析，实验实现了通过对图像半方差一阶增量的统计分析，所计算得到的最优空间尺度为 $R_1 = 72$，即对应的最优空间带宽参数为 $h_s = [R_1/2] = 36$；为验证基于 PolSAR 图像散射机理进行主导散射机制选择的有效性，实验分别对偶次散射和体散射分量进行了半方差分析，可以得到相应的空间分析尺度分别为 30 和 42。

为验证所选择的空间带宽参数是否为最优的空间分析尺度，实验通过设定不同的空间带宽参数 h_s，取 5 ～ 60 以 5 为间隔的一系列值，进行基于 Mean Shift 的分割实验，分别从均质度、异质度及总体分割精度三个方面对对象构建结果进行定量评价，从而分析得到最优的空间带宽参数 h_s。

(1) 均质度 U 评价准则为

$$\text{Homo} = \frac{\sum\limits_{(x,y)\in R_i}\left[f(x,y) - \frac{1}{A_i}\sum\limits_{(x,y)\in R_i} f(x,y)\right]^2}{A_i} \tag{5.44}$$

$$U = \sqrt{\sum_{i=1}^{n}\left(\frac{\text{Homo}\times A_i}{\sum_{i=1}^{n} A_i}\right)} \tag{5.45}$$

式中，Homo 表示对象 i 的均质度；A_i 表示对象 i 的面积；$f(x,y)$ 表示像素点 (x,y) 的特征值；R_i 表示对象 i 的空间范围；U 表示全图分割结果的均质度。U 的值越小，表示分割结果的均质度越高。

(2) 异质度 V 评价准则为

$$V=\frac{n\times\sum_{i=1}^{n}\sum_{j=1}^{n}(\omega_{i,j}\times(y_i-\bar{Y})\times(y_j-\bar{Y}))}{(\sum_{i=1}^{n}\sum_{j=1}^{n}\omega_{i,j})\times(\sum_{i=1}^{n}(y_i-\bar{Y})^2)},\quad i\neq j \tag{5.46}$$

$$\omega_{i,j}=f(i,j)=\begin{cases}0, & \text{对象 } i \text{ 与 } j \text{ 相邻}\\ 1, & \text{对象 } i \text{ 与 } j \text{ 不相邻}\end{cases} \tag{5.47}$$

式中,y_i 和 y_j 分别表示对象 i 和 j 的平均特征值;$\bar{Y}$ 表示特征图的平均值;n 表示分割得到的总的对象个数;ω_{ij} 表示对象 i 与 j 的邻近关系。异质度 V 的值越大,表示分割结果的异质度越高。总体评价精度 F 为

$$F(U)=1-\frac{U_i-U_{\min}}{U_{\max}-U_{\min}} \tag{5.48}$$

$$F(V)=\frac{V_i-V_{\min}}{V_{\max}-V_{\min}} \tag{5.49}$$

$$F=W\times F(U)+(1-W)\times F(V) \tag{5.50}$$

式中,$F(U)$ 和 $F(V)$ 分别表示归一化后的对象内的均质度和对象间的异质度;F 表示综合的总体评价精度;W 表示均质度在分割结果评价中的权重。在面向对象的图像解译中,对象内的均质度对后续解译精度具有更为重要的影响。因此,在对象构建实验中权重设为 $W=0.6$。

EMISAR 图像对象构建精度评价结果如图 5.30 所示。从对象构建结果的

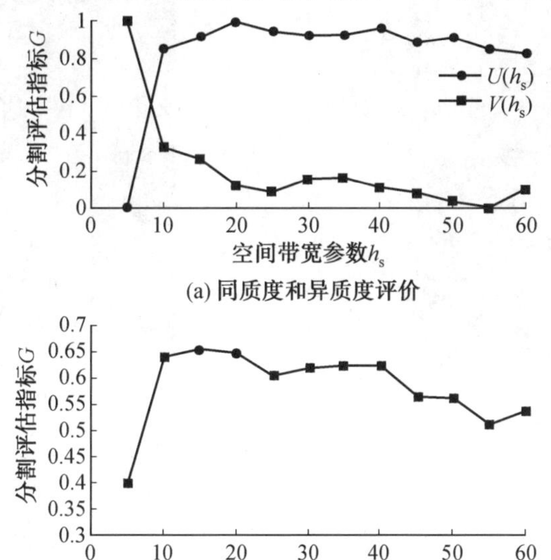

图 5.30　EMISAR 图像对象构建精度评价结果

同质度和异质度以及综合评价指标中可以看出，当空间带宽 $h_s \in [10, 20]$时，相应得到的分割精度较高，本节所提出的基于极化和统计特征联合的空间带宽选择方法计算得到的最优带宽参数在此范围内，从而验证了该方法的有效性。同时，实验将不同空间尺度下 Mean Shift 算法的对象构建结果与基于水平集算法的结果进行对比分析(图 5.31)。

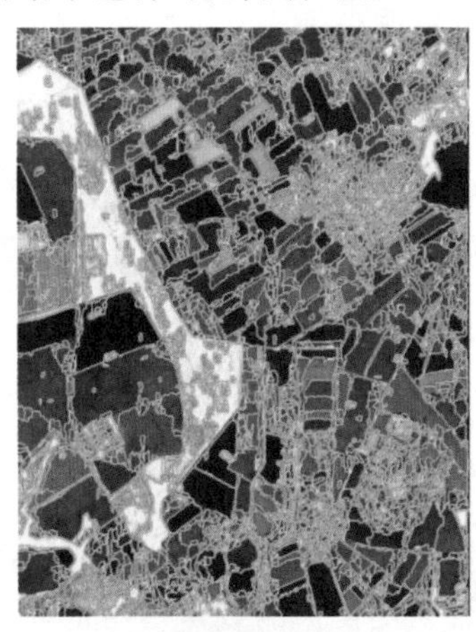

(a) 空间尺度h_s=5

(b) 空间尺度h_s=20

(c) 空间尺度h_s=35

(d) 水平分割结果

图 5.31　EMISAR 图像对象构建结果

从图 5.31(a)～(c)中可以看出，通过设定不同的空间带宽参数 h_s，比较均值漂移分割结果，当空间带宽参数为 20 时，图像中的均质区域如农田和异质区域如建筑物均能得到很好的分割结果。当空间尺度参数太小时，均质地物可能会存在较为严重的过分割现象；当空间尺度参数太大时，异质地物可能会存在较为严重的欠分割现象。从图 5.31(d)中可以看出，基于水平集的图像分割结果中

欠分割现象较为严重，存在较多农田等区域未能被准确地与周边地物区分开来。

(3)E－SAR图像对象构建结果及分析。

第二组实验数据采用的是德国Oberpfaffenhofen地区的机载E－SAR系统获取的PolSAR图像，对E－SAR图像进行Freeman－Durden三分量分解，得到体散射、奇次散射和偶次散射特征图(图5.32)。

(a) 体散射

(b) 奇次散射

(c) 偶次散射

图5.32 E－SAR图像Freeman－Durden分解特征分量

首先，对E－SAR图像进行极化和统计特性分析，如图5.32所示。基于Freeman－Durden分解得到的体散射、奇次散射和偶次散射分量的分析，计算得到E－SAR图像的主导散射机制为偶次散射分量，即图像中的主导地物为由二面角结构组成的具有规则外形的地物，如建筑物、车辆等。基于地物的主导散射分量的计算，采用二阶半方差统计量对特征图进行空间特性分析。通过设定一系列的空间步长参数，分别计算与图像水平方向呈0°、45°、90°和135°角度的四个方向的半方差值，并计算这四个方向半方差的合成半方差统计量(图5.33)。

图5.34所示为E－SAR图像合成半方差的二阶统计增量$\Delta\gamma(h_i)$，可以发现当二阶半方差增量首先大于零时，对应的空间步长为$R_2=35$，即为E－SAR图像最优的空间分析尺度，相应的Mean Shift算法中的空间带宽参数为$h_s=[R_2/2]=17$，为本节所研究的基于极化和统计特性所选择的最优带宽参数(图5.35)。

对比实验中分别计算了基于E－SAR图像的奇次散射分量、体散射分量及图像的总能量图SPAN的半方差统计特性分析，计算得到的E－SAR图像最优空间尺度分别为40、45和80，相应的Mean Shift算法中的空间带宽参数分别为20、22和40。同时，本节计算了基于特征图像一阶统计增量的地物空间尺度分析，基于不同特征量计算得到最优空间尺度。为验证所研究的基于图像极化和统计特性联合的空间尺度选择方法的有效性，基于Mean Shift图像分割算法，实验通过设定一系列的空间带宽参数，得到不同的E－SAR图像对象构建结果，分别采用对象异质度、同质度及总体精度对图像的分割结果进行评价。

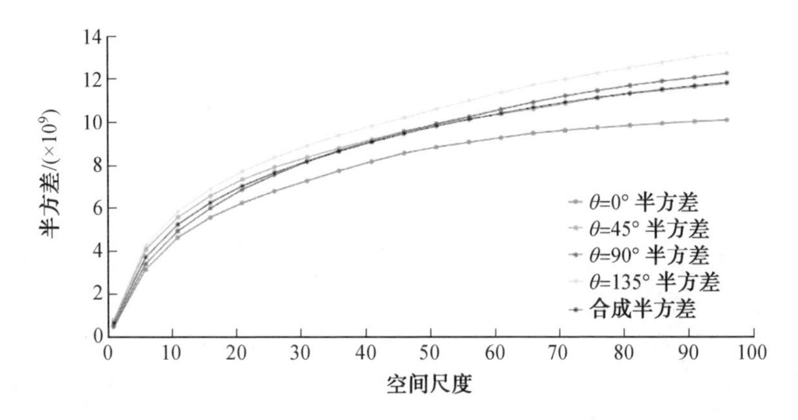

图 5.33　E—SAR 图像的半方差

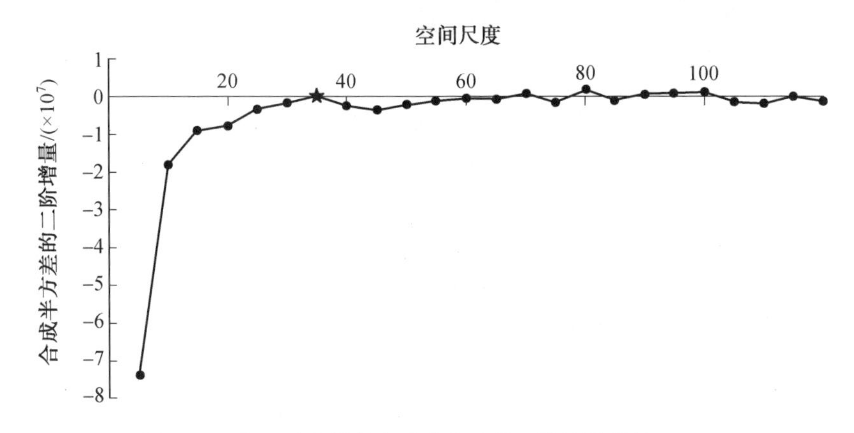

图 5.34　E—SAR 图像合成半方差的二阶统计增量 $\Delta\gamma(h_i)$

从对象的同质度和异质度以及综合评价指标中可以看出，当空间带宽 $h_s \in [10,\ 20]$ 时，相应得到的分割精度较高。本节所研究的自适应空间带宽参数选择方法计算得到的最优空间带宽参数在此范围内，验证了该方法的有效性。基于不同空间带宽参数，得到的图像对象构建结果如图 5.36(a)～(c)所示。同时，实验实现了基于水平集算法的对象构建结果，与本节所提出的方法进行对比分析，如图 5.36(d)所示。

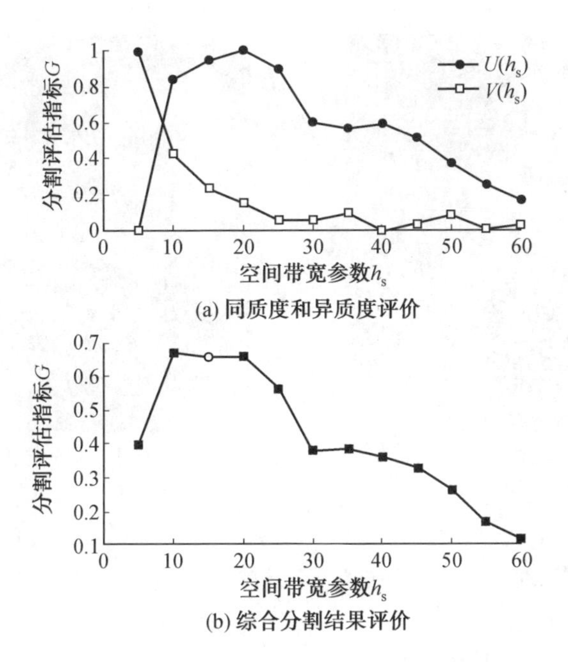

图 5.35　E—SAR 图像对象构建结果精度评价

从图 5.36 中可以看出，当空间带宽参数 $h_s=5$ 时，图像对象构建结果中存在较为严重的过分割现象；而当空间带宽参数 $h_s=40$ 时，对象构建结果中存在明显的欠分割现象。当采用本节所选择的空间带宽参数 $h_s=15$ 时，图像分割结果中在保持地物边界信息的同时能够有效地将不同地物进行区分。因此，选择合适的空间带宽参数是构建高精度图像对象的关键。基于水平集的对象构建结果中机场道路区域未能被完整分割出来，存在较为严重的欠分割现象。

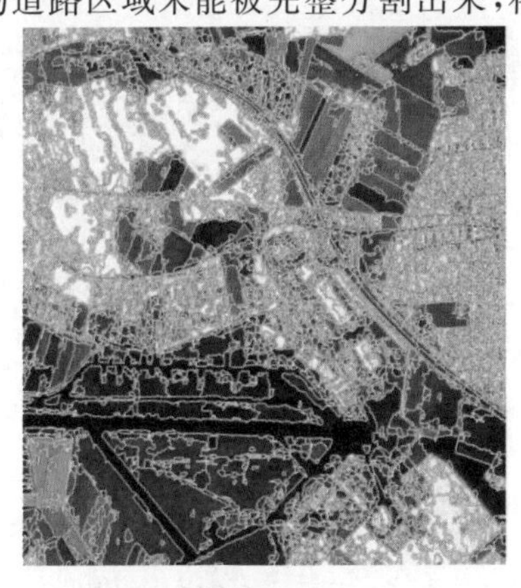

(a) 空间尺度h_s=5

(b) 空间尺度h_s=15

图 5.36　E—SAR 图像对象构建结果

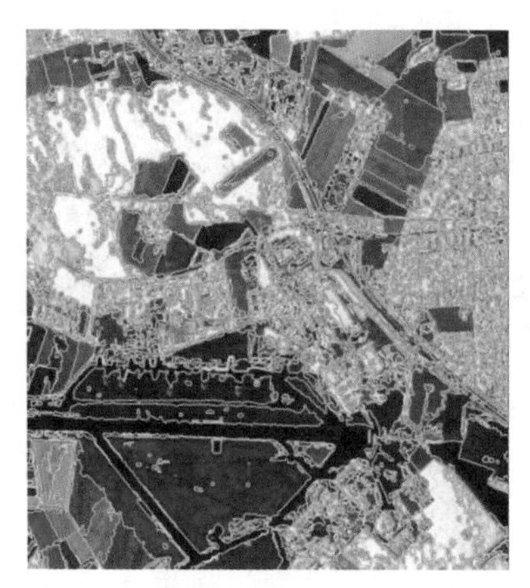

(c) 空间尺度h_s=40

(d) 水平集分割结果

续图 5.36

5.3.3 基于对象马尔可夫随机场的极化 SAR 图像分类

1. 面向对象的马尔可夫模型

传统基于马尔可夫随机场模型(Markov random field,MRF)的图像分类方法对图像中的像素进行建模,只能以像素为处理单元,描述当前像素固定邻域范围内的空间信息相关性和小范围内地物目标的散射强度特性及其纹理表现,从而难以充分利用高分辨率图像中丰富的地物信息。同时,由于面向像素的图像随机场建模的时间复杂度较高,因此对于数据量巨大的高分辨率图像,其数据建模及图像信息处理效率将会十分低下。基于面向对象的 MRF 模型(object-based MRF,OMRF)的图像分类方法以对象作为基本处理单元,不仅具有较低的时间复杂度,而且能够描述高分辨率 PolSAR 图像中更高层次的目标信息。同时,基于贝叶斯理论对图像对象进行标号,能够描述不同空间尺寸下的地物目标信息[21]。

(1)对象邻接图构建。

基于 OMRF 模型的图像分类主要包括三个步骤:构建图像的对象邻接图(object adjacency graph, OAG);基于对象邻接图进行模型的特征场和标记场建模;基于最大后验(maximum a posteriori, MAP)概率的模型参数估计及对象标号。

基于图像分割方法得到的一系列同质且互不重叠的图像对象,相应的对象邻接图 OAG 可描述为:对象邻接图可视为由一系列节点 S 和边 E 构成的连通图 G,其每一节点对应一个图像对象,若图像中含有 N 个对象,则节点可表示为 $S=\{S_1,S_2,\cdots,S_N\}$,连接各节点的边 E 表征了对象间的空间邻接关系,因此对

象邻接图模型可表示为 $G=(S,E)$。对于不同的 MRF 模型，常常具有不同的邻接图模型 G，对象邻接图如图 5.37 所示。

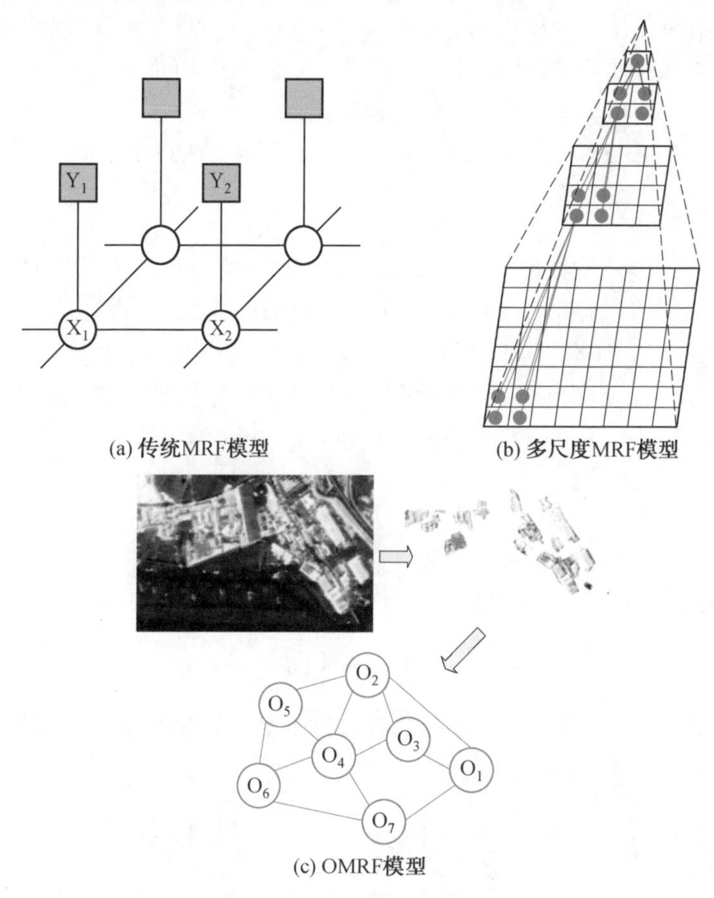

(a) 传统MRF模型
(b) 多尺度MRF模型
(c) OMRF模型

图 5.37　对象邻接图

从图 5.37(a)中可以看出，传统面向像素的 MRF 模型中标记场中的标号与图像中的像素一一对应，因此 Markov 模型仅能描述像素本身的特征及像素邻域间的空间信息(如 4－邻域、8－邻域等)。图 5.37(b)中表示的是多尺度 MRF 模型的空间邻域关系，通过构建图像的层次特征结构，能够描述不同尺度下的地物信息，但其像素间的空间邻域关系还是固定的。图 5.37(c)中 OMRF 模型基于图像对象邻接图的构建，建立面向对象的 Markov 模型，能够描述与实际地物类型更为接近的图像空间和语义信息。

(2)OMRF 随机场建模。

基于对象邻接图 $G=(S,E)$，本节主要研究面向对象的马尔可夫随机场模型的构建，即 OMRF 模型的构建，可分为特征场建模和标记场建模。假定随机场

$Y=y$表示对象邻接图的特征场，其中 $y=\{y_{S_i},1\leqslant i\leqslant N\}$为特征场的一个具体实现，即基于图像分割得到的对象，S_i 对应对象邻接图中的第 i 个结点；随机场 $X=x$表示对象邻接图的标记场，其中 $x=\{x_{S_i};1\leqslant i\leqslant N\}$为标记场的一个具体实现，即图像对象的一种标号结果，x_{S_i} 表征第 i 个结点的类别标号，在集合 $L=\{1,2,\cdots,K\}$中取值，其中 K 为总的类别数。

根据贝叶斯定理，基于 OMRF 模型的图像分类方法可表示为

$$P(X=x\mid Y=y)=\frac{P(Y=y\mid X=x)P(X=x)}{P(Y=y)} \tag{5.51}$$

式中，$P(Y=y)$表示特征场 $Y=y$ 的联合概率分布，当特征场 Y 确定时，即对于已知的图像对象构建结果，$P(Y=y)$为一常量。因此，式(5.51)可表示为

$$P(X=x\mid Y=y)\propto P(P=y\mid X=x)P(X=x) \tag{5.52}$$

从式(5.52)中可以看出，基于 OMRF 模型的图像对象标号问题可转化成求条件概率分布 $P(Y=y\mid X=x)$和先验概率分布 $P(X=x)$的问题，即对象邻接图的特征场模型和标记场模型。

①特征场建模。若特征场 Y 为由对象的 d 维特征构成的向量场，可基于高斯模型对图像对象的特征场 Y 进行建模。对于对象邻接图中的每个图像对象，在已知所属类别标号时，其观测特征向量可视为相互独立的，即

$$P(Y=y\mid X=x)=\prod_{i=1}^{N}P(y_{S_i}\mid x_{S_i}) \tag{5.53}$$

若假设对象邻接图中的每一图像对象内所包含的像素在特征场中也是相互独立的，则式(5.53) 可表示为

$$P(Y=y\mid X=x)=\prod_{i=1}^{N}P(y_{S_i}\mid x_{S_i})=\prod_{i=1}^{N}\prod_{v\in y_{S_i}}P(v\mid x_{S_i}) \tag{5.54}$$

若用高斯模型描述每一类别的图像数据的概率分布，则可表示为

$$f(v\mid x_{S_i}=k)=\frac{1}{\sqrt{2\pi}\ \left|\Sigma_k\right|^{1/2}}\mathrm{e}^{-\frac{1}{2}(v-\mu_k)(\Sigma_k)^{-1}(v-\mu_k)} \tag{5.55}$$

式中，μ_k 和 Σ_k 分别为类别标号为 k 的图像对象的均值向量和协方差矩阵。基于式(5.55)，则式(5.54) 可表示为

$$P(Y=y\mid X=x)=\prod_{i=1}^{N}\prod_{v\in y_{S_i}}\frac{1}{\sqrt{2\pi}\ \left|\Sigma_k\right|^{1/2}}\mathrm{e}^{-\frac{1}{2}(v-\mu_k)(\Sigma_k)^{-1}(v-\mu_k)} \tag{5.56}$$

② 标记场建模。假定标记场 X 的所有具体实现由集合 F 表示，即

$$F=\{x=(x_{S_1},x_{S_2},x_{S_3},\cdots,x_{S_N}),x_{S_i}\in L,1\leqslant i\leqslant N\} \tag{5.57}$$

若用$\{X=x\}$ 表示$\{X_{S_1}=x_{S_1},\cdots,X_{S_N}=x_{S_N}\}$，描述对象邻接图的标记场的一种具体实现，即集合 F 中的一个元素，则标记场的先验概率分布模型 $P(X=x)$ 所具有的 Markov 性和非负性可分别表示为

$$P(X=x)>0,\quad \forall x \in F \tag{5.58}$$

$$P(X_{S_i}=x_{S_i} \mid X_{S_j}=x_{S_j}, \forall S_j \neq S_i)=P(x_{S_i} \mid x_{S_j}, S_j \in R(S_i)) \tag{5.59}$$

式中，$R(S_i)$ 表示结点 S_i 的邻域对象。

马尔可夫模型描述了图像对象间的空间邻域关系，对于邻接图 $G=(S,E)$，若 R 表征其邻域系统，则具体可式表征为

$$R=\{R(S_i), 1 \leqslant i \leqslant N\} \tag{5.60}$$

依据 Hammerley and Clifford 定理，马尔可夫随机场的概率分布服从吉布斯(Gibbs) 分布，即可描述为

$$P(X=x)=\frac{1}{Z}\mathrm{e}^{-U(x)}=\frac{1}{Z}\left\{-\sum_{c \in C} V_c(x)\right\} \tag{5.61}$$

式中，C 表示随机场中的势团；$V_c(x)$ 为势团 c 的势函数。传统的面向像素 MRF 模型和 OMRF 模型中的邻域系统和势团示意图分别如图 5.38 和图 5.39 中所示。

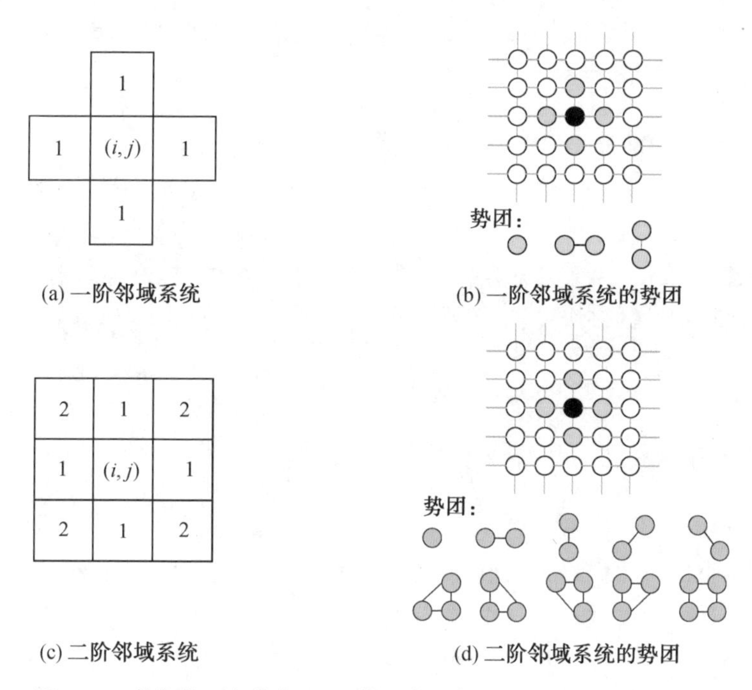

图 5.38　传统的面向像素 MRF 模型中的邻域系统和势团示意图

对于 OMRF 模型，其对象邻接图 $G=(S,E)$ 中两节点间的势函数 $V_c=(x_{S_i}, x_{S_j})$可表示为

$$V_c(x_{S_i}, x_{S_j})=T(S_i, S_j)+\beta_i\mu(x_{S_i}, x_{S_j}) \tag{5.62}$$

式中，参数 S_i 和 S_j 表示对象邻接图中相邻的两个对象结点。

函数 $T(S_i, S_j)$表示在特征场中相邻对象 S_i 与 S_j 之间的相似性，其计算方

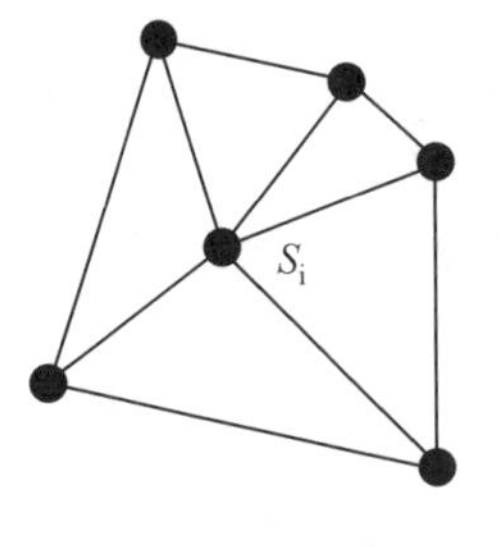

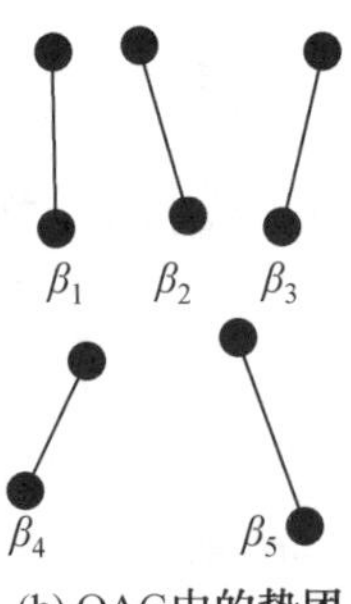

图 5.39　OMRF 模型中的邻域系统和势团示意图

法为

$$T(S_i,S_j)=\frac{|\bar{S}_i+\bar{S}_j|}{\sqrt{\operatorname{var}\{S_i+S_j\}}},\beta_i=\frac{n_i}{n_i+n_j} \tag{5.63}$$

式中，参数 $\bar{S}_i$ 和 $\bar{S}_j$ 分别表示两相邻对象 S_i 和 S_j 内的像素特征平均值；参数 var$\{S_i+S_j\}$ 表示对象 S_i 和 S_j 合并后的方差值，其计算方法为

$$\operatorname{var}\{S_i+S_j\}=\frac{n_i\operatorname{var}\{S_i\}+n_j\operatorname{var}\{S_j\}}{n_i+n_j-2}\left(\frac{1}{n_i}+\frac{1}{n_j}\right) \tag{5.64}$$

其中，参数 n_i 和 n_j 分别表示对象 S_i 和 S_j 中包含的像素个数；参数 var$\{S_i\}$ 和 var$\{S_j\}$ 分别表示对象 S_i 和 S_j 中像素特征的方差值。

函数 $\mu(x_{S_i},x_{S_j})$ 表示对象标记场中两相邻对象 S_i 与 S_j 之间的先验相似性，通常由各向同性的多级逻辑模型(multilevel logistic model, MLL)进行描述，即

$$\mu(X_{S_i},X_{S_j})=\begin{cases}-\beta_c, & X_{S_i}=X_{S_j}\\ \beta_c, & X_{S_i}\neq X_{S_j}\end{cases} \tag{5.65}$$

因此，根据式(5.61)，对象标记场的先验概率分布模型 $P(X=x)$ 可变为

$$P(X=x)=\frac{1}{Z}\mathrm{e}^{-\sum\limits_{i=1}^{N}\sum\limits_{S_j\in R(S_i)}(T(S_i,S_j)+\beta_i\mu(x_{S_i},x_{S_j}))} \tag{5.66}$$

③ MAP 参数估计。根据式(5.56)中表示的条件概率分布模型 $P(Y=y|X=x)$ 和式(5.66)中的先验概率分布模型 $P(X=x)$，对于已知的对象邻接图 $G=(S,E)$，其 OMRF 模型中的后验概率 $P(X=x|Y=y)$ 可表示为

$$\begin{aligned}&P(X=x|Y=y)\\&=\frac{1}{Z}\mathrm{e}^{-\sum\limits_{i=1}^{N}\left\{\sum\limits_{S_j\in R(S_j)}(T(S_i+S_j)+\beta_i\mu(X_{S_i},X_{S_j}))+\sum\limits_{v\in y_{S_i}}\left[-\frac{1}{2}(v-\mu_k)(\Sigma_k)^{-1}(v-\mu_k)+\ln(\sqrt{2\pi})|\Sigma_k|^{\frac{1}{2}}\right]\right\}}\end{aligned} \tag{5.67}$$

在已知特征场 $Y=y$ 的条件下，依据最大后验概率 MAP 估计准则，标记场 x 可描述为

$$x=\arg\max_{x} P(X=x|Y=y)$$

$$=\arg\min_{x}\sum_{i=1}^{N}\left\{\sum_{S_j\in R(S_j)}(T(S_i+S_j)+\beta_i\mu(X_{S_i},X_{S_j}))+\right.$$

$$\left.\sum_{v\in y_{S_i}}\left\{-\frac{1}{2}(v-\mu_k)(\Sigma_k)^{-1}(v-\mu_k)+\ln(\sqrt{2\pi})\,|\Sigma_k|^{\frac{1}{2}}\right\}\right\} \tag{5.68}$$

对于对象邻接图 $G=(S,E)$ 中的每一对象结点 S_i，基于 MAP 估计准则，其分类标号 $x_{S_i}, i\in\{1,2,\cdots,N\}$ 的估计可表示为

$$x_{S_i}=\arg\min_{x_{S_i}\in L}\left\{\sum_{S_j\in R(S_j)}(T(S_i+S_j)+\beta_i\mu(X_{S_i},X_{S_j}))+\right.$$

$$\left.\sum_{v\in y_{S_i}}\left\{-\frac{1}{2}(v-\mu_k)(\Sigma_k)^{-1}(v-\mu_k)+\ln(\sqrt{2\pi})\,|\Sigma_k|^{\frac{1}{2}}\right\}\right\} \tag{5.69}$$

基于 MAP 准则的分类标号估计中主要包括对象邻接图的标记场和特征场中的参数估计。对于对象标记场，主要为多级逻辑模型 MLL 中的参数 β_c，该参数值通常依据经验设定；对于对象特征场，若基于高斯模型进行特征场建模，则其主要参数为模型中的类内均值向量 μ_k 和协方差矩阵 Σ_k，该参数估计为

$$\mu_m^{(t)}=\frac{\sum_{i=1}^{N}\sum_{v\in y_{S_i}}vP(X_{S_i}=k\,|\,X_{R(S_i)})}{\sum_{i=1}^{N}P(X_{S_i}=k\,|\,X_{R(S_i)})} \tag{5.70}$$

$$\sum_{m}^{(t)}=\frac{\sum_{i=1}^{N}\sum_{v\in y_{S_i}}(v-\mu_k^{(t)})(v-\mu_k^{(t)})^{\mathrm{T}}P(X_{S_i}=k\,|\,X_{R(S_i)})}{\sum_{i=1}^{N}P(X_{S_i}=k\,|\,X_{R(S_i)})} \tag{5.71}$$

式中，参数 t 表示迭代的次数；参数 k 表示对象的类别标号；$R(S_i)$ 表示结点 S_i 的对象邻域。总的参数个数为 $K\times(d+d^2)$，K 为总类别数，d 为对象的特征维度。

在监督分类中，模型中的参数可由人工选择的训练样本集进行训练得到，对于非监督分类，通常采用期望最大(expectation-maximization, EM)方法进行分类模型中参数的估计。

2. 基于 PA－OMRF 模型的 PolSAR 图像面向对象分类

常规的 OMRF 模型通常只考虑一个标记场的情况，能够利用的对象特性比较单一。本节提出的方法主要通过引入多个极化辅助随机场，描述对象在不同尺度下的空间语义信息，并采用极化分布模型对 PolSAR 图像的标记场和辅助随机场进行建模，描述图像对象的极化统计信息，构建了基于极化辅助随机场的 OMRF(polarimetric auxiliary OMRF, PA－OMRF)模型，实现了面向对象的 PolSAR 图像的非监督分类。

通过对高分辨率 PolSAR 图像的极化和统计信息的联合特征分析，本节研究的基于 PA－OMRF 算法的图像分类主要步骤包括：基于 5.3.2 节中基于超像素分割的 PolSAR 对象构建方法的研究，对 PolSAR 图像进行分割得到基本处理单元——对象；在对象基础上形成对象邻接图；设置标记场和辅助随机场的类别数，并在对象邻接图上进行马尔可夫随机场建模；图像分类问题转化成在贝叶斯框架下对象邻接图上各结点的最优标记问题。基于 PA－OMRF 模型的 PolSAR 图像分类如图 5.40 所示。

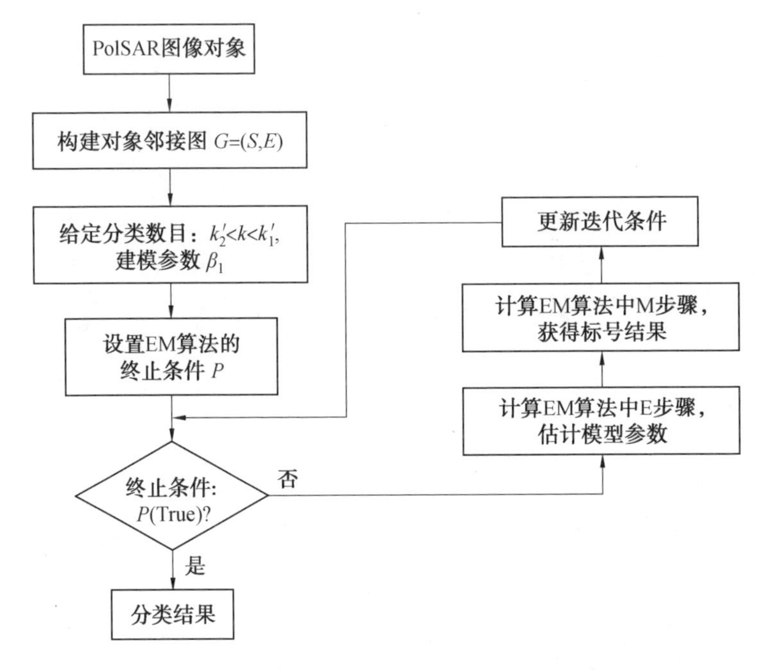

图 5.40　基于 PA－OMRF 模型的 PolSAR 图像分类

具体的计算流程如下。

①使用 EM 算法必须有一个初值，所以在对象邻接图模型，先给定对象邻接图中各结点的标记场和极化辅助随机场，得到一个初始分类结果，并预先给定参数 β_c 初始值。

②E 步骤：使用极大伪似然（maximizing pseudo likelihood，MPL）方法估计特征场模型中的参数。

③M 步骤：使用步骤②估计出的参数，采用迭代条件模式（iteration condition mode，ICM）获取分类结果。

④重复步骤②和③，直到满足某种准则（迭代次数或分类精度设定），迭代停止，获得最终分类结果。

（1）EMISAR 图像分类结果分析。

EMISAR 系统获取的丹麦 Foulum 地区的 PolSAR 数据对应的光学图和

Freeman－Durden 分解假彩色合成图分别如图 5.41(a)和(b)所示，实验真值图如图 5.41(c)所示。为验证所提方法的有效性，实验将所提的方法分别与面向对象的基于 H－α 的维希特(Wishart)和面向对象的模糊 C 均值(fuzzy c－means, FCM)方法做对比，并将所提出的 PA－OMRF 模型与面向像素的 MRF 模型、传统的 OMRF 模型及基于辅助场的 OMRF(A－OMRF)模型的分类结果进行对比。EMISAR 图像分类结果如图 5.41 所示。

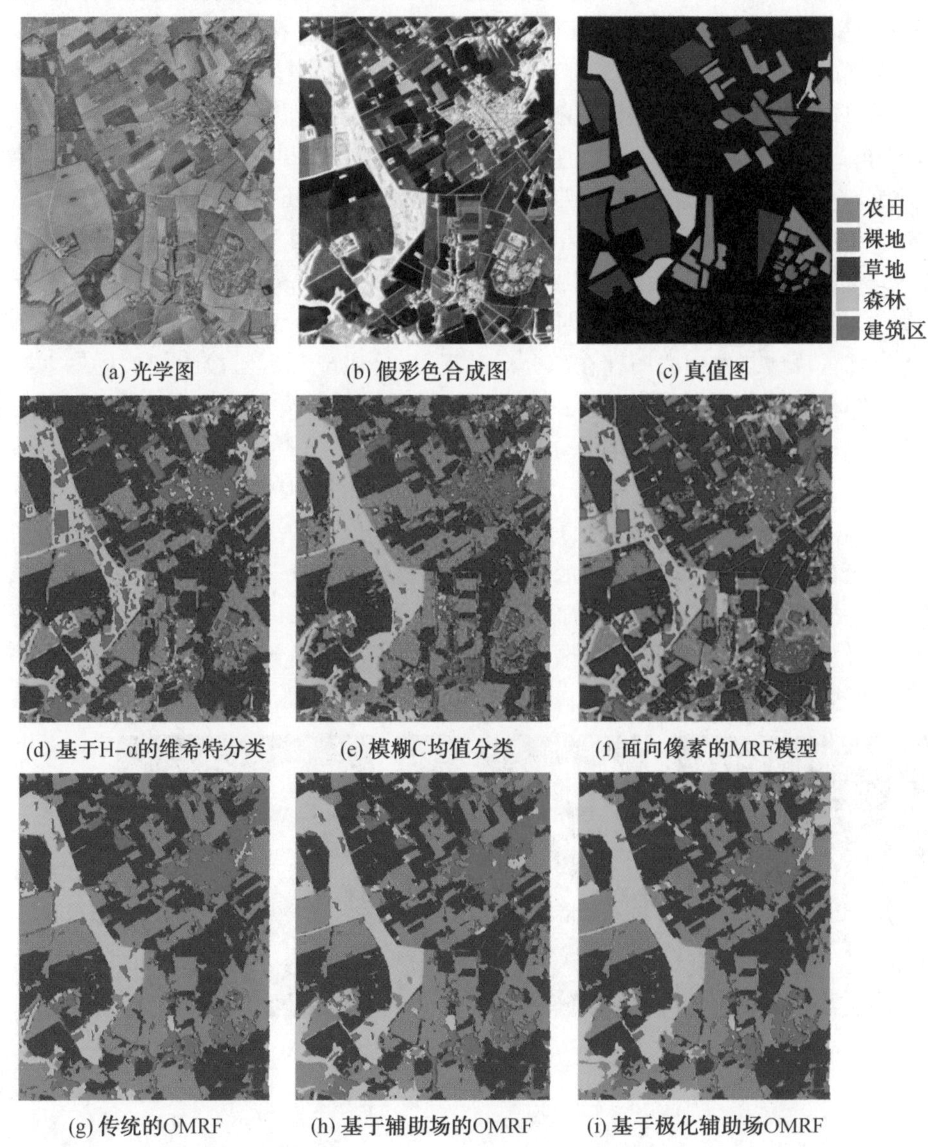

图 5.41 EMISAR 图像分类结果

从图 5.41(d)和(e)中可以看出，面向对象的 H－α Wishart 和 FCM 方法的分类结果中在森林和农田等区域存在较为严重的错分现象。同时，在面向像素的 MRF 分类结果中，裸地、森林和建筑物等地物也产生了较多的错分的区域。与面向像素的 MRF 分类相比，面向对象的 OMRF 分类方法通过构建图像对象，有效地减少了地物间的混淆错分区域，能够得到精度更高的分类结果。从图 5.41(g)和(h)中可以看出，相比于常规的 OMRF 模型，PA－OMRF 模型通过引入辅助随机场描述对象多尺度的信息，其分类结果中错分的区域更少，可以得到精度更高的分类结果。但在 PA－OMRF 模型中采用对象的特征均值作为对象的描述，在标记场和辅助随机场信息交互和迭代更新的过程中，可能会导致图像细节信息的损失。同时，常规 PA－OMRF 不能有效利用 PolSAR 图像所包含的丰富的极化信息。因此，本节研究了 PA－OMRF 模型，提出一种极化信息损失的衡量指标并引入到联合条件概率模型中，同时采用 PolSAR 图像的维希特分布作为分布模型，描述图像的极化信息。从图 5.41(i)中可以看出，基于 PA－OMRF 模型的 PolSAR 图像分类可以得到精度更高和更为均质的分类结果。然而，草地与农田之间存在部分混淆现象，这主要归因于较为相似的散射特性和空间信息。

(2)E－SAR 图像分类结果分析。

E－SAR 系统获取的德国 Oberpfaffenhofen 地区的 PolSAR 图像的 Freeman－Durden 分解假彩色合成图及对应的光学图分别如图 5.42(a)和(b)所示，实验真值图如图 5.42(c)所示。实验将所提出的基于极化辅助随机场的对象马尔可夫模型分类方法分别与面向对象的 H－α Wishart 和面向对象的 FCM 分类方法做对比，并将其与面向像素的 MRF 模型、传统的 OMRF 模型及 A－OMRF 模型的分类结果进行对比。E－SAR 图像分类结果如图 5.42 所示。

(a) 光学图

(b) 假彩色合成图

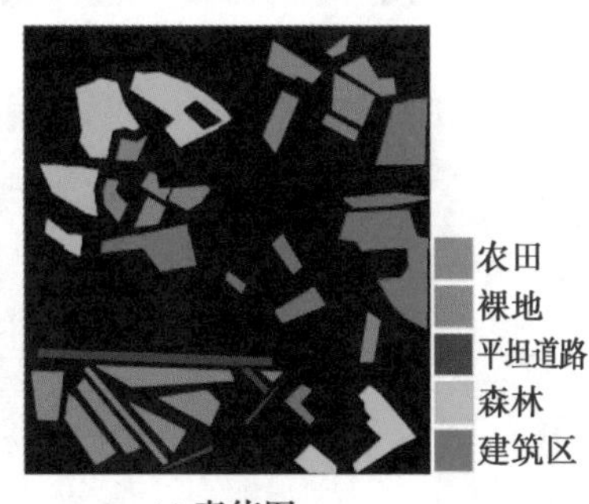

(c) 真值图

图 5.42　E－SAR 图像分类结果

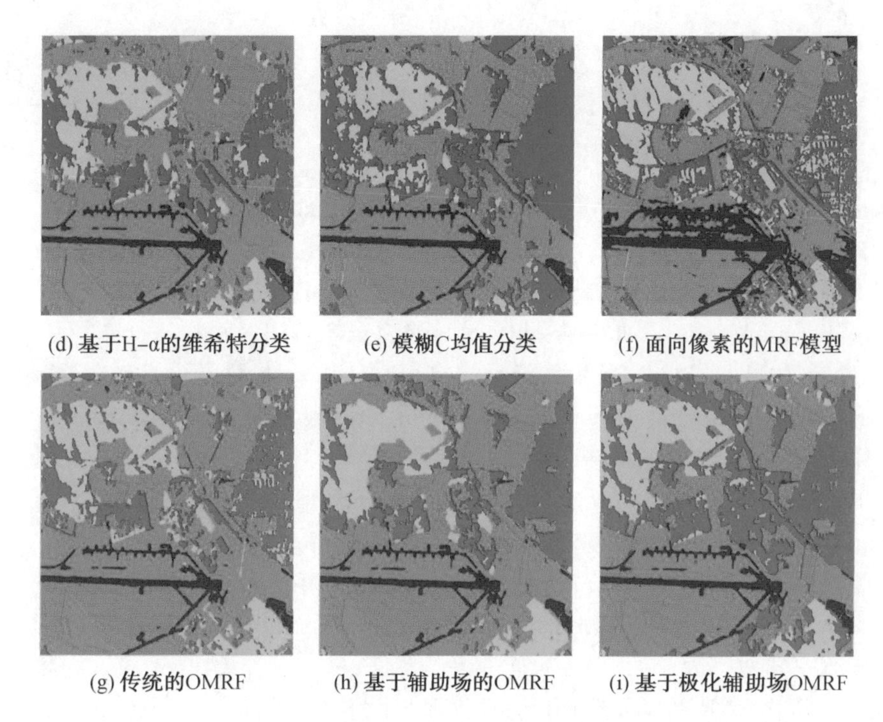

续图 5.42

从图 5.42 中可以看出，基于传统面向像素的 MRF 模型的分类结果中存在较多的错分区域，有大量森林区域被标记为建筑区域。相比于面向像素的 MRF 模型，面向对象 OMRF 模型可以得到精度更高的分类结果。从图 5.42(g)和(h)中可以看出，相比于常规的 OMRF 模型，基于 A－OMRF 模型的分类结果中错分的区域更少，地物的分类精度更高，这主要是因为 A－OMRF 模型通过引入辅助随机场，能够综合利用多尺度的对象特征。但 A－OMRF 模型不能有效利用 PolSAR 图像所包含的丰富的极化信息，且常常导致图像细节信息的损失。本节研究的 PA－OMRF 模型在联合条件概率模型中引入了描述图像极化信息的特征参数，并在迭代过程中有效利用了地物的细节信息。从图 5.42(i)中可以看出，基于 PA－OMRF 模型的 PolSAR 图像分类可以得到精度更高和更为均质的分类结果。同时，与面向对象 H－α 维希特的分类和面向对象的 FCM 分类方法进行对比，所研究的 PA－OMRF 模型也可以得到精度更高的分类结果。由于 E－SAR图像中森林和建筑区相似的极化散射特性，仍然存在部分森林区域被错分为建筑区，因此需要进一步研究能够更为有效地描述不同地物信息的 PolSAR 图像统计分布模型。

本章参考文献

[1] 瓦普尼克. 统计学习理论[M]. 许建华，张学工，译. 北京：电子工业出版社，2004.

[2] VAPNIK V N. An overview of statistical learning theory[J]. IEEE transactions on neural networks，1999，10(5)：988-999.

[3] WANG Y，LU J，WU X. New algorithm of target classification in polarimetric SAR[J]. Journal of systems engineering and electronics，2008，19(2)：273-279.

[4] BURGES C J C. A tutorial on support vector machines for pattern recognition[J]. Knowledge discovery and data mining，1998，2：121-167.

[5] HSU C W，LIN C J. A comparison of methods for multi-class support vector machines[J]. IEEE transactions on neural networks，2002，13(2)：415-425.

[6] 张腊梅. 极化 SAR 图像人造目标特征提取与检测方法研究[D]. 哈尔滨：哈尔滨工业大学，2010.

[7] HO T K. Random decision forests[C]. Montreal：IEEE Proceeding in the Third International Conference. Document Analysis Recogn，1995，1：278-282.

[8] BREIMAN L. Bagging predictors[J]. Machine learning，1996，24(2)：123-140.

[9] FAWAGREH K，GABER M M，ELYAN E. Random forests：From early developments to recent advancements[J]. Systems science & control engineering，2014，2(1)：602-609.

[10] 芦达. PolSAR 图象独立完整目标分解方法及其应用研究[D]. 哈尔滨：哈尔滨工业大学，2016.

[11] 孙良洁. 基于稀疏表示及上下文信息的 PolSAR 图像分类[D]. 哈尔滨：哈尔滨工业大学，2015.

[12] SCHWERT B，ROGAN J，GINER N M，et al. A comparison of support vector machines and manual change detection for land-cover map updating in massachusetts[J]. Remote sensing letters，2013(4)：882-890.

[13] 孙佳梅. 大场景高分辨率 PolSAR 图象土地覆盖分类方法研究[D]. 哈尔滨：哈尔滨工业大学，2016.

[14] HAY G J, BLASCHKE T, MARCEAU D J, et al. A comparison of three image-object methods for the multiscale analysis of landscape structure [J]. ISPRS journal of photogrammetry and remote sensing. 2003, 57(5-6), 327-345.

[15] MAURO C, EUFEMIA T. Accuracy assessment of per-field classification integrating very fine spatial resolution satellite imagery with topographic data[J]. Journal of geospatial engineering, 2001, 2(3): 127-134.

[16] RYHERD S, WOODCOCK C E. Combining spectral and texture data in the segmentation of remotely sensed images [J]. Photogrammetric engineering & remote sensing, 1996, 62(2): 181-194.

[17] BLASCHKE T. Object based image analysis for remote sensing [J]. ISPRS journal of photogrammetry and remote sensing, 2010, 65(1): 2-16.

[18] 吴文欢. 基于面向对象的典型目标自动提取与变化检测方法研究[D]. 北京：核工业北京地质研究院，2014.

[19] 韩翠娟. 高分辨率 PolSAR 图像的超像素分割方法研究[D]. 哈尔滨：哈尔滨工业大学，2017.

[20] 徐晓芳. 面向对象的高分辨率 PolSAR 图象解译方法研究[D]. 哈尔滨：哈尔滨工业大学，2021.

[21] 洪亮. 基于对象马尔可夫模型的高分辨率遥感图像分割方法研究[D]. 武汉：武汉大学，2010.

第6章 面向城镇监测的极化 SAR 图像目标检测

6.1 引 言

随着城市化进程的发展，城市地区范围越来越大，城区建筑物密度越来越密集，城区地物种类与分布也实时变化，对城市自然与生态系统、经济及人们的生活方式产生一定程度影响。及时、准确地监测城镇区域并对其进行科学规划，对维护城镇生态平衡、提高居民生活质量具有重要意义。

通过遥感卫星获取地面图像的方式可以提供丰富且真实的地物信息。一幅遥感图像能够包含数千文字所能够表达的信息，甚至能够表示物体之间的位置、大小和相互关系。其中，极化 SAR 系统全天时、全天候的工作特点使其能够在大范围、短时间内获得海量数据，因此能够在显著节省人力物力的情况下有效监测城镇区域土地利用情况、规划城镇发展方向及保护自然生态环境等。城镇区域的重要组成部分包括建筑物、城镇道路网及城镇区域动态变化等。本章将基于极化 SAR 系统中典型城镇目标的散射特性分析，主要介绍极化 SAR 图像中建筑物检测、建筑群密度检测及城镇变化检测方面的方法，可以为将来的城镇发展规划、生态环境保护和土地利用的保护等提供有效参考[1-3]。

6.2 极化 SAR 城镇区域建筑物特性分析

建筑物这种特殊的构建特征使得雷达回波机制也变得相对特殊，在雷达图

像上与各种自然地物有着显著差别。数据记录地物目标的极化散射矩阵，包括相位、强度等非相干信息以及相干系数等相干信息，提供信息比单极化和双极化图像更为丰富。本节分析城区地物目标散射特性，提取描述地物目标的极化散射特征进行分析。

本节主要分析建筑物目标的后向散射性质来为下面讨论的建筑物密度检测方法奠定坚实的基础。首先，在理论层次上分析平顶型及尖顶型建筑物在不同入射角下的散射特性；然后，具体分析在实际 PolSAR 图像中建筑物目标的表现特性。

6.2.1 不同建筑物结构的散射机理分析

在 PolSAR 图像中，由于雷达特殊的斜距成像机理，因此典型的城镇目标受到多次反射、叠掩及阴影效应等的影响[4]。为更加形象地阐述这些影响，对一个简单的平顶型矩形建筑物模型进行了具体的分析(图 6.1)。该目标宽度为 w，高度为 h，PolSAR 雷达入射角为 θ，a 为地面反射回波，b 为由建筑物目标与地面形成的二面角结构带来的偶次回波，c 为由建筑物目标正对雷达部分的墙体造成的奇次散射，d 为建筑物目标屋顶部分的回波，e 为被遮挡住的没有建筑物或地面雷达回波的遮挡区域。这里，$l_l\,(l_l=h\cot\theta)$ 和 $l_s\,(l_s=h\tan\theta)$ 分别表示叠掩效应和阴影效应在图像中地面上的长度。对于图中所示的简单平顶建筑物目标，可以分成三种具体情况进行分析。当 $h<\omega\tan\theta$ 时，如图 6.1(a)所示，在 $a+c+d$ 的区域来自屋顶的散射 d 叠掩在来自地面的散射 a 和来自正面墙体的散射 c。另外，在这种情况下，区域 d 内只有来自屋顶区域的回波。当 $h=\omega\tan\theta$ 时，如图 6.1(b)所示，来自屋顶的全部回波 d 在偶次散射之前被检测到，因此区域 $a+c+d$ 是由地面、建筑正墙及屋顶回波形成的齐次叠掩区域。当 $h>\omega\tan\theta$ 时，如图 6.1(c)所示，来自屋顶的全部回波 d 仍然在偶次散射之前被检测到，然而在此种情况下，叠掩区域由两部分构成，即地面、正墙、屋顶回波的 $a+c+d$ 区域以及只有地面和正墙的 $a+c$ 区域。

尖顶型建筑物散射特性分析如图 6.2 所示，屋顶倾斜角 α_r 固定，图中为三种不同入射角 θ 的情况。尖顶状房屋与平顶状的主要差别在于尖顶状建筑物多出了一个由正对雷达传感器的屋顶斜面造成的强回波特征点 d_1。当入射角等于屋顶倾角时，屋顶所有回波同时到达，形成了类似于建筑物偶次散射的亮线。当 $\theta>\alpha_r$ 时，没有 d_2 散射，这是因为此时距雷达较远侧屋顶被前面屋顶完全遮挡。

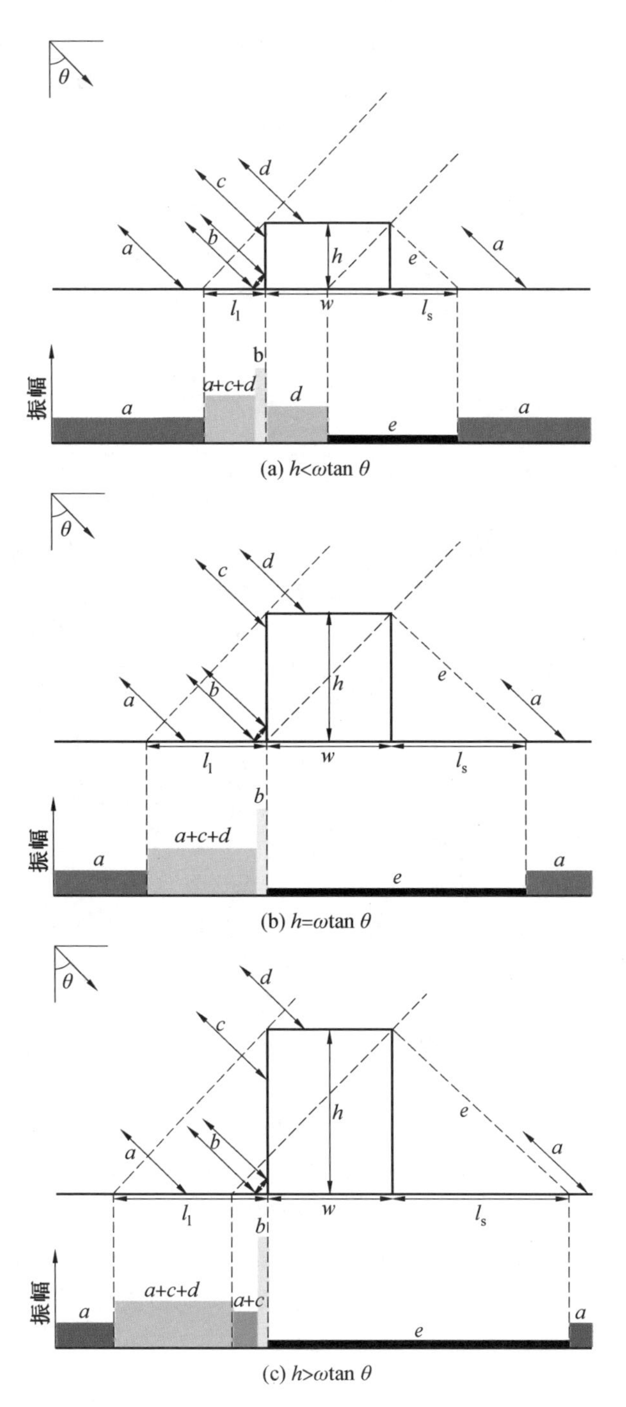

图 6.1 简单平顶建筑目标散射分析

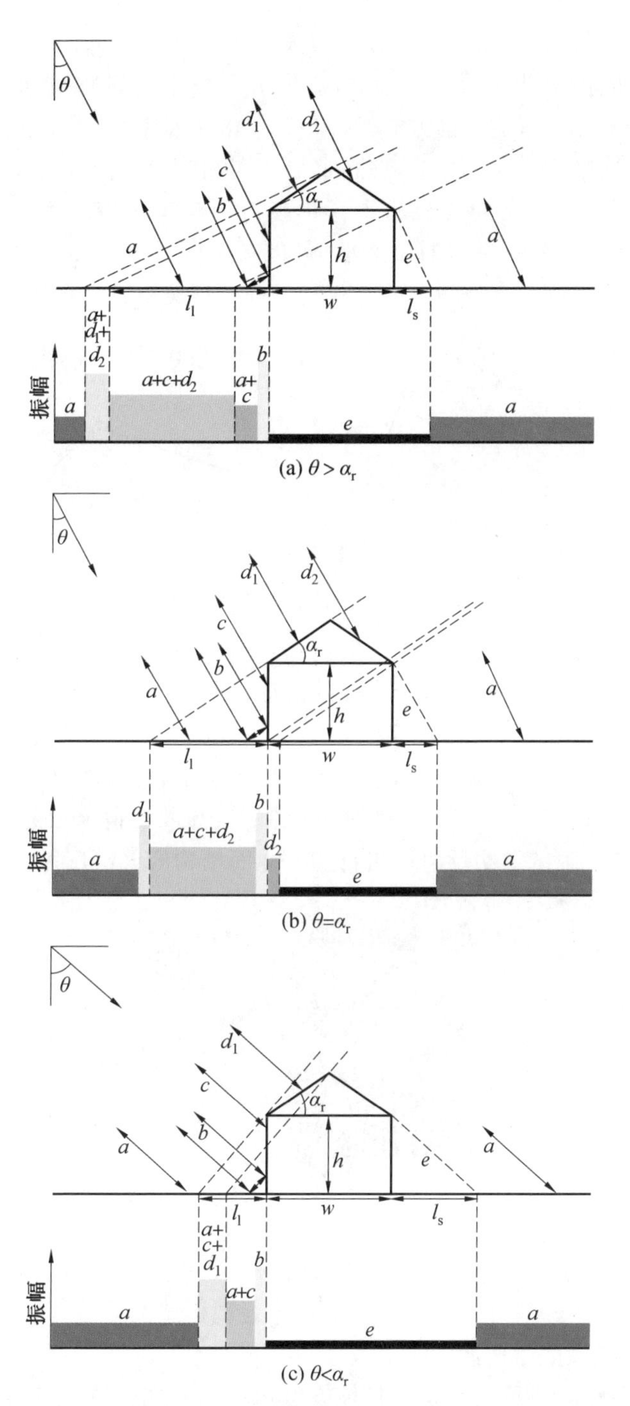

(a) $\theta > \alpha_r$

(b) $\theta = \alpha_r$

(c) $\theta < \alpha_r$

图 6.2　尖顶型建筑物散射特性分析

除雷达的入射角外,建筑物的方位与成像雷达飞行方向的夹角 φ 也是影响建筑物在雷达图像中性质的主要参数,不同方位角下建筑物目标分析如图 6.3 所示。当正墙平行于雷达扫描方向时,$\varphi=0°$。宽度 w 和长度 l 分别是建筑物模型的短边和长边维度。对于星载雷达,扫描方向和建筑的角度是固定的;而对于机载雷达,方位角 φ 定义为飞机的飞行轨迹与正对雷达传感器的墙面的夹角。因此,机载雷达比星载有更大的灵活性,可以在不同的方位角 φ 下进行成像,这一特性在要求研究固定方位角下的建筑物目标的情况下具有优势。

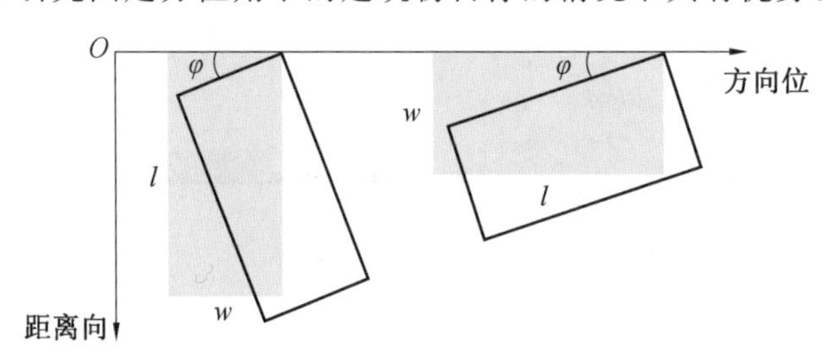

图 6.3 不同方位角下建筑物目标分析

正如图 6.1 和图 6.2 所示,偶次散射是建筑物目标在极化 SAR 图像中的主要特征,这种散射是建筑物提取中重要的特征。然而,偶次散射的强度取决于建筑的高度和雷达方位角。在理论层次的模型下,建筑物的偶次散射强度就与建筑物的高度成二次项关系,而雷达方位角主要影响了叠掩区域与阴影区域。

建筑物的角反射较强,可以分为两种机制,目标散射情况示意图如图 6.4 所示,为来自倾斜屋顶的单次反射与来自墙一地面结构的二次反射。

图 6.4 目标散射情况示意图

反射面与雷达距离向不垂直示意图如图 6.5 所示,不同的雷达与目标方位角的不同也会造成散射性质的差异。其具体表现形式为垂直于雷达扫描轨迹的目标具有较强偶次散射回波。

如图 6.3 所示,不同的雷达与目标方位角的不同也会造成散射性质的差异。当雷达方位角为 $\varphi\neq 90°$ 时,入射电磁波 $\boldsymbol{E}$ 可以分解为 $\boldsymbol{E}_{\mathrm{D}}$ 和 $\boldsymbol{E}_{\mathrm{O}}$ 两个方向的分

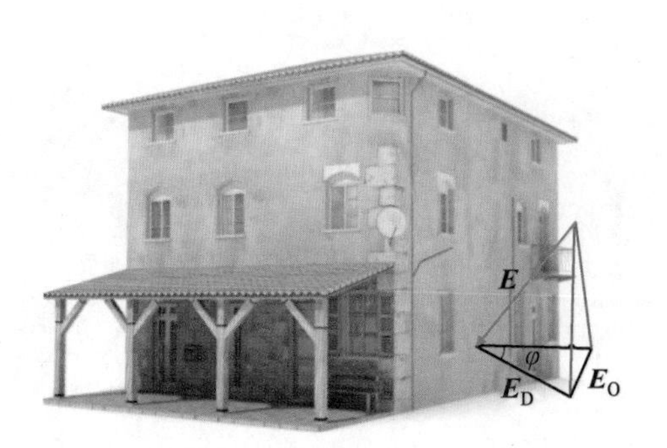

图 6.5　反射面与雷达距离向不垂直示意图

量。其中，$\boldsymbol{E}_D$ 对应于偶次散射，而 $\boldsymbol{E}_O$ 则对应于表面散射。由此可以发现，由于 $\varphi \neq 90°$，因此部分偶次散射转化为表面散射。φ 越大，转化的程度越大，在 $\varphi = 90°$ 时变为完全表面散射。

高分辨率图像散射示意图如图 6.6 所示，中低分辨散射示意图如图 6.7 所示。在不同分辨的图像中，典型目标所占像素数不同，反映在目标分解后的结果可能会有不同。

图 6.6　高分辨率图像散射示意

图 6.7　中低分辨率散射示意图

不同入射角的目标如图 6.8 所示。入射角不同时，接收到的后向散射能量或散射机理有可能不同。以建筑物底部散射为例，入射角较低时，会产生偶次散射成分，当入射角过高时，散射将不完全符合偶次散射机制。

(a) 高入射角

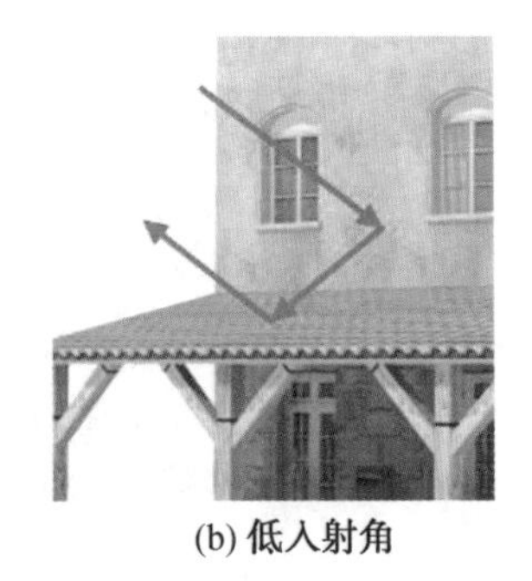

(b) 低入射角

图 6.8　不同入射角的目标

此外，图中房屋由于有探出的房檐，因此下面电磁波会出现绕射情况，可能会出现部分螺旋散射。

6.2.2　SAR 图像中建筑物散射特性分析

在城区地物目标中包含众多建筑物，类型各有不同，可以将这些建筑物分为两大类：平顶和尖顶建筑。本节将对这两种类型建筑在 PolSAR 图像数据中的散射特性及差异进行分析和研究。

(1)平顶建筑物散射特性分析。

对于平顶建筑，图 6.9 所示不同成像方向下的平顶建筑散射情况表征了两种垂直成像方向下平顶建散射情况，图 6.10 所示不同方向下平顶建筑散射特性示意图表征了对平顶建筑及其地表在两种垂直成像方向下成像效应分析。在 PolSAR 图像中主要的成像区域包含地面区、墙面区、屋顶区及阴影区，平面建筑不同区域散射类型及图像特点见表 6.1。

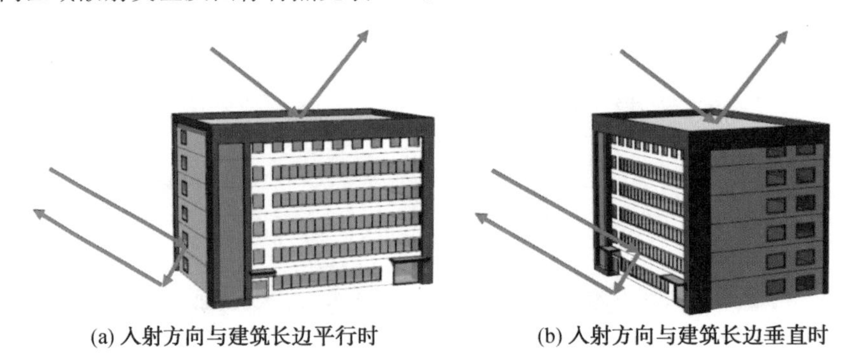

(a) 入射方向与建筑长边平行时　　(b) 入射方向与建筑长边垂直时

图 6.9　不同成像方向下的平顶建筑散射情况

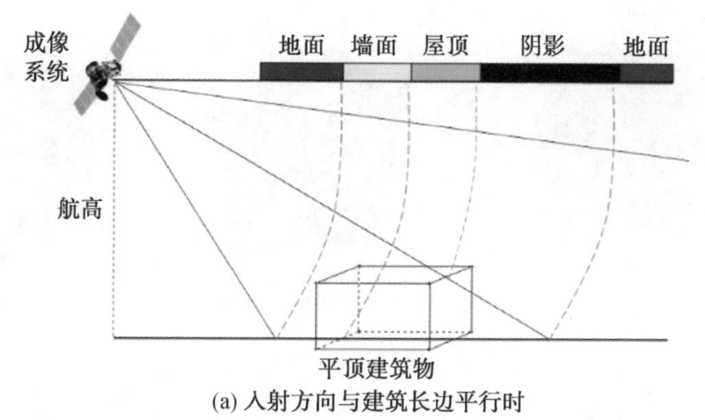

(a) 入射方向与建筑长边平行时

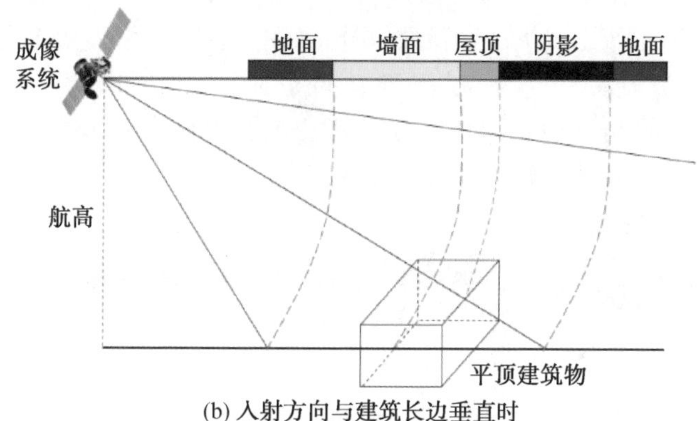

(b) 入射方向与建筑长边垂直时

图 6.10 不同方向下平顶建筑散射特性示意图

表 6.1 平顶建筑不同区域散射类型及图像特点

成像区域	散射类型	图像特点
地面区	奇次散射	较暗
墙面区	偶次散射	较亮
屋顶区	奇次散射	较暗
阴影区	无散射	黑色

(2)尖顶建筑物特性分析。

尖顶建筑的成像效应与平顶建筑成像效应相似，但由于其具有屋顶坡角，因此存在三种不同情况的散射效果：当雷达发射的入射波入射角度小于屋顶坡度时，其散射情况如图 6.11(a)所示；当改变成像方向时，其散射情况如图 6.11(b)所示；当入射角度大于屋顶坡度时，其散射情况如图 6.11(c)所示。

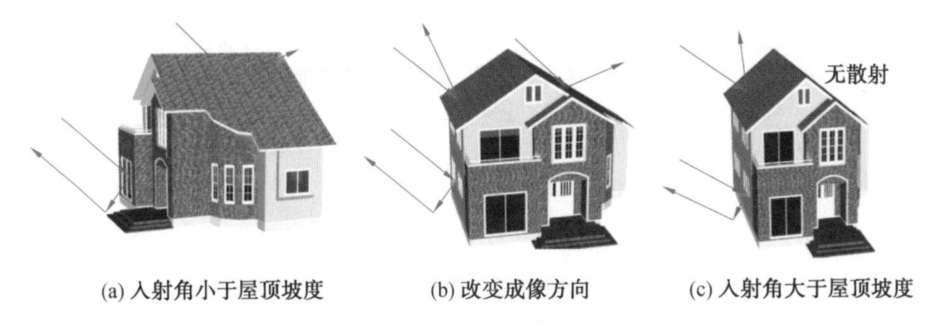

图 6.11　不同情况下的尖顶建筑散射情况

图 6.12(a)所示为当雷达发射的入射波入射角度小于屋顶坡度时，尖顶建筑物及地表在不同成像方式下的成像效应分析；图 6.12(b)所示为当雷达发射的入射波入射角度大于屋顶坡度时，尖顶建筑物及地表在不同成像方式下的成像效应分析。改变成像角度后尖顶建筑散射特性示意图如图 6.13 所示。尖顶建筑不同区域散射类型及图像特点见表 6.2。

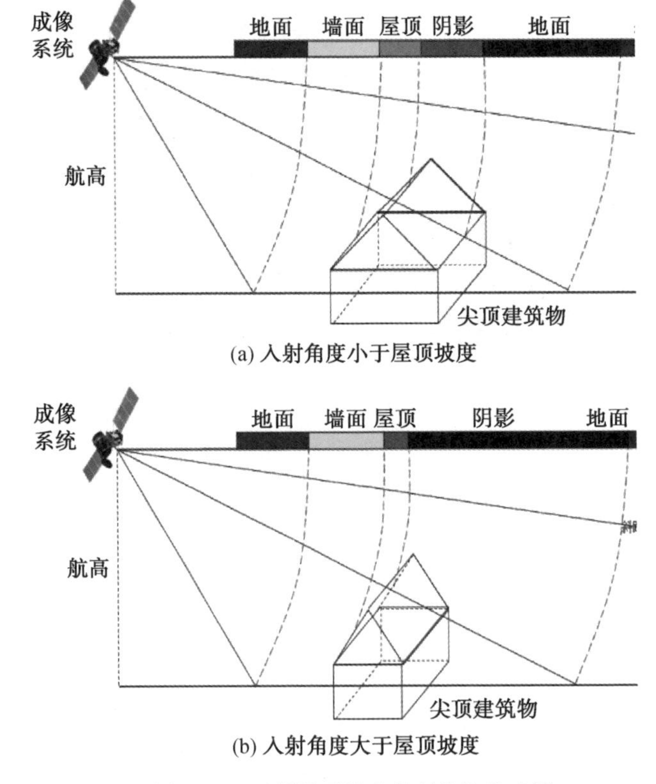

图 6.12　不同屋顶坡度散射特性示意图

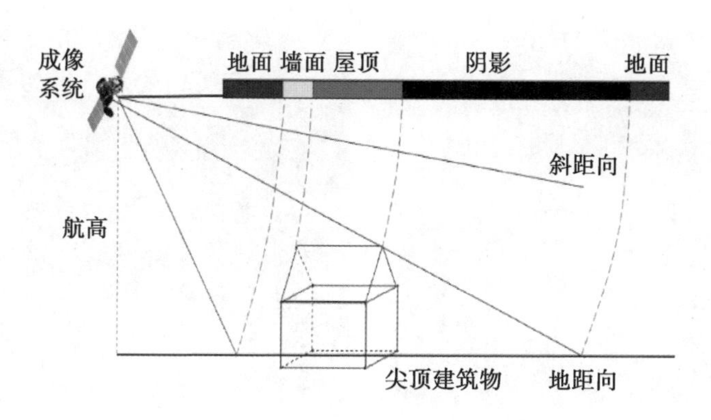

图 6.13　改变成像角度后尖顶建筑散射特性示意图

表 6.2　尖顶建筑不同成像区域散射类型及图像特点

<table>
<tr><th colspan="2">成像区域</th><th>散射类型</th><th>图像特点</th></tr>
<tr><td colspan="2">地面区</td><td>奇次散射</td><td>较暗</td></tr>
<tr><td colspan="2">墙面区</td><td>偶次散射</td><td>较亮</td></tr>
<tr><td rowspan="3">屋顶区</td><td>入射角度小于坡度</td><td>正向:偶次散射
后向:无散射</td><td>正向:较亮
后向:黑色</td></tr>
<tr><td>入射角度大于坡度</td><td>奇次散射</td><td>较暗</td></tr>
<tr><td>阴影区</td><td>无散射</td><td>黑色</td></tr>
</table>

本节的实验数据主要为城市区域的 PolSAR 图像，而城区目标中分布较多的目标是建筑物。图 6.14 所示为不同成像方式下建筑物目标，图 6.14(a)为实际建筑物目标，图 6.14(b)为光学图像中的建筑物，图 6.14(c)和(d)分别为不同角度、不同时相下 PolSAR 图像中同一建筑物。由于第一组的成像方向与第二组的成像方向不同，因此在图中的表现情况也有所不同，在这三幅图中均存在明显的明亮条纹代表了偶次散射，但第一组图像数据与第二组图像数据的明亮条纹位置有所不同，其中第一组中明亮条纹对应该建筑长边，而第二组的明亮条纹则对应建筑短边，因此可知成像角度会对建筑物的极化散射特性造成一定的影响。下面将对两类主要的建筑物类别的散射特性进行分析，总结出在系统成像角度不同的情况下所产生的散射特性的差异[15]。

图 6.15 所示为大型平顶状建筑分析，图 6.15(a)为 Google Earth 光学图像中的建筑物，图 6.15(b)为相应的 PolSAR 图像的 HH 通道图像。雷达照射从建筑物左侧入射。PolSAR 图像上存在两个明亮的条纹及随机的亮点，出现在靠近雷达照射方向的一侧(左侧)。较强的明亮条纹对应于偶次反射，由于方位角很小，因此前面墙体几乎是平行于雷达扫描方向的，这种散射效果最为明显。较弱一些的亮条纹对应于屋顶部位的小型角反射结构。建筑物目标前部墙体通常来

(a) 实际建筑物目标　　(b) 光学图像

(c) 第一组PolSAR数据　　(d) 第二组PolSAR数据

图 6.14　不同成像方式下建筑物目标

说并不是一个均匀物质构成的平滑结构。举例来说，墙体通常包含含有角反射结构的窗户、排水管道等结构，这些组件与墙体主要构成存在较大差异，这就是 PolSAR 图像中随机的强散射点产生的原因。

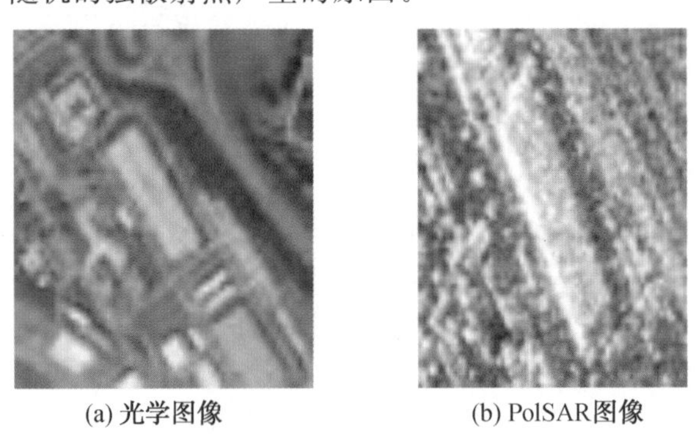
(a) 光学图像　　(b) PolSAR图像

图 6.15　大型平顶状建筑分析

当树木目标位于雷达与建筑目标之间时，又会造成建筑物目标偶次散射分量的减小。总的来说，PolSAR 图像中建筑物目标的性质受到多种因素的影响，这些因素包括目标本身的性质(建筑物材料、结构、大小等)、电磁波入射情况(入射角、方位角等)、PolSAR 传感器的分辨率及建筑物周边目标的情况等。

PolSAR 图像上的其他类型建筑物具有与上述分析中建筑目标相似的散射性质，而居民区或别墅区图斑更小一些，且表现出特定的纹理。在 PolSAR 建筑物信息提取的研究中，目前最为主要的问题是森林区域与建筑目标的混淆。二者在散射性质上较为相似，但相较于森林地区，建筑物因为具有固定的散射类型而相干性较强。同时，二者在纹理、极化相似性及极化特性等参数上也存在差异。

(1) 纹理。

建筑物目标在 PolSAR 图像中的纹理变化起伏较大，分布不均，而森林区域的纹理相对而言更为平滑。森林区域纹理表现形式一般为散粒状，而裸地等目标的纹理则最为细腻。

(2) 极化相似性。

建筑物目标与偶极子的相似性系数非常高，而森林目标由于结构复杂，因此不属于偶极子类型散射，其相似性指数较低。这一差异是区分两种目标的有效手段。

(3) 极化特性。

由于建筑物的建筑特性，因此其不可避免地具有水平垂直等尖锐结构。这种尖锐结构主要的散射形式为二面角散射。而森林区域在树冠与树干等结构的共同作用下，主要体现为体散射成分。裸地、耕地等平整目标的主要散射成分为奇次散射。

6.3 基于局部卷积稀疏表示的建筑目标检测

作为城镇区域重要的组成部分，建筑物目标具有结构复杂、分布广泛等特点，如何从城镇环境中有效地检测出建筑物对土地利用调查、地理国情监测和城镇规划等应用领域具有非常重要的意义。建筑物目标在极化 SAR 图像中呈现出多种散射特性，基于对极化 SAR 图像中的建筑物散射特性的分析，比较城镇区域中建筑物目标与其他非建筑物目标的相关特性，能够有效地将建筑物与其他非建筑物地物区分开来，从而可以有效地利用极化 SAR 图像进行城镇建筑物检测。

6.3.1 局部卷积稀疏表示模型

针对建筑目标，参考局部卷积稀疏表示的理论，提出了一种基于局部卷积稀疏表示的极化与空间信息联合目标检测模型，并通过对模型的求解实现 PolSAR 图像的目标检测。利用卷积稀疏表示理论将传统的稀疏表示中的图像向量和字典原子的一维乘积运算扩展到二维图像和卷积字典的卷积运算，即利用卷积运算取代稀疏表示中字典$\boldsymbol{D}$和稀疏系数$\boldsymbol{\gamma}$的矩阵乘法运算，可以实现通过逐块的卷积运算达到图像空间信息注入的目的，从而实现 PolSAR 图像极化信息与空间信息的联合利用，并实现建筑目标的检测。利用卷积稀疏表示的建筑目标表达式为

$$\boldsymbol{P}_{\mathrm{t}}=\sum_{m=1}^{M}\boldsymbol{D}_{m}\otimes\boldsymbol{\gamma}_{m} \tag{6.1}$$

式中，$\boldsymbol{P}_{\mathrm{t}}$ 表示待检测的建筑目标的极化特征；$\boldsymbol{D}_m$ 表示大小为 $N\times N$ 的一组字典滤波器，数量为M个；$\boldsymbol{\gamma}_m$ 表示该字典滤波器所对应的特征响应，大小为$N\times 1$；$\otimes$表示卷积。

本节提出了一种新的 PolSAR 图像建筑目标检测方法，并使其更适合一般建筑目标的检测而不是只针对孤立目标的检测。理想情况下，PolSAR 图像的建筑目标检测可以表示为

$$\boldsymbol{P}_{\mathrm{b}}=\boldsymbol{P}-\boldsymbol{P}_{\mathrm{t}} \tag{6.2}$$

同样，由于建筑目标与背景之间在极化散射特性和空间纹理信息上具有较大的差异，因此可以通过卷积稀疏表示目标来实现极化信息与空间信息联合的建筑目标检测。建筑目标的极化特征$\boldsymbol{P}_{\mathrm{t}}$ 可以通过式(6.1) 所示的卷积稀疏表示理论表示。

正如上文所述，背景$\boldsymbol{P}_{\mathrm{b}}$ 在没有先验知识的情况下是很难获得的，所以为在不考虑背景建模 $f(\boldsymbol{P}_{\mathrm{b}})$ 影响的情况下实现 PolSAR 图像的建筑目标检测，并能够使其不仅应用于孤立的建筑目标区域，结合局部卷积稀疏表示思想，提出了一种新的基于局部卷积稀疏表示和迭代思想的 PolSAR 图像建筑目标检测框架，从而有效结合 PolSAR 图像中目标的极化和空间信息，实现建筑目标的检测任务。在该方法中，把 PolSAR 图像中的建筑目标检测看作通过迭代将目标$\boldsymbol{P}_{\mathrm{t}}$ 从剩余的图像中不断分离出来的过程。假设 t 为迭代次数，初始目标$\boldsymbol{P}_{\mathrm{t}}$ 是整个图像 $\boldsymbol{P}$。经过卷积稀疏表示后，目标$\boldsymbol{P}_{\mathrm{t}}$ 可以不断通过根据前一个特征响应$\{\boldsymbol{\gamma}_m^{t-1}\}$的最新值更新下一个特征响应$\{\boldsymbol{\gamma}_m^{t}\}$的迭代分离来实现建筑目标检测。这样，目标$\boldsymbol{P}_{\mathrm{t}}$ 通过迭代的表达式就可以写成

$$\boldsymbol{P}_{\mathrm{t}}^{t}=\boldsymbol{P}_{\mathrm{t}}^{t-1}+\sum_{m}^{M}\boldsymbol{D}_{m}\otimes(\boldsymbol{\gamma}_{m}^{t}-\boldsymbol{\gamma}_{m}^{t-1}) \tag{6.3}$$

则图像的残差 $\boldsymbol{P}-\boldsymbol{P}_{\mathrm{t}}^{t-1}$ 就可以作为下一次迭代的新目标，即$\boldsymbol{P}_{\mathrm{t}}^{t}=\boldsymbol{P}-\boldsymbol{P}_{\mathrm{t}}^{t-1}$。那么，通过对 PolSAR 图像中的残差进行迭代更新并求解$\boldsymbol{P}_{\mathrm{t}}^{t}$ 就可以实现建筑目标的检测。

卷积稀疏表示的求解过程是三维运算，一般需要通过交替方向乘子(alternating direction method of multipliers，ADMM) 算法和快速傅里叶变换(fast Fourier transformation，FFT) 运算进行，而 ADMM 算法需要引入多个辅助变量从而增加算法的复杂性和内存消耗，这也导致了其求解过程较为复杂且困难。为方便计算，将卷积稀疏表示中的卷积字典和特征响应通过重新平铺排列从而将卷积运算简化为乘积运算，避免将求解过程通过 FFT 映射到频域，降低

计算难度。则式(6.1) 中目标$\boldsymbol{P}_{\mathrm{t}}$的卷积稀疏表示的矩阵形式为

$$\underset{\boldsymbol{\Gamma}}{\arg\min} \| \boldsymbol{P}_{\mathrm{t}} - \boldsymbol{D}\boldsymbol{\Gamma} \|_2^2 + \lambda \| \boldsymbol{\Gamma} \|_1 \tag{6.4}$$

式中,$\boldsymbol{D}$是通过字典过滤器$\boldsymbol{D}_m$ 转换成的多个带状矩阵拼接而成的,全局字典$\boldsymbol{D}$就变成了由全部大小为 $N \times M$ 的移位局部字典组成;特征响应$\boldsymbol{\Gamma}$也是由所有特征响应$\boldsymbol{\gamma}_m$ 的交替拼接构成,即大小为$N\times1\times M$的全局特征响应$\boldsymbol{\Gamma}$被分解为N个大小为$M \times 1$ 的特征响应$\boldsymbol{\gamma}_i$。

字典滤波器$\boldsymbol{D}$被分解为多个大小为$N \times M$的子字典,这样,三维的运算操作就可以在不通过映射到频域的情况下不增加变量地转换为二维运算,降低了运算的复杂度。则式(6.4) 的目标函数可以表示为

$$\underset{\boldsymbol{\gamma}_i}{\arg\min} \| \boldsymbol{P}_{\mathrm{t}} - \sum_{i=1}^{N} \boldsymbol{D}_i\boldsymbol{\gamma}_i \|_2^2 + \lambda \sum_{i=1}^{N} \| \boldsymbol{\gamma}_i \|_1 \tag{6.5}$$

同样,式(6.5) 通过在固定另一个变量的情况下在子字典滤波器$\boldsymbol{D}_i$ 与子特征响应$\boldsymbol{\gamma}_i$ 之间交替更新从而实现求解。当固定子字典滤波器$\boldsymbol{D}_i$ 时,每个子特征响应就可以实现独立优化,对于局部卷积稀疏表示的求解,式(6.5) 可以表示为

$$\underset{\boldsymbol{\gamma}_i}{\arg\min} \| \boldsymbol{P}_{\mathrm{t}\gamma_i} - \boldsymbol{D}_i\boldsymbol{\gamma}_i \|_2^2 + \lambda \| \boldsymbol{\gamma}_i \|_1 \tag{6.6}$$

式中,$\boldsymbol{P}_{\mathrm{t}\gamma_i}$ 表示与特性响应$\boldsymbol{\gamma}_i$ 无关的项。

这样,全局特征响应的求解就变成了对每个局部特征响应切片$\boldsymbol{\gamma}_i$ 的求解,而每个局部特征响应之间彼此没有关系,都是互相独立的。同时,局部特征响应的求解与传统的稀疏表示求解方法是相同的。因此,采用最小角回归(least angle regression,LARS) 算法[1] 来求解该优化问题. 当特征响应$\boldsymbol{\gamma}_i$ 固定时,另一个任务是求解字典过滤器,这样式(6.5) 可以表示为

$$\underset{\boldsymbol{D}_i}{\arg\min} \| \boldsymbol{P}_{\mathrm{t}} - \sum_{i=1}^{N} \boldsymbol{D}_i\boldsymbol{\gamma}_i \|_2^2, \quad \text{s.t.} \| \boldsymbol{D}_i \|_2 = 1 \tag{6.7}$$

对式(6.7) 中$\boldsymbol{D}_i$ 的求解就变成了搜索满足归一化约束的$\boldsymbol{D}_i$。利用局部卷积稀疏表示对式(6.3) 中描述的 PolSAR 图像建筑目标检测框架就可以写为

$$\boldsymbol{P}_{\mathrm{t}}^{t} = \boldsymbol{P}_{\mathrm{t}}^{t-1} + \sum_{i=1}^{N} \boldsymbol{D}_i(\boldsymbol{\gamma}_i^{t} - \boldsymbol{\gamma}_i^{t-1}) \tag{6.8}$$

通过对式(6.8) 的求解,就可以有效地结合 PolSAR 图像目标极化信息与空间信息,实现建筑目标的检测任务,并提高了检测速度。该方法的过程如下。

(1) 初始化参数$\boldsymbol{D}_m$、$\boldsymbol{\gamma}_m$、$t=1$、$\boldsymbol{P}_{\mathrm{t}}=\boldsymbol{P}$。

(2) 对目标$\boldsymbol{P}_{\mathrm{t}}$ 卷积稀疏表示为$\boldsymbol{P}_{\mathrm{t}} = \sum_{m=1}^{M} \boldsymbol{D}_m \otimes \boldsymbol{\gamma}_m$ 并求解$\boldsymbol{P}_{\mathrm{t}}$。

(3) 获得剩余图像$\boldsymbol{P}_{\mathrm{res}} = \boldsymbol{P} - \boldsymbol{P}_{\mathrm{t}}$。

(4) 将残差图像$\boldsymbol{P}_{\mathrm{res}}$ 设置为下一次迭代的新目标$\boldsymbol{P}_{\mathrm{t}}$,重复执行步骤(2) ~(4),直到迭代结束。

通过以上步骤,该方法可以实现通过利用局部卷积稀疏表示迭代从而达到 PolSAR 图像的建筑目标检测的目的。基于局部卷积稀疏表示的 PolSAR 图像建筑目标检测示意图如图 6.16 所示。

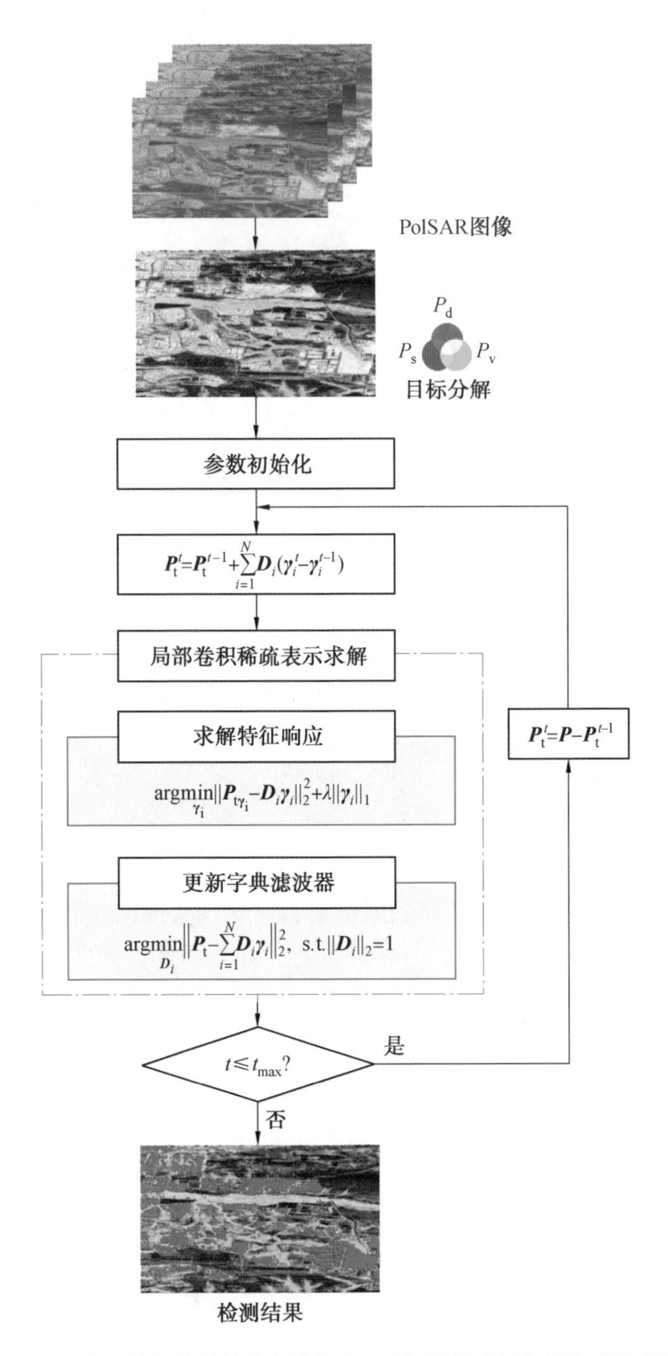

图 6.16　基于局部卷积稀疏表示的 PolSAR 图像建筑目标检测示意图

6.3.2　建筑检测结果及分析

截取美国 Moss Beach 及 Half Moon Bay 地区 UAVSAR 系统 L 波段图像中海边附近的区域进行实验，其截取地区的光学图如图 6.17(a)所示，两阶段目标分解结果如图 6.17(b)所示，建筑目标真值图如图 6.17(c)所示。

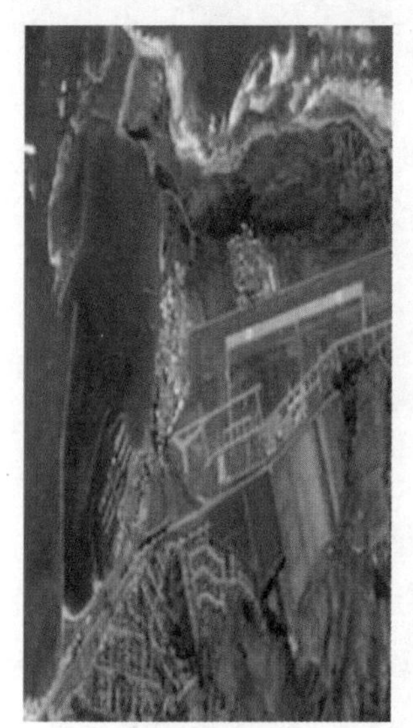

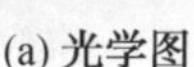
(a) 光学图　(b) 两阶段目标分解结果　(c) 建筑目标真值图

图 6.17　UAVSAR 图 Moss Beach 及 Half Moon Bay 目标测试区示意图

Moss Beach 及 Half Moon Bay 地区基于不同方法的建筑目标检测结果如图 6.18 所示。图 6.18(d)为本节提出的基于局部卷积稀疏表示的建筑目标检测结果，同样将检测到的建筑目标显示在了两阶段目标分解的假彩色合成图上，并标记为红色。从实验结果中同样可以看出，该方法也同样能够有效地实现图像中的建筑目标的有效检测，而且建筑目标的轮廓完整，区域一致性较好，且虚警率较低。第二组实验的实验结果同样表明，本节提出的基于局部卷积稀疏表示的检测框架在建筑目标检测应用中能够有效地结合 PolSAR 图像的极化信息和空间信息，取得较好的检测效果。

为验证本节所提出的方法有效性，也对比了几组有代表性的检测方法。图 6.18(a)为基于 Yamaguchi 分解和 SVM 的检测方法[6]，图 6.18(b)为基于复极化协方差差异矩阵（complex polarimetric covariance difference matric，CPCDM)的 PolSAR 图像舰船检测方法[7]，图 6.18(c)为同时使用 Yamaguchi 分解的极化特征和灰度共生矩阵纹理特征的基于空间约束稀疏表示的目标检测方法。同样能够从这三种对比实验的结果中发现，这三种方法都可以较好地实现

(a) SVM检测结果

(b) 基于CPCDM的检测结果

(c) 基于空间约束稀疏表示检测结果

(d) 基于局部卷积稀疏表示的检测结果

图 6.18 Moss Beach 及 Half Moon Bay 地区基于不同方法的建筑目标检测结果

建筑目标的检测。而且，同样能够看出对比实验中的结果中存在将一些植被区域检测成建筑目标的情况，从而出现大量的虚警，这主要是因为这些植被区域的散射特征与建筑目标区域相似。对比实验中尽管也同样利用了图像的空间信息，但结果仍然存在较多的漏检和虚警问题，这同样也证明了即使经典的检测方法可以将极化信息与空间信息相结合，也不能有效地利用目标的空间结构信息

来实现检测。对比三组实验结果，能够发现本节所提的方法具有最好的检测结果，能够检测出最多的目标且具有最少的虚警。

同样，为准确地说明所提方法的有效性，对这四组实验结果使用检测率 P_D、漏检率 P_M 和虚警率 P_F 这三个评价指标进行定量的分析(表 6.3)。能够得到与图中的检测结果及上组实验相似的结论，这三种对比方法均可以有效实现建筑目标的检测，但基于 SVM 和基于 CPCDM 的检测率相似且较低，均低于 80%，而 SVM 的虚警率要略高于 CPCDM 的虚警率。基于空间约束稀疏表示的方法检测率更高，但同时虚警率也更高。本节所提的检测方法则具有最好的检测效果，其检测率最高且虚警率最低，这也同时证明了本节所提的基于局部卷积稀疏表示的目标检测方法在建筑目标检测应用中的有效性。

表 6.3　Moss Beach 及 Half Moon Bay 区域不同方法的建筑目标检测结果的定量比较

	P_D	P_M	P_F
SVM	78.93%	21.07%	31.77%
CPCDM	79.28%	20.72%	23.26%
空间约束稀疏表示	85.25%	14.75%	56.39%
局部卷积稀疏表示	95.28%	4.72%	9.68%

6.4　基于 IC－ISTD 目标分解结果的建筑目标检测

6.4.1　基于 IC－ISTD 目标分解结果的 PolSAR 图像自动分割

在得到四成分目标分解结果之后，能够得到直观上的目标分解结果的合成图。然而，直接简单采用目标分解结果中主要散射体为偶次散射体的目标作为建筑目标检测结果并不准确。例如，部分以偶次散射为主的低散射能量的散射体也被认为是建筑目标，这显然是不对的。因此，Lee 在 Freeman－Durden 三成分分解的基础上利用保持类内散射成分一致的方法，将原来的三类(偶次散射为主、奇次散射为主和体散射为主)扩展为多类。其中，低能量的偶次散射体能够被单独划分为一类，进而改进分割和后续目标检测的性能。

然后采用第 3 章提出的 IC－ISTD 四成分目标分解结果，这是因为：首先，四成分目标分解能够适用于不对称目标的情况；其次，所提出的四成分目标分解方法在严重旋转的建筑物区域比 Yamaguchi 四成分分解效果更好。

对 PolSAR 图像进行四成分目标分解，得到四个散射成分：奇次散射、偶次散射、体散射和螺旋散射。由于偶次散射和螺旋散射同为建筑目标特有的散射成分，因此本节中将这两个分量叠加起来，称为偶次一螺旋散射。对于 PolSAR 图像的每一个像素点，都能将它归类为奇次散射为主、偶次一螺旋散射为主和体散射为主的三类。在接下来的分割过程中，只有主散射成分一样的像素点才能够聚在一起，这样能够保证只有相同散射机理的像素点能够最终被归在一类。对于每一个类别，按照能量大小分为多个子类，让这些子类根据类内间距最小的原则进行聚类，最终自动获得每个大类按照能量大小排列的分割结果。

图 6.19 所示为基于 IC－ISTD 四成分分解结果的图像分割流程图，具体步骤如下[8]。

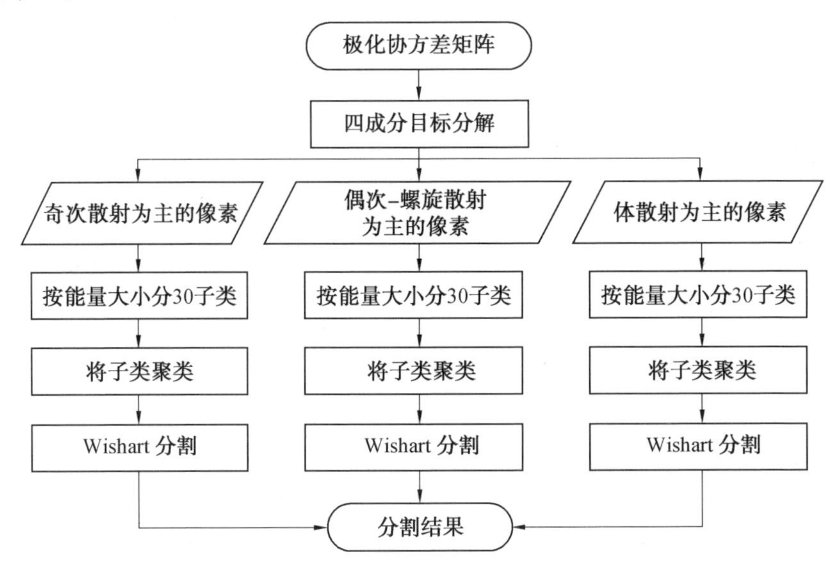

图 6.19 基于 IC－ISTD 四成分分解结果的图像分割流程图

1. 子组划分

(1) 利用第 3 章提出的 IC－ISTD 四成分目标分解方法对 PolSAR 图像进行目标分解，每一个像素标记为奇次散射为主、偶次一螺旋散射为主或体散射为主的三大组。

(2) 将每一组中的像素按照能量的大小分为 30 个子类，此时得到一共 90 个子组。

2. 子组组合

(1) 计算每个子组的平均协方差矩阵。

(2) 对于每两个子组，若协方差矩阵分别为$[C_i]$和$[C_j]$，计算两个组别间的 Wishart 距离 D_{ij}，即

$$D_{ij}=\frac{1}{2}\{\ln|C_i|+\ln|C_j|+\mathrm{Tr}([C_i^{-1}][C_j]+[C_j^{-1}][C_i])\} \tag{6.9}$$

将 Wishart 距离最短的两类聚合在一起，依此类推，直到达到规定的组别数。

3. 最终分割

(1) 经过上面步骤之后，得到一系列组别。计算每一个类别的平均协方差矩阵作为类的中心$[C_m]$。计算 PolSAR 图像中每一个像素点与$[C_m]$之间的间隔，通过 Wishart 距离定义，即

$$D([C],[C_m])=\ln|[C_m]|+\mathrm{Tr}([C_m^{-1}][C]) \tag{6.10}$$

得到与每一组的距离后，将该像素点赋值为最近距离的那一组。

(2) 得到分割结果后，获取新的组中心，以上一步的方法对分类结果迭代四次，获取更收敛的分割效果，最后输出最终的分割类别，整个过程不需要人工介入。

6.4.2　基于指向角的 PolSAR 图像建筑目标检测

基于四成分目标分解结果的分割方法能够作为建筑目标检测的输入。由于建筑目标通常表现为二面角特性，因此偶次散射为主的区域能够看作建筑目标区域。然而，并不是所有的二面角为主的区域都是建筑目标区域。一些能量较低的二面角为主的区域显然也不是建筑目标区域，因此那些有着高能量且表现为二面角散射为主的区域能够作为建筑目标被提取。

应该注意的是，树干－地表结构同样能构成二面角散射，同时这种散射的能量也很大。因此，简单通过二面角散射很难区分建筑目标和森林区域，导致将部分森林区域误检测为建筑目标。这就需要加入另外的特征来区分树干－地表结构与建筑物区域，而指向角的随机性正是这样一种有效的特征。那些与 SAR 飞行方向平行的建筑物区域有很小的指向角及很均匀分布的极化指向角；那些与 SAR 飞行方向不平行的建筑物区域通常有较大的指向角或不均匀分布的极化指向角；而森林区域的指向角处于均匀与非均匀之间。

指向角的提取采用主次散射指向角之差 $\Delta\theta$ 来获取，均匀性使用方差 σ_θ 来定义，即

$$\sigma_\theta=\sqrt{\frac{1}{N}\sum_{i=1}^{N}(\Delta\theta_i-\mu)^2} \tag{6.11}$$

式中，$\Delta\theta_1\cdots\Delta\theta_i\cdots\Delta\theta_N$ 是被处理像素周围方框中 N 个指向角；μ 是 $\Delta\theta_1\cdots\Delta\theta_i\cdots\Delta\theta_N$ 的均值。可以通过移除均匀性满足 $1.2\times\sigma_{\theta\mathrm{L}}<\sigma_\theta<0.8\times\sigma_{\theta\mathrm{H}}$ 的像素达到消除树干－地表结构带来的错误检测的目的。其中，$\sigma_{\theta\mathrm{L}}$ 和 $\sigma_{\theta\mathrm{H}}$ 分别是 $\Delta\theta$ 均匀和不均匀的判断阈值。通常 $\sigma_{\theta\mathrm{L}}$ 和 $\sigma_{\theta\mathrm{H}}$ 被设置为 0.1 和 0.5。

除树干－地表结构对建筑物提取有影响外，基于四成分分解的分割方法在旋转建筑物的提取上也不理想。尽管经过了第 3 章提出的 IC－ISTD 分解方法的改进，但严重旋转的建筑物还是部分表现为不是偶次散射为主。需要注意的是，严重旋转的建筑物区域的指向角很大或很不均匀。因此，可以通过增加 $\Delta\theta > \Delta\theta_H$ 或 $\sigma_\theta > \sigma_{\theta H}$ 的像素点作为严重旋转的建筑物区域。典型的 $\Delta\theta_H$ 值为 $\pi/6$。

基于指向角的 PolSAR 图像建筑目标自动检测算法流程图如图 6.20 所示，其中一共包含三个步骤：候选建筑目标检测、树干－地表结构移除和严重旋转建筑物加入。

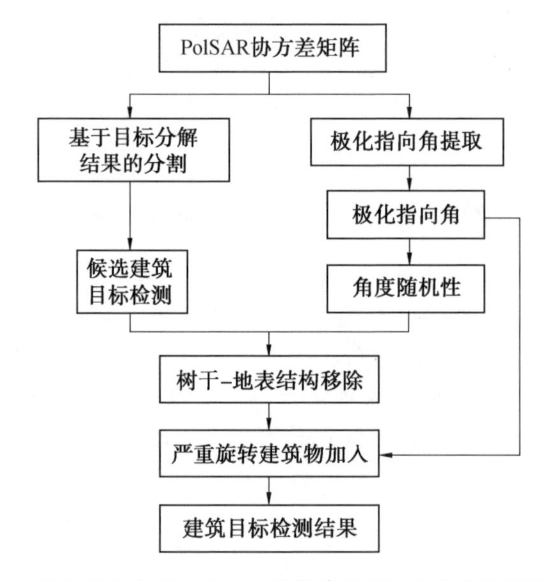

图 6.20 基于指向角的 PolSAR 图像建筑目标自动检测算法流程图

6.4.3 建筑目标检测结果及分析

采用 UAVSAR 全极化图像进行建筑目标检测。UAVSAR 图像提取的 $\Delta\theta$ 如图 6.21 所示。对于海洋区域和没有旋转的建筑物区域，$\Delta\theta$ 都近似为零；然而对于旋转的建筑物区域，$\Delta\theta$ 存在一定的值。

极化指向角 $\Delta\theta$ 的随机性 σ_θ 可以通过一个 7×7 的窗口滑动获取。UAVSAR 图像 σ_θ 的分布图如图 6.22 所示。可以看出，极少森林区域 σ_θ 介于 $\sigma_{\theta L}$ 与 $\sigma_{\theta H}$ 之间，图像中大部分区域 σ_θ 都小于 $\sigma_{\theta L}$。

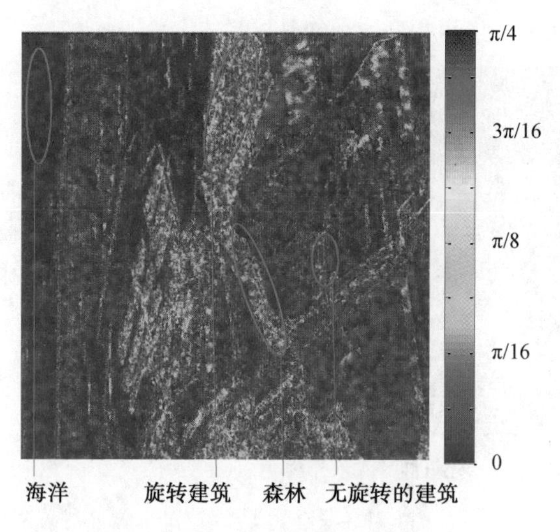

图 6.21　UAVSAR 图像提取的 $\Delta\theta$

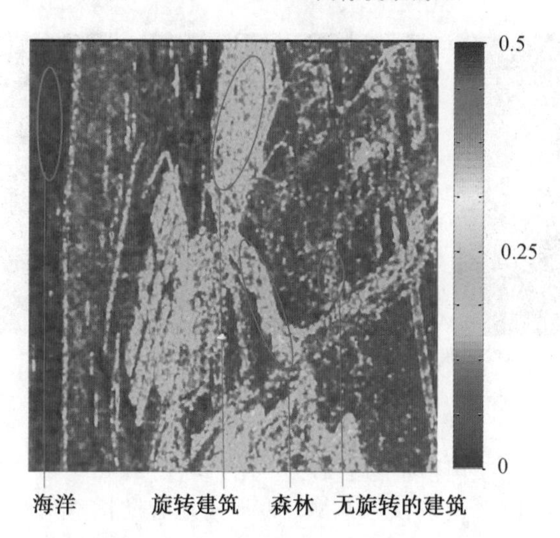

图 6.22　UAVSAR 图像 σ_θ 的分布图

基于目标分解的 UAVSAR 图像分割结果如图 6.23 所示。可以看出，基本上建筑目标都显示为高能量的偶次散射，森林显示为体散射，海洋和农田显示为奇次散射。

图 6.24 所示为 UAVSAR 图像的建筑目标检测结果。通过基于目标分解结果的分割，能够提取出候选的建筑目标，如图 6.24(a) 所示，说明基于目标分解的候选建筑目标检测的有效性。图 6.24(b) 和图 6.24(c) 与图 6.24(a) 类似，这是因为 UAVSAR 数据中大部分区域 $\Delta\theta$ 和 σ_θ 都较小，所以对 UAVSAR 图像直接进行自动候选建筑目标检测就已经有很好的检测效果了。

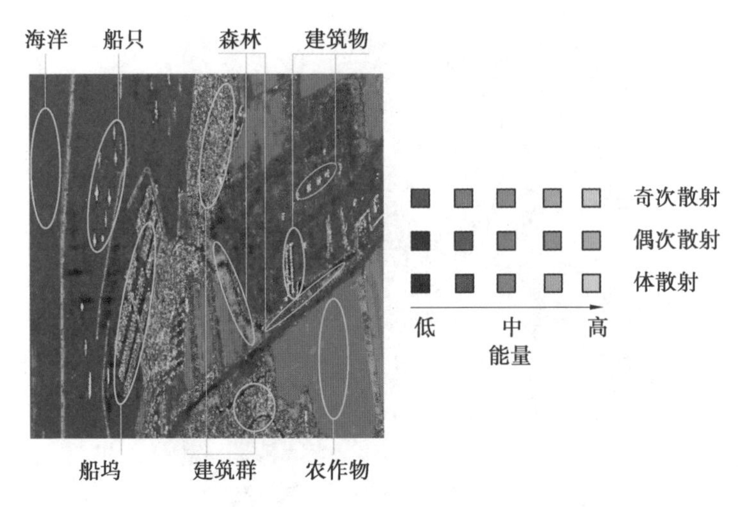

图 6.23　基于目标分解的 UAVSAR 图像分割结果

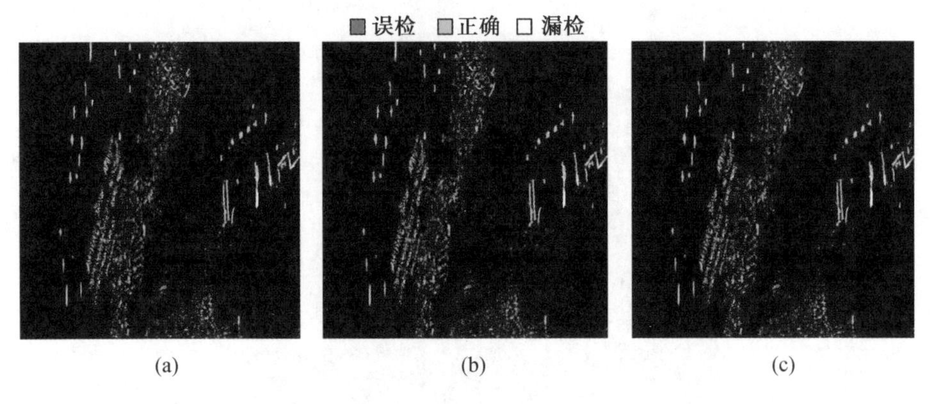

图 6.24　UAVSAR 图像的建筑目标检测结果

为定量分析图 6.24 中的建筑目标检测结果，对基于目标分解结果的建筑目标检测的三个步骤(候选建筑目标检测、树干－地表结构移除和严重旋转建筑物加入)的检测率和误检率进行统计(表 6.4)。通过表 6.4 可以看出，各种方法的检测率差别不大，而经过树干－地表结构移除后能够略微提高误检率。这也进一步说明了对 UAVSAR 图像直接进行自动候选建筑目标检测就已经有很好的检测效果了。

表 6.4　UAVSAR 图像建筑目标检测结果表

	候选建筑目标 /%	树干－地表结构移除后 /%	严重旋转建筑物加入后 /%
检测率	78.40	78.36	78.43
误检率	2.68	1.85	1.85

6.5　基于度量学习的城区建筑目标检测

在度量学习检测分类算法中，基于马氏距离度量算法的高效性已被众多学者认可，但其提出的众多算法在检测分类过程中仍旧采用经典的 K 近邻算法。在大边距最近邻(large margin nearest neighbor，LMNN)算法[9]及半正定约束度量学习(positive-semidefinite constrained metric learning，PCML)算法[10]中，其作者将支持向量模型分类思想应用到度量学习的目的函数优化算法中，但在后续检测分类中依旧没有避免采用 K－近邻(K－nearest neighbor，KNN)算法的问题，丧失了样本间具有最大边际的特性。尤其在处理 PolSAR 图像目标检测问题上，目标数量与背景存在着数据不平衡问题，在处理该问题上采用支持向量分类算法的效果要比 KNN 算法更有优势，同时输入的多特征空间存在耦合关系。而马氏距离可以排除特征中的相关性，因此本节结合两方面优势，基于马氏距离构建一种有效的核函数应用于支持向量训练及检测分类中。

6.5.1　支持向量度量学习模型

在基于支持向量机的初始分类模型中，存在训练样本集 $D=\{(x_1,y_1),(x_2,y_2),\cdots,(x_n,y_n)\}$。其中，$x_i\in\mathbf{R}^d$ 表示样本集中第 i 个样本；$y_i\in\{-1,1\}$ 为 x_i 的标签，其表达式为

$$\begin{cases}\min\limits_{w,b,\varphi,\xi}\dfrac{1}{2}\|\boldsymbol{w}\|^2+C\sum\limits_{i=1}^{n}\xi_i\\ \text{s.t.}\ \ y_i(\boldsymbol{w}\,\varphi(x_i)+b)\geqslant 1-\xi_i,\quad\forall i\\ \xi_i\geqslant 0,\quad\forall i\end{cases}\tag{6.12}$$

式中，$\varphi(\cdot)$ 为映射函数；$\boldsymbol{w}$ 为法向量；b 为偏置量；C 和 ξ_i 分别为软间隔中的重要参数，即惩罚因子和松弛变量。

对于线性可分数据，上述约束条件可简化为 $y_i(\boldsymbol{w}_i x_i+b)\geqslant 1-\xi_i$；而对于线性不可分数据，则需要构建核函数将两类数据映射到新的特征空间再进行线性区分。其中，在特征映射中应用最广泛的核函数为径向基核函数(radial basis function，RBF)，$K_{\mathrm{RBF}}(x_i,x_j)=\mathrm{e}^{-\gamma\|x_i-x_j\|}(\gamma>0)$。但在该过程中采用欧氏距离进行距离度量，由于欧氏距离存在的缺陷往往会导致分类错误的问题，因此基于马氏距离的特征空间的样本相似性度量可获得更优的度量效果，马氏距离即 $d_M(x_i,x_j)=(x_i-x_j)^{\mathrm{T}}[M](x_i-x_j)$，其中 $[M]=[A][A]^{\mathrm{T}}$，$[A]$ 为投影矩阵。通过将径向基核函数的欧氏距离转换为马氏距离，可得出基于马氏距离的径向基函数，即

$$\begin{aligned}K_M(x_i,x_j)&=\mathrm{e}^{-\gamma(x_i,x_j)^{\mathrm{T}}[M](x_i,x_j)}\\&=\mathrm{e}^{-\gamma\|[A]^{\mathrm{T}}x_i-[A]^{\mathrm{T}}x_j\|^2}\\&=\varphi_M(x_i)^{\mathrm{T}}\varphi_M(x_j)\end{aligned}\tag{6.13}$$

式中,$\gamma=\dfrac{1}{2\sigma^2}$,$\sigma$ 为自由参数;$\varphi_M(x_i)$ 是一个无穷多维的转换函数。

基于马氏距离度量的分类超平面表达式为

$$\boldsymbol{w}^{\mathrm{T}}\varphi_M(x_i)+b=0\tag{6.14}$$

基于马氏距离的 SVM 分类器模型定义为

$$\begin{cases}\min\limits_{\boldsymbol{w},b,\varphi,\xi}\dfrac{1}{2}\|\boldsymbol{w}\|^2+C\sum\limits_{i=1}^{n}\xi_i\\ \text{s. t. }\ y_i(\boldsymbol{w}\varphi_M(x_i)+b)\geqslant 1-\xi_i,\quad i=1,2,\cdots,n\\ \xi_i\geqslant 0\end{cases}\tag{6.15}$$

式(6.15)与式(6.12)的区别在于式(6.15)使用了基于马氏距离的转换函数 $\varphi_M(x_i)$,将距离度量从欧氏距离转换为马氏距离。

式(6.15)可基于拉格朗日乘子法写为

$$\begin{cases}L(\boldsymbol{w},b,\varphi_M,\xi,\alpha,r)=\dfrac{1}{2}\|\boldsymbol{w}\|+C\sum\limits_{i=1}^{n}\xi_i-\\ \qquad\qquad\sum\limits_{i=1}^{n}\alpha_i(y_i(\boldsymbol{w}^{\mathrm{T}}\varphi_M(x_i)+b)-1+\xi_i)-\sum\limits_{i=1}^{n}r_i\xi_i\\ \text{s. t. }\ y_i(\boldsymbol{w}\varphi_M(x_i)+b)\geqslant 1-\xi_i,\quad\forall i\\ \xi_i\geqslant 0,\alpha_i\geqslant 0,r_i\geqslant 0\end{cases}\tag{6.16}$$

式中,$\varphi_M(x_i)$ 与变量 $[A]$ 和 r 相关,因此基于式(6.16)可得出目标函数:$\min\limits_{\boldsymbol{w},b,[A],\xi}\max\limits_{\alpha,r}L(\boldsymbol{w},b,[A],\xi,\alpha,r)$。由于该目标函数求解较为困难,因此可基于 KKT(Karush－Kuhn－Tucker)条件将该目标函数转换为对偶问题,即

$$\max_{\alpha,r}\min_{\boldsymbol{w},b,[A],\xi}L(\boldsymbol{w},b,[A],\xi,\alpha,r)\tag{6.17}$$

求解该问题需要首先固定 α 和 r,求解 $\boldsymbol{w}$、b、$[A]$、ξ 四个参数的最小值,其偏导函数为

$$\begin{cases}\dfrac{\partial L}{\partial \boldsymbol{w}}=0 \Rightarrow \boldsymbol{w}=\sum\limits_{i=1}^{n} \alpha_i y_i \varphi_M(x_i) \\ \dfrac{\partial L}{\partial b}=0 \Rightarrow \sum\limits_{i=1}^{n} \alpha_i y_i=0 \\ \dfrac{\partial L}{\partial \xi_i}=0 \Rightarrow C-\alpha_i-r_i=0 \\ \dfrac{\partial L}{\partial [A]}=\sum\limits_{i,j=1}^{n} \gamma \alpha_i \alpha_j y_i y_j (x_i-x_j)(x_i-x_j)^{\mathrm{T}}[A] \mathrm{e}^{-\gamma(x_i-x_j)^{\mathrm{T}}[A][A]^{\mathrm{T}}(x_i-x_j)}\end{cases} \tag{6.18}$$

可知$\dfrac{\partial L}{\partial [A]}$的解析表达式难以求解，因此将式(6.18)代入式(6.17)中求解支持向量机参数，可转化为$\min\limits_{[A]} L([A],\alpha,r)$，表达式为

$$\begin{cases}\max\limits_{\alpha} \sum\limits_{i=1}^{n} \alpha_i-\dfrac{1}{2} \sum\limits_{i,j=1}^{n} \alpha_i \alpha_j y_i y_j K(x_i, x_j) \\ \text{s.t.}\ \ 0 \leqslant \alpha_i \leqslant C, \quad i=1,2,\cdots,n \\ \sum\limits_{i=1}^{n} \alpha_i y_i=0\end{cases} \tag{6.19}$$

式(6.19)可基于序列最小优化(sequential minimal optimization，SMO)算法求解，首先选取两参数 $\alpha_1^{(k)}$ 和 $\alpha_2^{(k)}$，求解两参数的最优化解 $\alpha_1^{(k+1)}$ 和 $\alpha_2^{(k+1)}$，同时更新 $\alpha^{(k)}$ 为 $\alpha^{(k+1)}$，若在精度范围内满足 KKT 条件，则结束循环获得参数 α 和 b，否则继续循环求解。随后固定参数 α 和 b 求解矩阵$[A]$，采用梯度下降法对矩阵$[A]$进行循环更新求解，有

$$[A^{(k+1)}]=[A^{(k)}]-\tau_k \frac{\partial L}{\partial [A_k]} \tag{6.20}$$

式中，k 为循环次数；τ 为前进步长。随后将梯度下降法计算得到的矩阵$[A]$重新代入式(6.17)中循环计算，直至矩阵$[A]$收敛后再次计算参数α 和b，依据支持向量进行分类检测。

6.5.2　基于支持向量度量学习的建筑检测流程

基于支持向量度量学习的 PolSAR 图像建筑检测流程图如图 6.25 所示，基于支持向量度量学习的 PolSAR 图像建筑目标检测步骤见表 6.5。

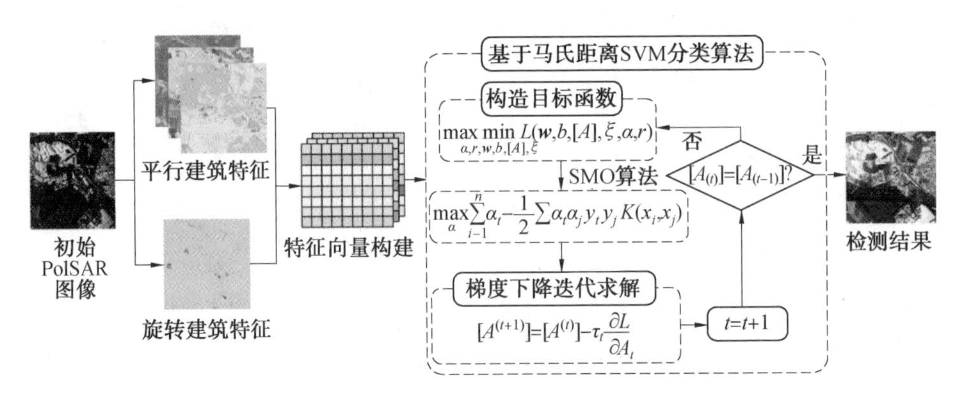

图 6.25　基于支持向量度量学习的 PolSAR 图像建筑精检测流程图

表 6.5　基于支持向量度量学习的 PolSAR 图像建筑目标检测步骤

基于支持向量度量学习的 PolSAR 图像建筑检测算法
输入:PolSAR 图像,真值图
输出:目标检测结果 y
初始化:步长 $\tau_0 = 0.01$,矩阵$[A_t] = [I]$,参数 $\gamma = 1/d_M$
1.求解 PolSAR 图像的旋转域特征及极化分解特征,构建特征向量;
2.构建基于马氏距离径向基函数:$K_{M(t)}(x_i,x_j) = \mathrm{e}^{-\gamma\Vert[A_{(t)}^{\mathrm{T}}]x_i-[A_{(t)}^{\mathrm{T}}]x_j\Vert^2}$
3.基于 KKT 条件及 SMO 算法求解目标函数 $\min\limits_{w,b,[A],\xi}\max\limits_{\alpha,r} L(w,b,[A],\xi,\alpha,r)$,计算参数 $\alpha_{(t)}$ 和 $b_{(t)}$;
4.将 $\alpha_{(t)}$ 和 $b_{(t)}$ 代入目标函数$\max\limits_{\alpha}\sum\limits_{i=1}^{n}\alpha_i - \frac{1}{2}\sum\limits_{i,j=1}^{n}\alpha_i\alpha_j y_i y_j K(x_i,x_j)$,基于梯度下降法迭代计算$[A_t]$直至收敛;
5.$t = t+1$,重复步骤 2～4 直至迭代收敛,计算矩阵$[M] = [A_{(T)}][A_{(T)}^{\mathrm{T}}]$;
6.利用矩阵$[A_{(T)}]$重新计算参数 α 和 b;
7.通过支持向量机分类检测城区建筑目标,完成建筑目标检测

6.5.3　建筑检测结果及分析

为研究提出的基于支持向量度量学习的极化 SAR 建筑检测算法的有效性,选取了 E－SAR 数据的 Oberpfaffenhofen 区域展开研究,实验结果标注在 Pauli 假彩色图像上,其中真值图标注为蓝色,算法检测结果标注为红色。实验采用的特征为旋转域的 A_T_{22}、$\gamma_{-\max}$、$\gamma_{-\mathrm{contrast}}$、$\gamma_{-\mathrm{A}}$ 及分层形式极化分解的极化特征。除本章算法外,还选取了基于 CPCDM 的检测算法[11]、结合基于模型的分解和极化相干性(model-based decomposition and polarimetric coherence,MBDPC)[12]以及基于特征值衍生参数的散射显著性检测方法[14]进行对比。该区域真实建

筑标注图如图 6.26 所示。三种对比方法如图 6.27(a)、(b)、(c) 所示。本节算法检测结果如图 6.27(d) 所示。

图 6.26　真实建筑标注图

(a) 基于CPCDM算法检测结果

(b) 基于MBDPC算法检测结果

(c) 基于特征值衍生参数算法检测结果

(d) 本节算法检测结果

图 6.27　E－SAR 数据不同方法的建筑目标检测结果

从 E－SAR 数据中可知，该区域主要有平行建筑、旋转建筑、农田、森林等地物类型，上述四种检测算法均可以有效地检测出城区建筑目标，但在检测虚警上性能却各不相同。由于其中森林复杂的散射结构与旋转建筑的旋转二面角结构散射类型相似，因此在一定程度上出现了误检测的情况。从图 6.27 中可知，在对比实验中基于 MBDPC 的检测算法在森林区域误检测数量最多，其次是基于特征值衍生参数算法，本节提出的算法在森林区域误检测的像素最少。而在建筑的区域，三种对比算法出现了很多孔洞，造成建筑目标检测不完整，因此本节提出的算法具有较好的检测结果，同时造成虚警最少。

为对本节算法及三种对比算法进行详细比较，选取图 6.27(a) 中平行建筑(区域 A) 和森林(区域 B) 两个区域进行对比，区域 A 及区域 B 四种检测算法目标检测结果对比如图 6.28 和图 6.29 所示。

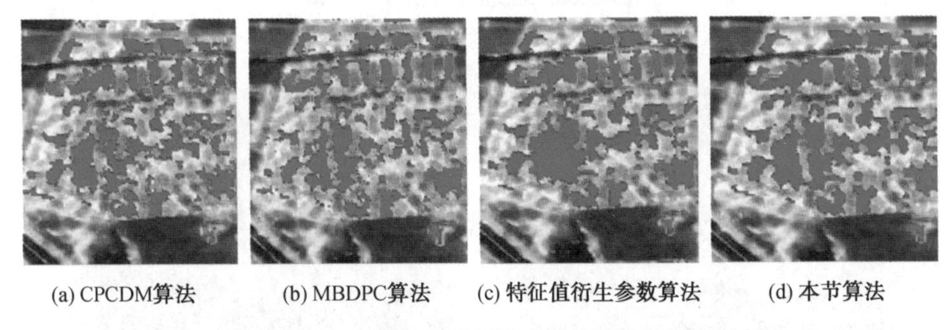

(a) CPCDM算法　(b) MBDPC算法　(c) 特征值衍生参数算法　(d) 本节算法

图 6.28　区域 A 四种检测算法目标检测结果对比

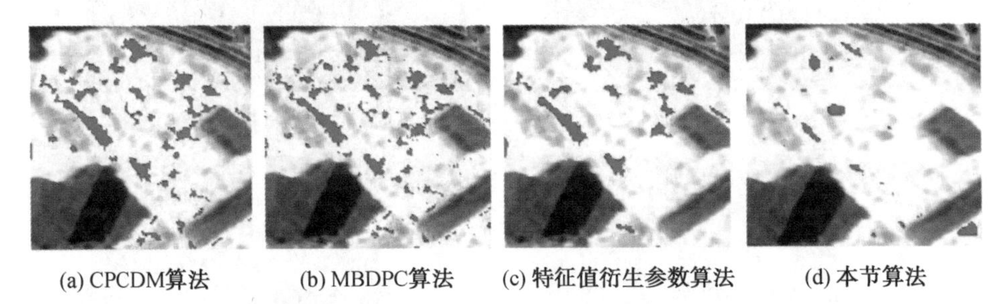

(a) CPCDM算法　(b) MBDPC算法　(c) 特征值衍生参数算法　(d) 本节算法

图 6.29　区域 B 四种检测算法目标检测结果对比

区域 A 为平行建筑区域，可以发现基于 CPCDM 的算法在检测平行建筑时存在检测不完整的问题，且针对偶次散射较强的区域也会存在漏检的情况，因此该算法在区域 A 的检测率较低。基于 MBDPC 算法在建筑内部存在大量的孔洞且在建筑间隙存在虚警。基于特征值衍生参数算法的建筑检测结果完整性更强，但是该算法存在很高的虚警，其将两平行建筑间的区域也认作建筑区域，在实际地物中该区域应是两建筑间空闲的裸地，因此基于特征值衍生参数算法在区域 A 存在较高的虚警率。而本节提出的算法在四种方法中具有最好的检测效果，

且很少出现建筑内的孔洞，检测的建筑边缘完整性更好，同时在虚警上也保持较低的水平。

区域B为森林区域，在该区域散射特性与建筑散射特性类似，极易出现虚警，而该区域不存在建筑目标，所有在该区域检测到的红色像素均为虚警。因此，选取该区域的目的在于观察各个算法在该区域的误检像素。误检像素越少，表明其虚警率越低；误检像素越多，则表明其虚警率越高。从图6.29中可知，与对比算法相比，本节提出的基于支持向量度量学习建筑检测结果虚警最少，检测效果最佳。

为定量分析本节算法的有效性，还采用了检测率P_D、漏检率P_M和虚警率P_F来定量分析本节目标检测算法及对比算法的性能，三种评价指标的计算公式为

$$P_D = \frac{TP}{TP + FN} \tag{6.21}$$

$$P_M = \frac{FN}{TP + FN} \tag{6.22}$$

$$P_F = \frac{FP}{TP + FP} \tag{6.23}$$

式中，TP(true positive)表示预测结果为正样本，实际也为正样本，即正样本被正确识别的数量；FP(false positive)表示预测结果为正样本，实际为负样本，即误报的负样本数量；TN(true negative)表示预测结果为负样本，实际为负样本，即负样本被正确识别的数量；FN(false negative)表示预测结果为负样本，实际为正样本，即漏报的正样本数量。

E－SAR数据Oberpfaffenhofen区域目标检测算法结果定量分析见表6.6。结果表明，四种目标检测算法均能达到83%以上的目标检测结果，其中CPCDM算法的检测率略高于CPCDM算法，其虚警率与CPCDM算法相当；基于MBDPC方法的检测率最低，同时也具有最高的虚警率；基于特征值衍生参数检测算法检测率高于上述两种算法，但低于本节算法，本节提出的基于支持向量度量学习的目标检测算法在具有最高的检测率的同时也具有最低的虚警率，该结果从定量分析上证明了本节算法的有效性。

表6.6　E－SAR数据Oberpfaffenhofen目标检测算法结果定量分析

	检测率	漏检率	虚警率
CPCDM	84.4%	15.6%	26.31%
MBDPC	83.02%	16.98%	29.73%
特征值衍生参数检测算法	88.56 %	11.44%	25.15 %
本节算法	95.4%	4.6%	9.67%

为验证本节算法的有效性，选取 UAVSAR 数据进行简要分析。图 6.30 所示为真实建筑标注图。图 6.31 所示为 UAVSAR 数据 Bay Farm Island 地区的检测结果。

图 6.30　真实建筑标注图

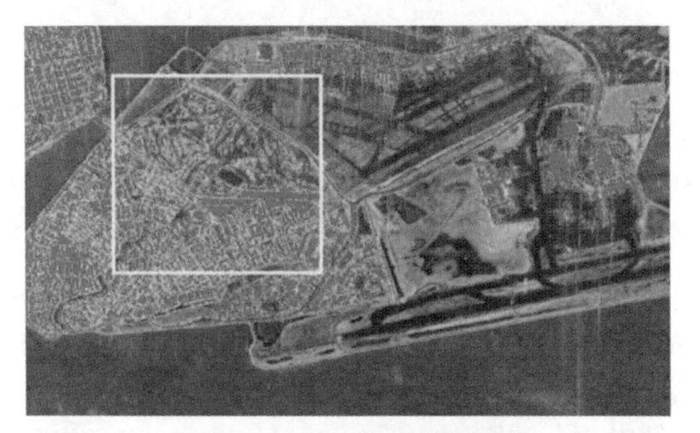

(a) 基于CPCDM算法检测结果

(b) 基于MBDPC算法检测结果

图 6.31　UAVSAR 数据 Bay Farm Island 检测结果

(c) 基于特征值衍生参数算法检测结果

(d) 本节算法检测结果

续图 6.31

由图 6.31 可知，该区域存在的地物类型有森林、裸地、平行建筑、旋转建筑及海洋等。其中，在平行建筑区域，CPCDM 算法、MBDPC 算法和基于特征值衍生参数检测算法均有一定程度上的漏检；而在旋转区域，四种算法均能较好地对建筑目标进行检测，但在森林区域两种对比算法均存在大面积的虚警。而本节提出的算法在森林区域虚警像素数更少，且针对平行建筑检测较为完整。从定量角度分析看，UAVSAR 数据目标检测结果定量分析见表 6.7，表中给出了各检测算法的性能指标，其中基于特征值衍生参数检测算法与本节所提的算法有较为相近的检测率，但是本节算法在森林区域误检像素个数最少，因此虚警率在四种算法中最低，MBDPC 算法则因为有较多的误检像素个数而导致虚警率在四种算法中最高，而 CPCDM 算法以牺牲一部分检测率为代价降低了检测的虚警率。

表 6.7　UAVSAR 数据目标检测结果定量分析

	检测率/%	漏检率/%	虚警率/%
CPCDM	84.22	15.78	11.25
MBDPC	83.05	16.95	22.47
特征值衍生参数检测算法	89.17	10.83	13.21
本节算法	91.51	8.49	2.66

本节选取了图 6.31(a)中的黄色区域进行放大以对四种检测算法进行对比。UAVSAR 局部区域四种检测算法目标检测结果对比如图 6.32 所示。

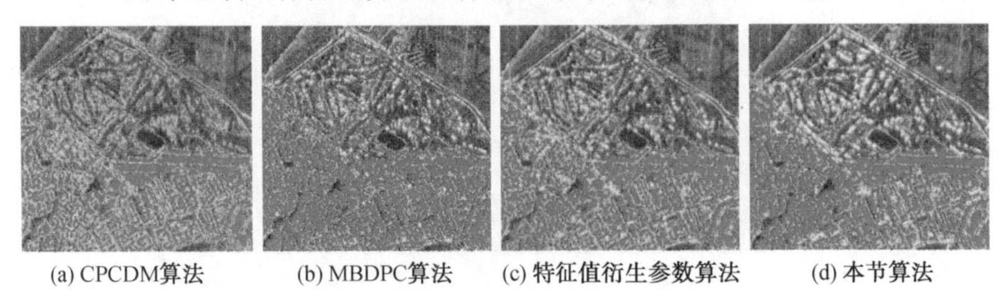

(a) CPCDM算法　(b) MBDPC算法　(c) 特征值衍生参数算法　(d) 本节算法

图 6.32　UAVSAR 局部区域四种检测算法目标检测结果对比

该区域主要存在三种地物类型，包括树林、平行建筑和旋转建筑，通过结果可知本节算法在树林区域得到的虚警最少，对于平行建筑和旋转建筑检测完整性更佳，建筑边缘保持的更好且存在更少的孔洞。

同时，本节还选取了 ALOS－2 数据，真实建筑标注图如图 6.33 所示，并对的 San Francisco 地区图像进行简要分析，ALOS－2 数据不同方法的建筑目标检测结果如图 6.34 所示。

图 6.33　真实建筑标注图

(a) 基于CPCDM算法检测结果

(b) 基于MBDPC算法检测结果

图 6.34　ALOS－2 数据不同方法的建筑目标检测结果

(c) 基于特征值衍生参数算法检测结果

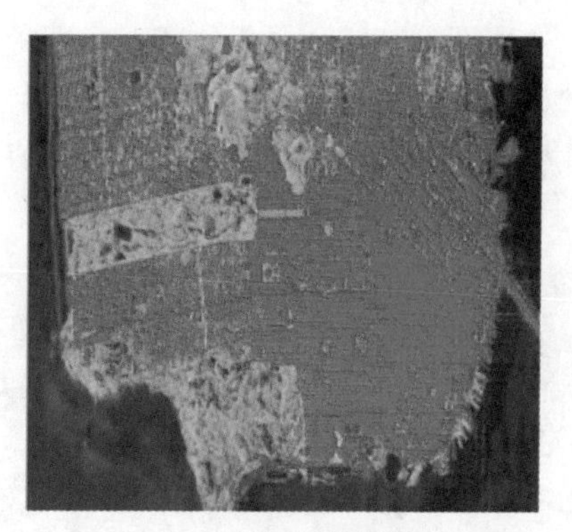

(d) 本节算法检测结果

续图 6.34

图 6.34 中给出了 ALOS－2 数据 San Francisco 地区四种检测算法的结果，该地区的地物类型包括旋转建筑、平行建筑、山地、海洋等。可知，基于 CPCDM 算法的结果中，在山地区域存在着大量的检测虚警，山区中散射强度较高的区域也检测为建筑目标，而在旋转建筑区域同样存在着一定的检测虚警，该区域建筑在 PolSAR 图像中呈明亮的细线型且每个建筑目标中有裸地相互间隔，但在该方法中通常会把建筑中的裸地区域也检测为建筑。基于 MBDPC 算法在平行建筑区域检测优于 CPCDM 算法，但在旋转建筑区域存在漏检问题。基于特征值衍生参数检测算法在旋转建筑区域存在大量漏检情况，该区域的旋转建筑为小方位角建筑，但小方位角建筑的交叉极化响应通常要大于其同极化响应，基于此原因，该算法在旋转建筑区域造成较低的检测率。ALOS－2 数据目标检测结果定量分析见表 6.8。由上述分析可知，基于 CPCDM 方法难以解决山区及旋转建筑区域的散射特性混淆问题，因此具有最高的虚警率，但同时也存在着较高的检测率。而基于 MBDPC 和特征值衍生参数检测算法在旋转建筑存在漏检的问题，也导致了较低的检测率。本节提出的算法具有最优的检测率及最低的虚警率，证明了本节提出的基于支持向量度量学习的建筑检测算法的有效性及普遍性。

表 6.8　ALOS－2 数据目标检测结果定量分析

	检测率/%	漏检率/%	虚警率/%
CPCDM	87.57	12.43	47.55
MBDPC	81.86	18.14	28.07
特征值衍生参数检测算法	81.45	18.55	19.55
本节算法	93.21	6.79	2.44

选取图 6.34(a)中黄色区域的四种检测算法进行对比。ALOS－2 局部区域四种检测算法目标检测结果对比如图 6.35 所示。可知,CPCDM 算法中建筑与山地中虚警较高,而 MBDPC 和特征值衍生参数算法在旋转建筑中存在较多漏检,而本节算法在两种类型建筑的边缘及内部保持均较好且在山地中虚警较少。

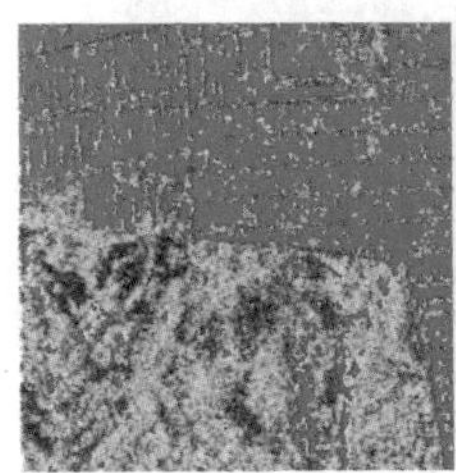
(a) 基于CPCDM算法

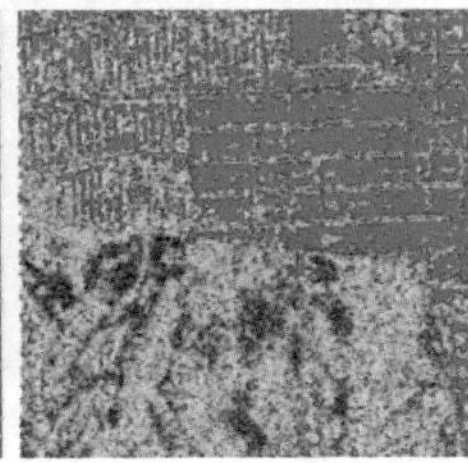
(b) 基于MBDPC算法

(c) 特征值衍生参数算法

(d) 本节算法

图 6.35　ALOS－2 局部区域四种检测算法目标检测结果对比

6.6　基于自适应体散射的建筑群密度检测

基于模型的目标分解方法出现种种的问题,其根本原因在于模型本身的缺陷。其中,体散射分量的过估计问题影响最大。在自然区域,Freeman－Durden 分解的模型与实际情况较为契合,但在含有建筑目标的区域,其体散射模型不再满足要求,这就促生了针对不同区域采用不同体散射模型的基本研究思想——自适应体散射模型(adaptive volume scattering model, AVSM)[13]。

6.6.1　自适应体散射模型

极化目标分解是理解目标散射特性的一种有效手段。然而,城镇区域的很多具有较大方位角的建筑物目标在较多的目标分解下不能被正确地检测出来。近年来,也有很多结合指向角补偿的目标分解方法被提出,但对于同时包含建筑物和植物的复杂地物城镇图像来说,依然不能满足解译要求。指向角补偿后,在建筑物区域仍然存在由交叉散射造成的强回波情况。解决这一现象的一种方法就是对于建筑物区域采用不同的体散射模型来弥补建筑物区域的交叉极化现象,从而获得更准确的分解结果。这就是利用基于自适应体散射模型的目标分解的基本立足点。

自适应体散射模型因增加了模型的动态范围而更加适用于含有多种地物类型的复杂场景。原有的基于模型的目标分解方法的一个基本假设是只有体散射会带来交叉极化,这一假设在自然区域基本成立,但在具有指向角的建筑目标区域不再成立。在实际情况中,沿雷达方向的斜坡区域及具有指向角的旋转建筑

物均会增加交叉极化成分。去指向角处理可以完全地补偿在雷达视线法线上的目标造成的影响。然而，在其他方向上，去指向角处理并不能完全消除影响。因此，建筑目标区域仍然会遗留交叉极化成分。解决这一问题的方法是扩展体散射模型的概念，在建筑区域，考虑到由旋转建筑及斜坡造成的交叉极化成分。

由于该方法在非建筑物区域仍然自适应地采用经典的基于物理模型（如偶极子）的分解方法，因此其对非建筑物区域依然保持较高的正确率。这种目标分解方法由于本身自适应参数的设计和基于模型分解的性质，因此对于较大场景的极化雷达图像的目标分解具有便捷性。

原有固定体散射模型的目标分解方法的体散射的模型是均匀分布的偶极子群。相干矩阵表示为

$$[T_V]=\begin{bmatrix}2&0&0\\0&1&0\\0&0&1\end{bmatrix} \tag{6.24}$$

然而，这一固定模型在相干变换矩阵满足 $T'_{11}<2T'_{33}$ 时就会造成体散射的过划分问题，从而使后续分解得到的奇次散射与二面角散射出现负能量的情况。为避免这一情况，采用更为宽泛的体散射模型 $T_V(\gamma)$，即

$$[T_V(\gamma)]=\begin{bmatrix}\gamma&0&0\\0&1&0\\0&0&1\end{bmatrix},\quad 0\leqslant\gamma\leqslant 2 \tag{6.25}$$

这一扩展的体散射模型是目前现有的体散射模型的组合形式。自适应参数 γ 决定了体散射模型的最终形式。对于一些特殊的例子，当 $\gamma=2$ 时，该体散射模型代表了均匀分布的偶极子群，这一模型与前面提到的固定体散射模型是一致的；当 $\gamma=1$ 时，模型与 An 等提出的最大随机体散射模型一致；当 $\gamma=0$ 时，这一模型就是 Sato A. 等提出的针对建筑群目标部分的扩展体散射模型。

对于将要提取极化信息的数据需要预先进极化方位角的补偿，利用计算得到的极化指向角（POA）值将原有散射矩阵进行旋转。其具体过程为

$$[T(\theta)]=\begin{bmatrix}T_{11}(\theta)&T_{12}(\theta)&T_{13}(\theta)\\T_{21}(\theta)&T_{22}(\theta)&T_{23}(\theta)\\T_{31}(\theta)&T_{32}(\theta)&T_{33}(\theta)\end{bmatrix}=[R_p(\theta)][T][R_p(\theta)]^{\dagger} \tag{6.26}$$

式中，† 代表复共轭转置；$[R_p(\theta)]$ 为由极化方位角决定的旋转矩阵，有

$$[R_p(\theta)]=\begin{bmatrix}1&0&0\\0&\cos 2\theta&\sin 2\theta\\0&-\sin 2\theta&\cos 2\theta\end{bmatrix} \tag{6.27}$$

$$[T(\varphi)]=\begin{bmatrix}T_{11}(\varphi) & T_{12}(\varphi) & T_{13}(\varphi)\\ T_{12}^{*}(\varphi) & T_{22}(\varphi) & T_{23}(\varphi)\\ T_{13}^{*}(\varphi) & T_{23}^{*}(\varphi) & T_{33}(\varphi)\end{bmatrix}=R_2(\varphi)T(\theta)R_2^H(\varphi) \tag{6.28}$$

其中，$R_2(\varphi)$为酉矩阵，其具体表示形式为

$$[R_2(\varphi)]=\begin{bmatrix}1 & 0 & 0\\ 0 & \cos 2\varphi & \mathrm{j}\sin 2\varphi\\ 0 & \mathrm{j}\sin 2\varphi & \cos 2\varphi\end{bmatrix} \tag{6.29}$$

旋转角 2φ 同样是以使 $T_{33}(\varphi)$最小为出发点的。这里注意到：经过以上变换后，始终有 $T_{22}(\varphi)>T_{33}(\varphi)$及 $T_{23}(\varphi)$为纯虚数，且 $T_{23}(\varphi)=\mathrm{jIm}[T_{23}]$。以上性质保证了负能量问题不再发生。

原有的三成分目标分解算法将体散射模型抽象为一组均匀排列的偶极子。然而，对于确定体散射模型的目标分解来说，提取奇次散射和二面角散射是必然会带来负能量的问题。这里采用矩阵最大相似性测量的方法来确定自适应体散射模型的决定数值。

采用矩阵最大相似性度量的方法，利用全极化回波参数，计算自适应参数 γ。矩阵最大相似性测量可以测出被分析的散射矩阵与模型的相似性，从而获取与原有散射矩阵最相似的模型$[T_V(\gamma)]$。数学上，可以将最大相似性计算建模成如下的最优化问题，即

$$\gamma^{*}=\underset{0\leqslant\gamma\leqslant 2}{\operatorname{argmax}}\left\{\frac{|\langle[T'],[T_V(\gamma)]\rangle|}{\|[T']\|\ \|[T_V(\gamma)]\|}\right\} \tag{6.30}$$

解上述最优化问题得

$$T'_{11}<T'_{22}+T'_{33}\Rightarrow\gamma^{*}=\frac{2T'_{11}}{T'_{22}+T'_{33}} \tag{6.31}$$

$$T'_{11}>T'_{22}+T'_{33}\Rightarrow\gamma^{*}=2 \tag{6.32}$$

式中，$[T']=[T(\varphi)]$。矩阵相似性度量可以完全地表征两个矩阵的相似性，是其可以决定自适应参数 γ 的原因。在自适应参数 γ 确定后，可以进行目标分解。

极化指向角校正如图 6.36 所示，A、B、C、D 为四个较为典型的建筑物区域。在图 6.36(b)中，A 区域和 C 区域主要呈现为黄色，而图 6.36(a)中主要呈现绿色，说明该区域偶次散射成分更为明显，更好地描述了不同方位向下的建筑物区域。然而，B、D 等区域的建筑物仍存在错分，因此还要进行后续处理。

(a) Freeman目标分解结果

(b) 去极化指向角后结果

图 6.36　极化指向角校正

在指向角补偿的基础上，对于不同类型目标的体散射模型不总是完全适合的。因此，基于自适应体散射模型的目标分解方法对不同区域采用不同的体散射模型进行分解。基于自适应体散射模型的目标分解如图 6.37 所示，在经过基于自适应体散射模型的目标分解后，可以得到更为精确的目标散射参数。

建筑群的密度采用总体占用土地与占地面积的比值作为最终的密度参数，这一参数可以由单一的 PolSAR 图像获取，并且有利于不同城镇间建筑物密度的比较和评估。建筑群密度的计算公式为

$$D_1 = s/(\mathrm{len} * \mathrm{wid} * R_d * R_a) \tag{6.33}$$

式中，D_1 为建筑群密度；s 为建筑群面积；len、wid 分别为图像长、宽；R_d、R_a 分别为距离向、方位向分辨率。

在 PolSAR 图像中，一些极化散射参数可以在一定程度上直接反映建筑物的密度情况，这些参数包括前文提到的极化相似性参数 R_s、R_d、R_l 等。这些参数

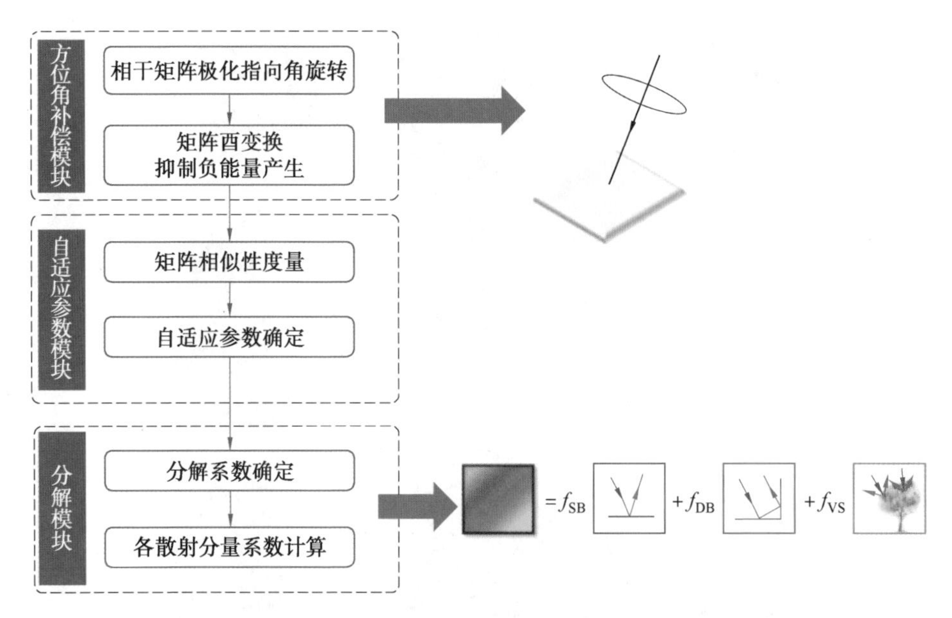

图 6.37 基于自适应体散射模型的目标分解

可以在原有研究的基础上增添目标稠密程度的信息。这里采用基于 SVM 方法获得建筑群密度信息。支持向量机算法的思想是构造不同类型目标间的最优分界超平面，从而进行目标检测。

对于不同分辨率的 PolSAR 图像，建筑物的密度检测工作存在着一定的差异。对于可以分辨出建筑物密度的高分辨率 PolSAR 图像，还要在以上基础上采用其他信息对建筑物进行对象层次上的检测，从而获得多层次的建筑物密度信息。

6.6.2 建筑群密度检测结果及分析

1. AVSM 目标分解结果分析

对比 Freeman－Durden、Yamaguchi 及 AVSM 三种目标分解方法，EMISAR 数据的实验结果如图 6.38 所示，E－SAR 数据的实验结果如图 6.39 所示，UAVSAR 数据的实验结果如图 6.40 所示。

从图 6.38 中可以看出，EMISAR 数据在 AVSM 目标分解下，奇次散射与偶次散射下，森林区域与建筑物区域区别较为明显。EMISAR 数据在 Freeman－Durden 目标分解下，建筑物区域与森林区域一样被赋成绿色，说明二者均是体散射为主要散射成分，这体现了 Freeman－Durden 目标分解在城镇区域的局限性，即难以区分建筑目标与森林。在 Yamaguchi 分解下，可以看到建筑物区域与森林区域差异较大，但森林区域呈现湖蓝色，表明其平面散射过大。在 AVSM

(a) Freeman-Durden目标分解　(b) Yamaguchi目标分解　(c) AVSM目标分解

图 6.38　EMISAR 数据的实验结果

(a) Freeman-Durden目标分解　(b) Yamaguchi目标分解　(c) AVSM目标分解

图 6.39　E-SAR 数据的实验结果

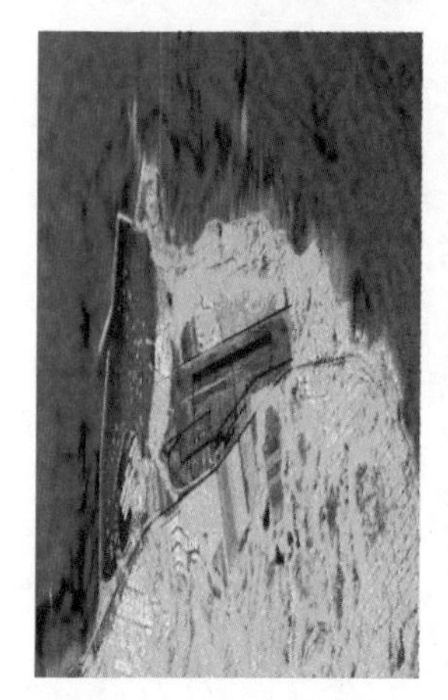

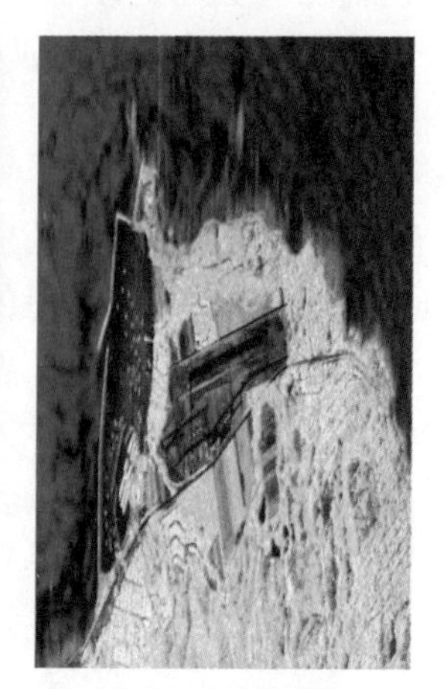

(a) Freeman-Durden目标分解　(b) Yamaguchi目标分解　(c) AVSM目标分解

图 6.40　UAVSAR 实验结果

目标分解中，森林区域被正确地赋成绿色，与此同时，建筑物区域因二面角散射成分增加、体散射成分被抑制而更多地被正确赋值。

E－SAR 数据在 Freeman－Durden 目标分解下，建筑物区域与森林区域一样被赋成绿色。在 Yamaguchi 分解下，图 6.39 中部分建筑区域被正确解译，但仍然存在部分建筑区域与自然地物的混淆问题。相比于 Yamaguchi 分解，在 AVSM 目标分解能够更好地区分建筑物区域和自然地物类型。

在 UAVSAR 数据中，出现了水体目标和舰船目标等新的目标类型。对于水体和舰船目标，三种目标分解方法结果相近。而对于建筑物与森林目标，Freeman 目标分解过多地体现为体散射成分。

2. 建筑群密度检测结果分析

将 Freeman－Durden 目标分解、Yamaguchi 目标分解及 AVSM 目标分解的结果分别与其他相同的特征结合，使用支持向量机进行建筑目标检测，结果如图 6.41 所示。

从图 6.41 中可以看出，基于 Freeman－Durden 目标分解参量的检测结果虚警过多，这是因为这种目标分解无法区分建筑物与森林而导致森林区域的错分。基于 Yamaguchi 目标分解的方法解决了虚警过多的问题，但在少部分区域存在漏警现象。基于 AVSM 目标分解的方法减少了 Freeman－Durden 中的虚警，并在建筑物区域保持了较低的漏警率。

为形象地表示建筑群密度检测结果，将结合 AVSM 的建筑物目标检测结果叠加在散射强度图上显示，如图 6.42 所示。图中红色部分为检测到的建筑群部分，非红色部分用 HH 散射通道强度图表示。

建筑群密度见表 6.9。对于 EMISAR 数据，根据检测的建筑群像素点数 35 970、图像的方位向与距离向分辨率 5 m×5 m 及图像长宽 886×1 100 可以求得该幅图像内建筑物面积为 0.94 km^2，图片内总面积为 24.36 km^2。因此，建筑群检测密度为 3.69%。

对于 E－SAR 数据，根据检测的建筑群像素点数 95 359、图像的方位向与距离向分辨率 3 m×3 m 及图像长宽 1 540×2 816 可以求得该幅图像内建筑物面积为 0.86 km^2，图片内总面积为 39.03 km^2。因此，建筑群检测密度为 2.20%。

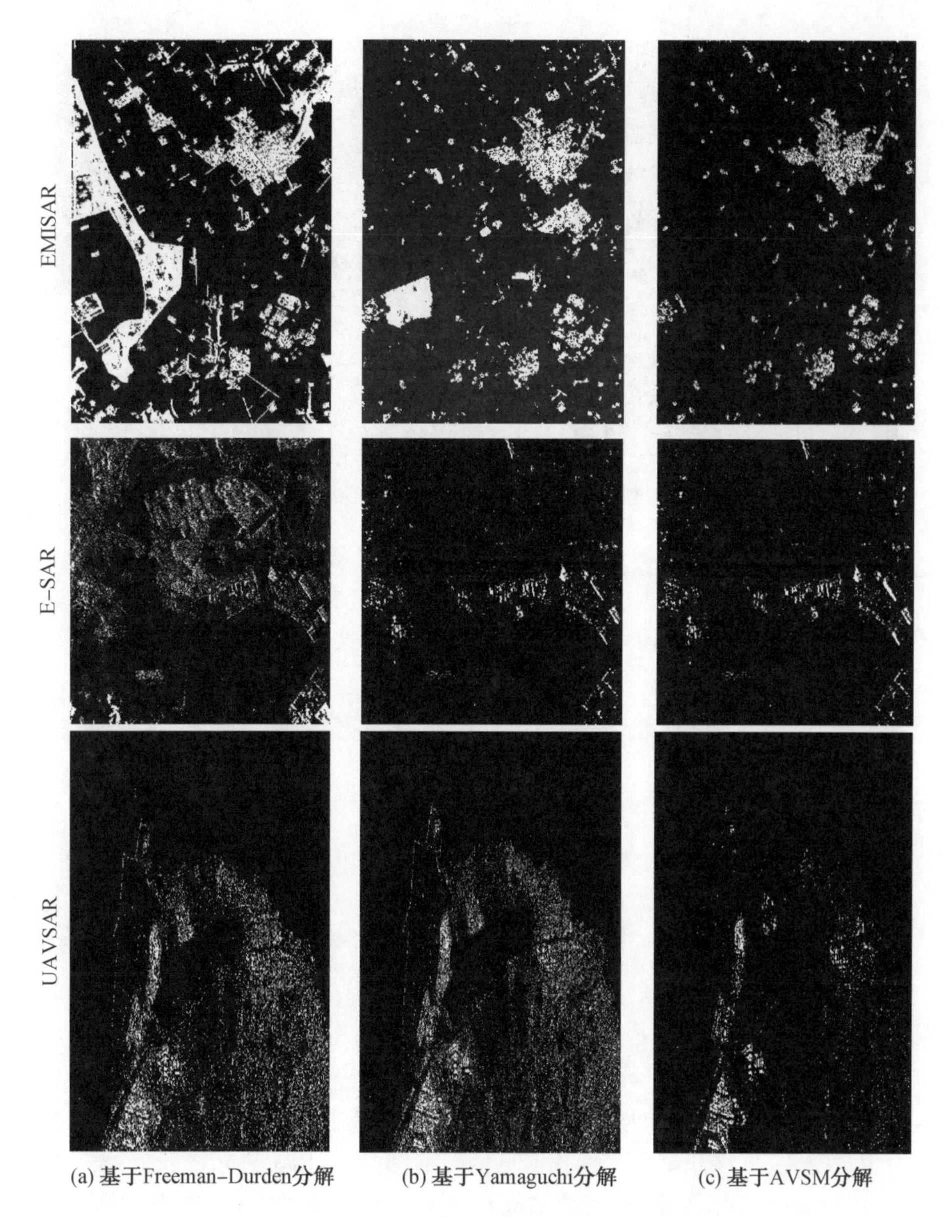

图 6.41　建筑物目标检测结果比较

对于 UAVSAR 数据，根据检测得到的建筑群像素点数 351 967、图像的方位向与距离向分辨率 0.5 m×1.67 m 及图像长宽 3 376×5 501 可以求得该幅图像内建筑物面积为 0.29 km^2，图片内总面积为 15.51 km^2。因此，建筑群检测密度估算为 1.90%。

图 6.42　结合 AVSM 建筑物目标检测结果

表 6.9　建筑群密度

数据源	建筑群像素数	分辨率/(m×m)	图像幅宽	建筑群面积/km²	研究区域面积/km²	建筑群密度/%
EMISAR	35 970	5×5	886×1 100	0.94	24.36	3.69
E−SAR	95 359	3×3	1 540×2 816	0.86	39.03	2.20
UAVSAR	351 967	0.5×1.6	3 376×5 501	0.29	15.51	1.90

6.7　PolSAR 图像城区变化检测

PolSAR 图像的变化检测是对同一地区的不同角度、不同时间及不同分辨率下获得的序列图像进行比较分析，根据图像信息之间的差异程度来确定目标区域内地物或目标是否发生变化。一般来说，广义的变化检测即判断某一地物是否发生了变化，最终获得发生变化区域的二值图(通常用 1 表示变化区域，0 表示不变区域)，这是变化检测研究的基础和核心。在此基础上，可以进一步判断变化性质(确定“由什么变成什么”)或变化类型(确定“变化的过程”)。

6.7.1　PolSAR 图像变化检测基本理论及流程

1. 变化检测基本理论

多时相、多角度 PolSAR 图像变化检测方法能够利用不同时相和不同角度 PolSAR 数据的散射信息及时间维度信息，较好地克服针对 PolSAR 图像的方法

仅利用强度/幅度信息易造成实验结果虚警率较高，且不能充分利用时间维度信息等不足的问题。通常，PolSAR 图像变化检测方法的流程图如图 6.43 所示[15]。

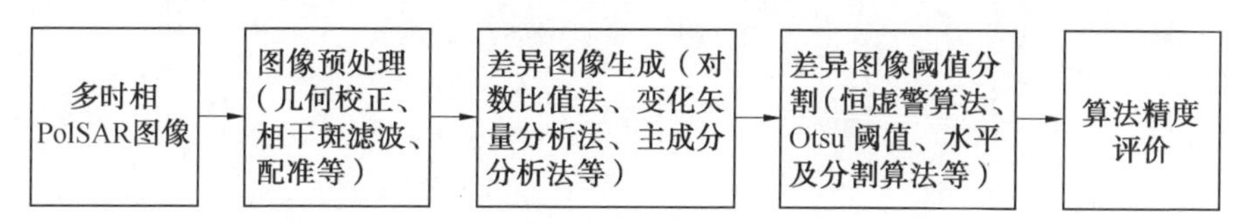

图 6.43　PolSAR 图像变化检测方法的流程图

PolSAR 图像变化检测步骤包括多时相 PolSAR 图像预处理、差异图像生成及差异图像阈值分割。其中，差异图像生成算法是变化检测的关键技术，其可以表征不同时相像地物发生变化的程度。近年来，已经发展了多种基于 PolSAR 图像的差异图像生成算法，本节主要介绍几种典型方法。

(1)对数比值法。

对数比值法通过对不同时相 PolSAR 数据进行对数比值运算操作，较好地削弱了噪声对 PolSAR 图像差异图像提取结果的干扰，其数学表达式为

$$\mathrm{CI}(i,j)=\log\frac{I_1(i,j)}{I_2(i,j)} \tag{6.34}$$

式中，$\mathrm{CI}(i,j)$ 表示不同时相间的差异图像；$I_1(i,j)$ 和 $I_2(i,j)$ 分别表示前时相和后时相图像的强度 / 幅度信息或 PolSAR 功率图像。对数比值法具有操作简单、易于实施的优势，然而对数比值法只利用了 PolSAR 图像强度或幅度信息，容易造成某些地物混分，导致结果具有较高的虚警率。

(2) 主成分分析法。

利用主成分分析法[17] 生成差异图像的主要操作步骤为：首先，将不同时相下的 PolSAR 图像进行正交变换处理，分别获取一组不相关组分；然后，将获取的两个次分量相减即可获取差异图像，其中主成分的分解过程可以表达为

$$\begin{bmatrix} y_1 \\ y_2 \\ \vdots \\ y_n \end{bmatrix}=\begin{bmatrix} a_{11} & a_{11} & \cdots & a_{11} \\ a_{11} & a_{11} & \cdots & a_{11} \\ \vdots & \vdots & & \vdots \\ a_{11} & a_{11} & \cdots & a_{11} \end{bmatrix}\begin{bmatrix} x_1 \\ x_2 \\ \vdots \\ x_n \end{bmatrix} \tag{6.35}$$

式中，$(y_1,y_2,\cdots,y_n)^{\mathrm{T}}$ 和 $(x_1,x_2,\cdots,x_n)^{\mathrm{T}}$ 分别表示不同时相图像分解前后的向量。一般可以用下式表示原始 PolSAR 图像分解获取的协方差元素，即

$$\sum=E[(x-E(x))(x-E(x))^{\mathrm{T}}] \tag{6.36}$$

根据上式获取到的协方差，利用奇异值分解方法获取其特征值及特征向量，通过把所获取的两个次分量相减获取差异图像，该方法能够有效地减少数据冗余，提高运算效率，但该方法易受外界因素的影响。

(3) 变化矢量分析法。

变化矢量分析法通过构建不同时相 PolSAR 图像各个极化通道的变化矢量信息表征不同图像间的变化信息。通常表达式为

$$G(i,j)=H(i,j)-K(i,j)=\begin{bmatrix} h_1(i,j)-k_1(i,j) \\ h_2(i,j)-k_2(i,j) \\ \vdots \\ h_n(i,j)-k_n(i,j) \end{bmatrix} \tag{6.37}$$

式中,$H(i,j)$ 和 $K(i,j)$ 分别表示 PolSAR 图像前一时相与后一时相各个通道的后向散射系数;$G(i,j)$ 表示通过变化矢量分析法构建的变化矢量。

变化矢量分析法示意图如图 6.44 所示。

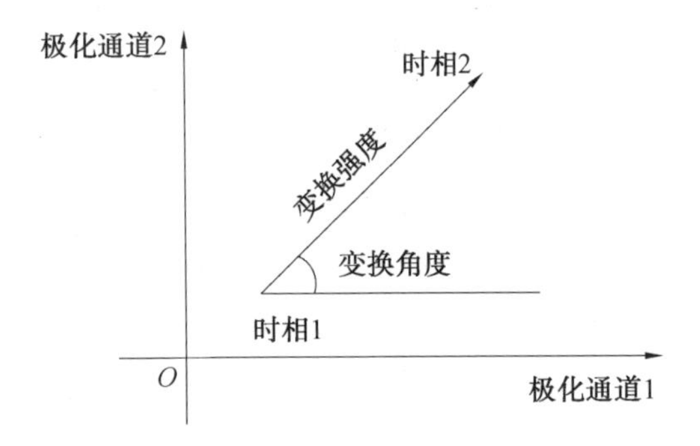

图 6.44　变化矢量分析法示意图

变化强度 ΔG 用各通道后向散射系数的欧氏距离和表示,与变化可能性成正比。变化方向 θ 可以用变化向量的方向表示不同的变化类型,表达式为

$$\begin{cases} \Delta G=\sqrt{(h_1(i,j)-k_1(i,j))^2+(h_2(i,j)-k_2(i,j))^2+\cdots+(h_n(i,j)-k_n(i,j))^2} \\ \theta_i=\arccos\left|\dfrac{\Delta G_i}{\Delta G}\right| \end{cases} \tag{6.38}$$

相对于对数比值法,变化矢量分析法可以利用 PolSAR 图像更多的极化散射信息,不仅可以提取变化强度的信息,而且可以提取类别变化信息。然而,变化矢量分析法在生成差异图像时易受相干斑噪声等因素的影响。

2. 变化检测流程

PolSAR 图像变化检测分为三个部分:一是对图像是否发生变化进行检测;二是从变化的图像对中提取出变化信息;三是分析变化信息的属性。从多时相 PolSAR 图像的输入到变化检测结果的输出,变化检测通常包含五个步骤:多时相图像数据选择、图像预处理、特征提取、变化区域提取、精度评价。

(1)多时相图像数据选择。

不同遥感系统的时间分辨率、空间分辨率、光谱分辨率和辐射分辨率不同,

选择合适的图像数据是变化检测能否成功的前提。根据检测对象的时相变化特点来确定遥感监测的频率，如一年一次、一季度一次和一个月一次等。根据检测对象和背景环境的特点，选择检测对象与背景反差最大时期的图像，提高变化检测精度。尽可能选用不同时期相同或相近季节和时刻的遥感图像来消除太阳高度角、季节和物候差异的影响。分析检测对象的空间尺度和变异情况，确定图像的几何分辨率要求，使得图像在表达检测目标几何形态方面能够满足应用需求，同时能够与参考数据的表达能力相匹配。

(2)图像预处理。

受卫星飞行稳定性、轨道变化和传感器成像性能等因素的影响，不同时相获取的 PolSAR 图像在同一坐标上对应的地物信息是不一致的。因此，如果不能得到较高精度的图像配准，就会因图像错位而产生大量的伪变化区域。在变化区域提取之前需要进行合理有效的图像预处理过程，主要包括相干斑噪声滤波、几何配准等。其中，几何配准对变化检测精度影响最大。下面将对 PolSAR 图像预处理进行简要说明。

①相干斑滤波。相干斑噪声一定程度上能够反映地物的散射特性，但会严重干扰地物目标的目视效果，给后续的图像的解译带来较大的困难。因此，在对多时相 PolSAR 图像进行变化检测前，需要对相干斑噪声进行抑制。通过相干斑滤波，差异图像可以更加平滑，减少有相干斑噪声的虚警现象。由于目标各个通道极化信息丰富，因此在 PolSAR 噪声抑制过程中，不仅需要考虑目标空间信息的保持，而且需要考虑极化通道之间的关系。Lee 等通过滤波后是否能够保持极化特征，是否能够避免通道间串扰，是否能够保持点目标、边缘、地物散射特性这三个原则评价一个极化滤波器的优劣。现有阶段对 PolSAR 图像斑点噪声抑制方法开展的研究较多，大量实验证明，精制 Lee 滤波能较好地保持目标的点、线及边缘特性。同时，由于其参数设置简单、计算速度快、鲁棒性较高等，因此基本能够满足变化检测对图像滤波的需求。

②图像配准。作为变化检测中重要的预处理过程，几何配准就是通过选择合适的相似性度量，将具有成像角度、分辨率和光照强度差异的两幅或多幅 PolSAR 图像进行几何空间位置坐标校正。实质上，配准就是将两幅或多幅多时相图像变换到相同的坐标系下，然后使用坐标转换的映射函数来纠正待配准图像相较于参考图像的位移或几何形变等[19]。

(3)特征提取。

在进行特征提取时，应选择某种地物区别于其他地物的独有特征，这些特征包括目标的灰度特征、极化特征、纹理特征、形状特征、语义信息等。在具体应用中，为提高检测精度，通常应选择多种特征组成的特征向量，并且使变化区域的特征向量在长度或方向上有足够大的差异，而未变化区域则具有一致的方向或长度的特征向量。像素级的变化检测方法以像素作为特征提取的基本单位，而对象级变化检测方法主要是利用属于特定对象的独有特征来描述复杂的地理空间信息,如几何形状、纹理特征等,而不是专注于孤立的像素。因此,对象级变化检测方法还包括图像分割这一关键步骤。

(4)变化区域提取。

变化区域提取包括差异图像生成和差异图像分析。差异图像生成能够对像素进行初步分类,但是由于相干斑噪声的影响,因此其结果并不完全准确,需要在差异图像的基础上对像素进行进一步的分类。生成的差异图像质量非常关键,差异图像质量的好坏对最终分类的精度有很大的影响。

在差异图像生成后,变化区域提取问题被简化为分类问题,即差异图像分析。目前,常见的差异图像分析方法有基于阈值的差异图像分析算法、基于聚类的差异图像分析算法、基于核理论的差异图像分析算法、基于场理论的差异图像分析算法、基于水平集的差异图像分析算法、基于图割的差异图像分析算法、基于深度学习的差异图像分析算法等。

(5)精度评价。

像素级变化检测中常用的精度指标可以通过计算灰度误差矩阵获得,主要包括总体精度(overall accuracy)、误检率(miss detection rate)、漏检率(false alarm rate)、Kappa 系数等。其中,总体精度是指正确的样本在总体样本中所占的比例;Kappa 系数则能够综合反映变化检测方法的精度。基于像素的精度评估往往低于基于对象的精度评估,但计算复杂度更高。另外,对象级变化检测方法为评估对象的大小、形状及边界范围等特征的不同变化等级提供了可能。

3. 变化检测精度评价

变化检测精度的定量评价通过与地面真实值或参考值的比较得出具体的精度评价指标来表明检测算法的可靠性。变化检测结果的精度受许多因素的影响,包括图像几何配准精度、对地面情况的了解程度、研究区域背景环境的复杂程度和变化检测方法。

变化检测结果的精度对于评估不同检测方法、地物时相变化规律分析及管理决策都是十分重要的,这项指标表明了结果的可靠性。评价指标通常包括漏检率、虚警率、Kappa 系数等,说明了变化检测结果的标识(表 6.10)。各评价准则计算公式定义如下[18]。

表 6.10　变化检测结果的标识

检测结果	真实结果	
	变化	未变化
变化	TP	FP
未变化	FN	TN

(1)误检个数(false positives,FP)。

检测结果为产生变化,但实际图像中没有产生变化的像素点的数目。

(2)漏检个数(false negatives,FN)。

检测结果为没有产生变化,但实际图像中产生变化的像素点的数目。

(3)总体误差(overall error,OE)。

$$\mathrm{OE}=\mathrm{TP}+\mathrm{TN} \tag{6.39}$$

式中,TP 表示实际图像和检测结果均发生变化的像素数目;TN 则表示实际图像和检测结果中均没有产生变化的像素数目。

(4)正确检测率(percentage correct classification,PCC)。

$$\mathrm{PCC}=\frac{\mathrm{TP}+\mathrm{TN}}{\mathrm{TP}+\mathrm{TN}+\mathrm{FP}+\mathrm{FN}} \tag{6.40}$$

(5)漏检率 FR。

漏检率 FR 为漏检的像素个数占像素总个数的比值,即

$$\mathrm{FR}=\frac{\mathrm{FN}}{\mathrm{TP}+\mathrm{FP}+\mathrm{TN}+\mathrm{FN}} \tag{6.41}$$

(6)虚警率 ER。

虚警率 ER 为错误检测的像素个数占像素总个数的比值,即

$$\mathrm{ER}=\frac{\mathrm{FP}}{\mathrm{TP}+\mathrm{FP}+\mathrm{TN}+\mathrm{FN}} \tag{6.42}$$

(7)Kappa 系数。

Kappa 系数计算公式为

$$\mathrm{Kappa}=\frac{\mathrm{PCC}-P_e}{1-P_e} \tag{6.43}$$

式中,P_e 为理论一致率。

6.7.2 基于多级信息融合的 PolSAR 图像变化检测

1. 像元级候选变化区域检测

基于图论中信号处理理论[20],采用逐点检测的方法实现不同时相的 PolSAR 图像的变化检测任务。首先,分别在两幅图中提取出包含上下文信息的特征点集合;然后,构造加权图对两幅图像中的特征点间相互关系进行编码,从而确定图像的局部几何结构;最后,通过两幅图像包含信息的相干性来确定它们之间的变化程度。也就是说,变化信息取决于第二幅图符合第一幅图中所构造的加权图的结构的程度。另外,由于 PolSAR 图像中存在不可避免的相干斑噪声,因此可以利用对数比运算符来对图像进行差异图提取,从而抑制噪声的干扰。该算法的实现步骤包括特征点提取、加权图构建和变化信息的检测。像元

级候选变化区域检测流程图如图 6.45 所示，具体内容如下。

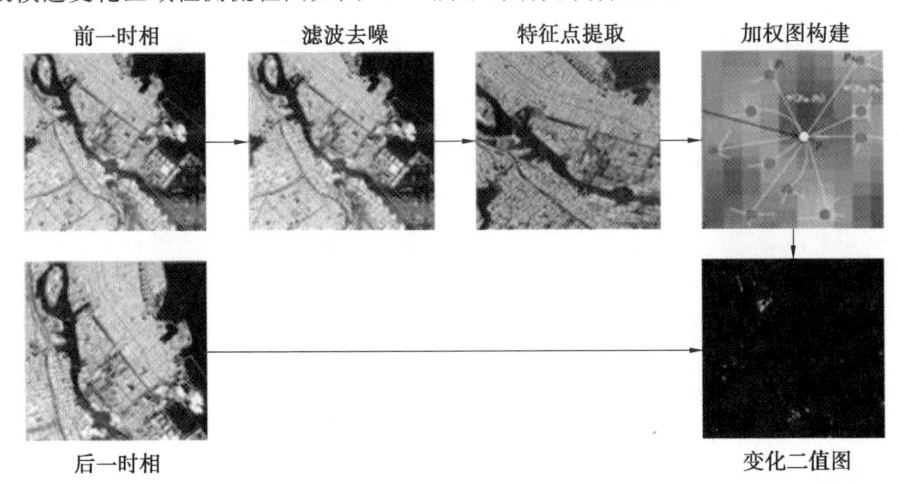

图 6.45　像元级候选变化区域检测流程图

(1)特征点提取。

基于特征点的逐点变化检测方法，相较于处理整幅图像中像素的方法，特征点提取能够在可接受的信息丢失情况下，处理更大尺寸的图像数据。图像纹理是由一些强度变化的像素在空间排列构成的，这些有规律的排列和变化可以通过提取图像中局部最大或最小值像素来近似得到，因此基于局部像素最大值或局部像素最小值的方法可以用于逐点变化检测算法中。

如果某一像素点在以其为中心的搜索窗口具有最大强度，可将其定义成局部最大值，令 $S_w^{\max}(I)$ 为一幅图像中提取出的局部最大值的集合，其搜索窗口尺寸为 $w\times w$，$p=(x,y)$ 是坐标位置为 (x,y) 的像素点，其强度值为 $I(q)$，因此有

$$S_w^{\max}(I)\Leftrightarrow\{p=\arg\max_{q\in N_{w\times w(p)}} I(q)\} \tag{6.44}$$

PolSAR 数据具有较多的噪声，为避免其对提取局部极值点步骤的干扰，需要在处理前对图像进行平滑滤波。由于平滑过程不是本算法的主要任务，因此为快速实现该算法，可以采用一种简单、有效的滤波算法，如均值滤波、中值滤波及高斯滤波，相干斑噪声滤波器能够在一定程度上抑制匀质区域中噪声干扰，有效地保留了轮廓、拐角、显著特征等细节信息。

(2) 加权图构建。

加权图 $G=\{V,E,w\}$ 由顶点 $|V|=N$、一组连接顶点的边 E 及度量顶点间相似度的权值 w 组成。加权图 G 的 $N\times N$ 加权邻接矩阵 $\boldsymbol{W}$ 定义为

$$\boldsymbol{W}_{ij}=\begin{cases}w(i,j), & (i,j)\in E\\ 0, & \text{其他}\end{cases} \tag{6.45}$$

通常情况下，加权图为无向图和无环图，因此 $w(i,j)=w(j,i)$，且 $w(i,j)=0$，

$\forall i,j \in \{1,\cdots,N\}$。加权图的拉普拉斯(Laplace)矩阵及随机游走矩阵分别定义为 $\boldsymbol{L}=\boldsymbol{D}-\boldsymbol{W}$ 和 $\boldsymbol{P}=\boldsymbol{D}^{-1}\boldsymbol{W}$。其中,$\boldsymbol{D}$ 表示图的度矩阵,$D_{ii}=\sum_j W_{ij}$ 且 $D_{ii}=0$,$\forall i \neq j$。

令 $f=\{f(i)\in \mathbf{R}, i=1,\cdots,N\}$ 为图顶点的信号或函数,通过上述矩阵可知加权图的重要特性为

$$\begin{cases}(\boldsymbol{W}f)(i)=\sum\limits_{j\sim i} w(i,j)f(j)\\(\boldsymbol{L}f)(i)=\sum\limits_{j\sim i} w(i,j)[f(i)-f(j)]\\(\boldsymbol{P}f)(i)=\dfrac{1}{\sum\limits_{j\sim i} w(i,j)}\sum\limits_{j\sim i} w(i,j)f(j)\end{cases} \tag{6.46}$$

在加权图中,一个顶点将它的信息扩散给它的邻接点,同时根据顶点的加权函数接收从邻接点扩散来的信息。这一特性使得相似图模型不仅能够表征信号信息,还能够表征信号固有的连接结构。因此,根据上述公式,$(\boldsymbol{W}f)(i)$ 和 $(\boldsymbol{P}f)(i)$ 表征了邻域点到顶点 i 的信息集合,$\boldsymbol{W}f$ 为图顶点域的滤波算子,$\boldsymbol{P}f$ 为差分算子。

基于特征点构建加权图,图模型能够捕获关键信息和局部结构,已被证明是一种有效表示和分析图像的工具。此外,本节采用基于关键点的逐点变化检测方法,图模型可以对关键点之间的相互作用进行编码。因此,对于图 $G=\{V,E,w\}$,有

$$\begin{cases}V=S_w,\ |V|=|S_w|=N\\E=\{(p_n,p_k);p_n,p_k \in N_k(p_n) \vee p_n \in N_k(p_k)\}\\w(p_n,p_k)=\mathrm{e}^{-\gamma[\mathrm{dist}(p_n,p_k)]},\ \forall (p_n,p_k)\in E\end{cases} \tag{6.47}$$

式中,$N_K(p_k)$ 代表关键点 p_k 的 K 近邻点的集合;$\mathrm{dist}(p_n,p_k)$ 表征两个顶点间强度距离的一种度量;γ 是一个自由参数,通常设置为 1。

两个顶点之间的权值代表强度值的相似性。一般来说,这个权值通过两个顶点之间的强度距离度量的指数函数得到。在 PolSAR 图像中,两个像素之间的距离考虑两个图像块之间的间隔而不是像素点自身。通过图像块之间的对数距离来减弱噪声的干扰。定义 w_p 为每个顶点的图像块尺寸,对数比距离定义为

$$\mathrm{dist}_{\mathrm{LR}}(p_n,p_k)=|\log \mu_1(p_n)-\log \mu_1(p_k)|=\left|\log \frac{\mu_1(p_n)}{\mu_1(p_k)}\right| \tag{6.48}$$

式中,$\mu_1(p_n)$ 表示顶点 p_n 周围的 $w_p \times w_p$ 像素块的均值强度。

因此,p_n 与 p_k 之间的连接边的权值定义为

$$w(p_n,p_k)=\mathrm{e}^{-\gamma\left|\log \frac{\mu_1(p_n)}{\mu_1(p_k)}\right|} \tag{6.49}$$

特征点构建加权图如图 6.46 所示,为顶点 p_n(图中黄色的点)构造的图 G,该

顶点 p_n 与周围邻近点间(图中红色点)的所有连接线均能够用一个权值来衡量相似度。

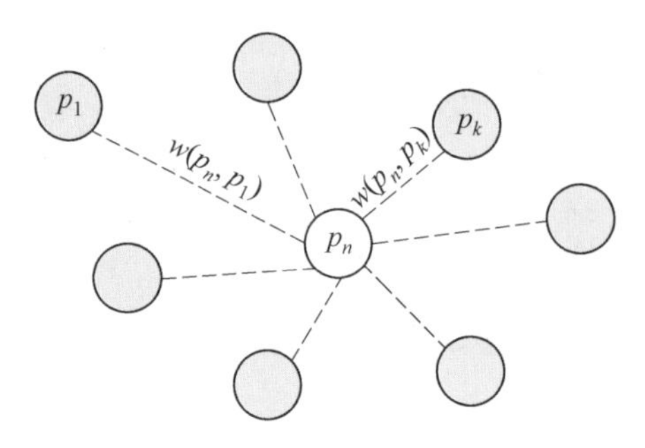

图 6.46　特征点构建加权图

(3) 变化信息检测。

在这一步骤中,通过图的邻接矩阵 $\boldsymbol{W}$ 将每个顶点进行信息处理,同样也可以采用随机游走矩阵 $\boldsymbol{P}$ 来处理。由于图 G 能够表征图像在关键点位置上的局部几何结构,因此图像 I_1 与 I_2 之间的变化程度可以被认为是这两个图 G 的顶点辐射信息的一致性和兼容性,在 $\mathbf{R}$ 上定义

$$\begin{cases}\boldsymbol{f}_1=[\log\mu_1(p_1),\log\mu_1(p_2),\cdots,\log\mu_1(p_N)]^{\mathrm{T}}\\ \boldsymbol{f}_2=[\log\mu_2(p_1),\log\mu_2(p_2),\cdots,\log\mu_2(p_N)]^{\mathrm{T}}\end{cases}\tag{6.50}$$

式中,$\mu_1(p_n)$ 和 $\mu_2(p_n)(n=1,2,\cdots,N)$ 分别表示由图像 I_1 和 I_2 计算出的顶点和邻域图像块的平均强度;$\boldsymbol{f}_1$ 和 $\boldsymbol{f}_2$ 分别为图像 I_1 和 I_2 的顶点信息。$(\boldsymbol{W}f)(i)$ 表征了图像 I_1 辐射测量信息,并且与拓扑结构相关。因此,令 $\mathrm{CM}(p_n)$ 为两幅图像间关键点 p_n 的变化信息度量,$\|\cdot\|_1$ 为 L1 范数,有

$$\begin{aligned}\mathrm{CM}(p_n)&=\|(\boldsymbol{W}\boldsymbol{f}_1)(p_n)-(\boldsymbol{W}\boldsymbol{f}_2)(p_n)\|_1\\&=\left|\sum_{p_k\sim p_n}w(p_n,p_k)\log\mu_1(p_k)-\sum_{p_k\sim p_n}w(p_n,p_k)\log\mu_2(p_k)\right|\\&=\sum_{p_k\sim p_n}w(p_n,p_k)\left|\log\frac{\mu_1(p_k)}{\mu_2(p_k)}\right|\end{aligned}\tag{6.51}$$

在每个关键点上产生的变化可以视为其他关键点的对数比距离和,利用加权图对关键点的内连进行编码,同样利用随机游走矩阵 $\boldsymbol{P}$ 也可以计算变化信息。最后由关键点邻域计算的对数比加权和通过除以权值总和来进行归一化,有

$$\begin{aligned}\mathrm{CM}(p_n)&=\|(\boldsymbol{P}\boldsymbol{f}_1)(p_n)-(\boldsymbol{P}\boldsymbol{f}_2)(p_n)\|_1\\&=\frac{1}{\sum\limits_{p_k\sim p_n}w(p_n,p_k)}\sum_{p_k\sim p_n}w(p_n,p_k)\left|\log\frac{\mu_1(p_k)}{\mu_2(p_k)}\right|\end{aligned}\tag{6.52}$$

2. 多级信息融合的变化信息提取

基于图论中信号处理理论，采用逐点检测的方法实现不同时相 PolSAR 图像变化检测任务。首先，通过超像素分割算法将 PolSAR 图像划分成大小与形状不同且无相交区域的一组图像块集合；然后，根据定义的判别准则剔除虚假的变化检测信息；最后，通过将不同特征图得到的变化检测结果进行图像融合，实现变化信息完整的提取。该算法的实现步骤包括图像块获取和非变化像素点剔除。多级信息融合的 PolSAR 图像变化信息提取方案流程图如图 6.47 所示，多级变化信息融合具体内容如下。

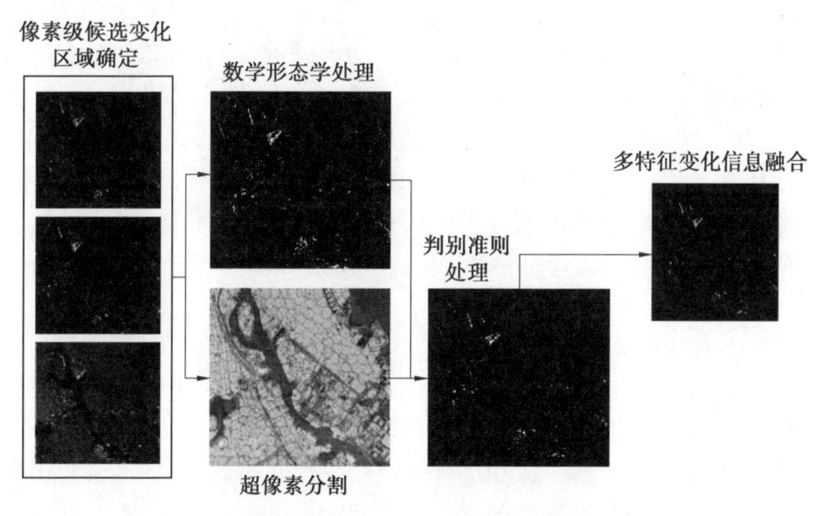

图 6.47　多级信息融合的 PolSAR 图像变化信息提取方案流程图

(1) 图像块获取。

在对 PolSAR 图像采用基于目标级的变化检测算法处理时，需要首先将图像分割成不同大小和形状且不相交的图像块，所采用的算法为简单线性迭代聚类(simple linear iterative cluster，SLIC) 超像素分割算法[20]，步骤如下。

① 首先根据图像的尺寸大小设置超像素数目 N_P、紧凑度因子 k、聚类迭代次数 N_i 和各像素的初始标签(标签定义为像素所属超像素标号，初始时设置成 −1)，初始化超像素种子点，采取基于 SAR − SIFT 算法中的特征点选取方式进行设置，并对这些种子点分配标签。

② 局部迭代聚类，在初始化种子点周围 $W \times W$ 区域范围内，基于相异性准则点遍历计算出各个点与种子点间的相异性大小，更新像素标签及 $D_i(x_j, y_j)$，局部区域大小 W 定义为

$$W = 2 \times \sqrt{\frac{w_I \times h_I}{N_P}} \tag{6.53}$$

式中，w_I 和 h_I 分别为原始 PolSAR 图像的宽度和长度；N_P 为所设超像素个数。根据 PolSAR 图像包含 PolSAR－SIFT 特征、极化特征和空间特征，定义相异性准则表征不同像素间的相似性，并基于此准则进行超像素合并。

③ 合并孤立像素点。由于 PolSAR 成像系统的特性，图像中存在大量的相干斑噪声，因此在迭代聚类过程会将一些孤立的噪声点分割出来，使得超像素分割结果不准确，需要对图像中分割出来的孤立像素点及区域面积小于设定阈值的超像素块与相邻相异性最小的超像素快进行合并。

根据图像大小设定尺寸阈值 N_{th} 和相异性阈值 D_{th}，遍历筛选出尺寸小于阈值 N_{th} 的超像素集合$\{sp_{n_1}, sp_{n_2}, \cdots, sp_{n_m}\}$，sp 代表超像素块，下标 $n_1, n_2, \cdots, n_m$ 表示超像素图像块标号，计算超像素 sp_{n_i} $(i=1,2,\cdots,m)$ 与邻近超像素之间的相异性，选出满足条件的邻域超像素 sp_j。需要满足的条件为：与超像素 sp_{n_i} 之间相异性最小；与超像素 sp_{n_i} 之间相异性小于阈值 D_{th}。将满足上述条件的超像素 sp_{n_i} 与邻域超像素 sp_j 进行合并，对于不满足条件的超像素进行保留，最终得到一系列带有标签的超像素，依据不同像素所具有的标签进行区域划分，获得最终的超像素分割结果。因此，可采用 SLIC 算法分别对 PolSAR 图像中两个区域进行处理。

(2) 非变化像素点剔除。

① 滤波及数学形态学处理。PolSAR 系统的成像特性使得图像中存在较多的相干斑噪声，因此在进行变化检测时会产生许多虚假的变化检测结果，需要对变化检测的结果进行滤波，剔除相干斑噪声产生的变化点。此外，在变化检测实验结果中同样存在孤立的、狭小的干扰区域及细小黑色空洞，因此可以采取数学形态学处理方法，包括膨胀、腐蚀、开闭运算等处理变化检测的结果，实现连接邻近独立、分散的前景区域、消除较大区域的凸起部分的完善。

② 判别准则剔除虚假变化。为进一步提升变化检测结果的精确性，基于超像素分割结果及相应的判别准则进一步剔除虚假的变化信息，超像素分割能够通过像素之间的相似性将相似性较高的像素点划分至同一区域中，因此能够利用变化图像块大多数像元被正确检测的特性，结合统计学原理剔除虚假检测结果，从而识别变化目标。也就是说，当在目标级下变化图像块像元数所占图像块的比例高于某一阈值时，目标对象被视为真实变化信息，可以表示为

$$\text{detect}(\text{Obj}_i)=\begin{cases}1, & \text{Ratio}(\text{Obj}_i)\geqslant t\\ 0, & \text{Ratio}(\text{Obj}_i)<t\end{cases} \tag{6.54}$$

式中，$\text{detect}(\text{Obj}_i)$ 表示变化检测结果；1 和 0 分别表示真实变化图像块和虚假变化图像块；$\text{Ratio}(\text{Obj}_i)$ 表示变化像素点个数占比；t 表示判别准则阈值。

(3) 多级变化信息融合。

分别通过像元级、特征级和目标级的变化检测方法对 PolSAR 数据进行变化

信息提取后，采取多级变化信息融合技术实现精确变化信息检测，分别对 PolSAR 图像的灰度特征、Pauli 特征、Yamaguchi 极化特征所检测出的变化区域加权融合，实现变化区域及变化目标的完整提取。对多级变化信息的融合采用公式

$$c_{\text{all}} = \omega_1 c_1 + \omega_2 c_2 + \omega_3 c_3 \tag{6.55}$$

式中，ω_1、ω_2、ω_3 为加权系数；c_1、c_2、c_3、c_{all} 分别为灰度特征、Pauli 特征、Yamaguchi 极化特征、融合后的变化区域。

6.7.3　实验结果及分析

变化检测的定性分析又称视觉评价，可以通过目视比较方法将变化检测的结果与真实地物光学图进行比对，并结合先验知识对检测结果进行分析及评价。选择两组实验数据包括 Radarsat－2 系统拍摄的青岛地区和 UAVSAR 所拍摄的 Auckland 地区不同时间、不同角度下 PolSAR 数据作为本节的实验数据进行实验。

Radarsat－2 青岛地区和 UAVSAR Auckland 地区变化检测结果如图 6.48 和图 6.49 所示。从结果中可以看出，本节所提的变化检测算法可以对两幅同一地区、不同时相的 PolSAR 图像之间的变化区域和位置进行检测和标注，解决了

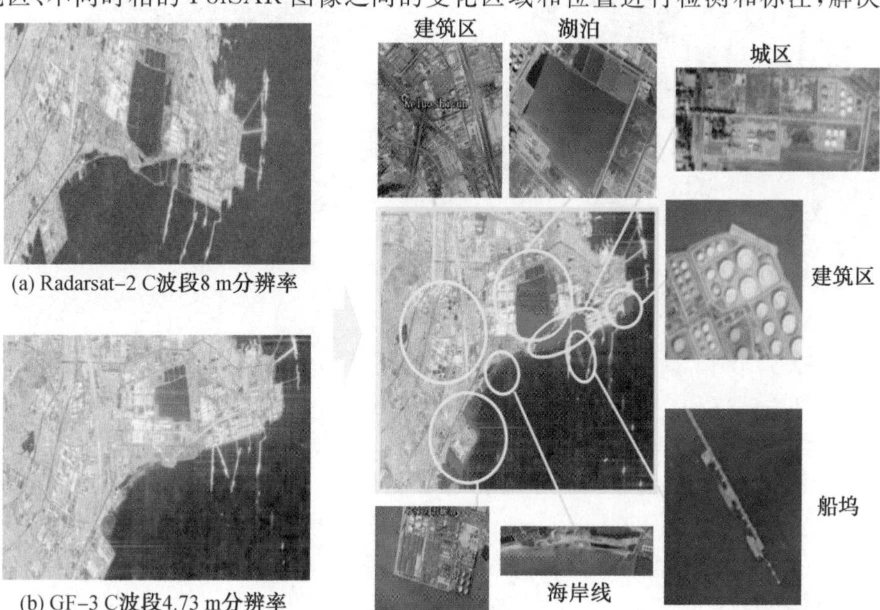

图 6.48　Radarsat－2 青岛地区变化检测结果

两幅图像之间何处发生了变化的问题。但是在实际应用中，除需要明确哪里发生了变化外，还需要了解所发生的变化是什么。将变化检测结果与光学图进行比对可知，实验中所采用的青岛地区两幅图之间存在建筑区、城区、湖泊、船坞、海岸线的变化，Auckland 地区不同时相图像之间存在建筑区和船只的变化。

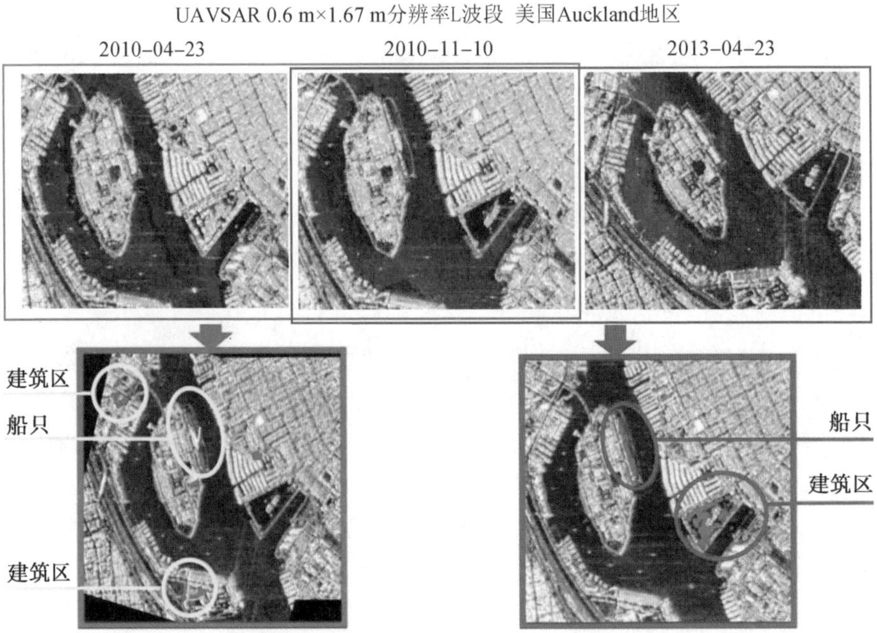

UAVSAR 0.6 m×1.67 m分辨率L波段 美国Auckland地区

2010-04-23 2010-11-10 2013-04-23

建筑区
船只
建筑区
船只
建筑区

图 6.49 UAVSAR Auckland 地区变化检测结果

本章参考文献

[1] 李春升，王伟杰，王鹏波，等. 星载 SAR 技术的现状与发展趋势[J]. 电子与信息学报，2016,38(1)：229-240.

[2] BOERNER W. Future perspectives of SAR polarimetry with applications to multi-parameter fully polarimetric PolSAR remote sensing & geophysical stress-change monitoring[C]. Kolkata：5th Int. Conf. on Computers and Devices for Communication(CODEC)，2012.

[3] NIUAND X，BAN Y. An adaptive contextual SEM algorithm for urban land cover mapping using multitemporal high-resolution polarimetric SAR data[J]. IEEE journal of selected topics in applied Earth observations，2012，5(4)：1129-1139.

[4] CHEN S, LI Y. Modeling and interpretation of scattering mechanisms in polarimetric synthetic aperture radar advances and perspectives [J]. IEEE signal processing magazine, 2014, 13(2): 79-89.

[5] EFRON B, HASTIE T, TIBSHIRANI J R. Least angle regression[J]. Annals of statistics, 2004, 32(2):407-451.

[6] JIAN C, YIN H. Classification based on four-component decomposition and SVM for PolSAR images[C]//2012 IEEE International Conference on Automatic Control and Artificial Intelligence(ACAI), 2012, 635-637.

[7] ZHANG T, JI J, LI X, et al. ship detection from polsar imagery using the complete polarimetric covariance difference matrix[J]. IEEE transactions on geoscience and remote sensing, 2019, 57(5): 2824-2839.

[8] 芦达. PolSAR 图象独立完整目标分解方法及其应用研究[D]. 哈尔滨:哈尔滨工业大学,2016.

[9] WEINBERGER K Q, BLITZER J, SAUL L K. Distance metric learning for large margin nearest neighbor classification[J]. Journal of machine learning research, 2009, 10(1):207-244.

[10] ZUO W, WANG F, DAVID Z, et al. Distance metric learning via iterated support vector machines[J]. IEEE transactions on image processing, 2017, 26(10):4937-4950.

[11] ZHANG T, JI J, LI X, et al. Ship detection from PolSAR imagery using the complete polarimetric covariance difference matrix [J]. IEEE transactions on geoscience and remote sensing, 2019, 57(5): 2824-2839.

[12] XIANG D, TANG T, HU C, et al. Built-up area extraction from PolSAR imagery with model-based decomposition and polarimetric coherence[J]. Remote sensing, 2016, 8(8): 685.

[13] 袁琳. PolSAR 图像建筑物密度检测方法研究[D]. 哈尔滨:哈尔滨工业大学,2016.

[14] QUAN S, XIONG B, XIANG D, et al. Eigenvalue-based urban area extraction using polarimetric SAR data[J]. IEEE journal of selected topics in applied earth observations and remote sensing, 2018, 11(2): 458-471.

[15] 李昊璘. 多角度 PolSAR 图像配准及变化检测方法研究[D]. 哈尔滨:哈尔滨工业大学,2020.

[16] 祝锦霞. 高分辨率遥感图像变化检测的关键技术研究[D]. 杭州:浙江大学,2011.

[17] BYRNE G F,CRAPPER PF, MAYO K K. Monitoring land-cover change by principal component analysis of multi-temporal Landsat data[J]. Remote sensing of environment, 1980, 10(3): 175-184.

[18] HAO M, ZHOU M, JIN J, et al. An advanced superpixel-based Markov random field model for unsupervised change detection [J]. IEEE geoscience and remote sensing letters, 2020,17(8):1401-1405.

[19] 逄博.基于特征的 SAR 图像配准技术研究[D].武汉:武汉大学,2019.

[20] PHAM M T, MERCIER G, MICHEL J. Change detection between SAR images using a pointwise approach and graph theory [J]. IEEE transactions on geoscience and remote sensing, 2016,54(4):2020-2032.

[21] ACHANTA R, SHAJI A, SMITH K, et al. SLIC superpixels compared to state-of-the-art superpixel method [J]. IEEE transactrons pattern analysis mach intell, 2012, 34(11):2274-2282.

[22] 王骁. 基于卷积稀疏表示的 PolSAR 图象极化与空间特征提取及应用[D]. 哈尔滨:哈尔滨工业大学, 2022.

[23] 李家瑞. 基于极化特征和度量学习的极化 SAR 图像建筑检测研究[D]. 哈尔滨:哈尔滨工业大学, 2023.

第7章 面向海洋应用的极化 SAR 图像目标检测

7.1 引 言

利用遥感图像检测舰船目标具有很重要的实用意义。遥感图像主要有光学、高光谱和 SAR 图像几类。其中,SAR 图像由于具有全天时、全天候的优点,在云层遮掩、光线不足及气候条件恶劣等限制条件下对地物的成像具有优良的表现,因此在目标检测领域得到了广泛的应用。

基于 PolSAR 图像的船舶检测技术可以在极端气候条件及复杂场景下的海洋区域进行检测,检测结果对于沿海城市的发展、运输的管理及海域的安全等都具有广阔的应用前景。PolSAR 系统根据发送端和接收端极化状态的组合得到回波信息来反映地物的后向散射特性,从而增加了可提取的信息量。如何对 PolSAR 图像港口进行有效的解译,对出海或停泊的船舶进行分析和检测,已经成为近海研究领域所需解决的难点。因此,根据 PolSAR 图像对近海岸船舶进行检测具有重要的应用价值和研究意义。利用 PolSAR 图像进行舰船目标检测的通用流程一般是海陆分割、PolSAR 图像特征提取与评估、舰船目标检测。本章主要介绍 PolSAR 图像的快速海陆分割方法,以及从特征和检测器两个角度进行优化的 PolSAR 图像舰船目标的检测方法。

7.2 高分辨率 PolSAR 图像海陆分割方法研究

海陆分割的主要目的是将图像中的海洋区域与陆地区域分割开来，将陆地区域进行遮蔽或移除，使海上的目标检测不受到陆地地物的影响。20 世纪 80 年代以来，国内外的学者提出了多种海陆分割的方法，传统的有阈值分割法、区域生长法、水平集法等。阈值法是一种并行区域划分方法，具有计算简单、速度快等优点，但阈值较难确定，不同的图像场景需要不同的阈值，而且对噪声敏感[1]，最常用的阈值法是 1979 年 Otsu 提出的大津算法[2]。而区域生长法常使用基于种子点周围像素融合的方式[3]。谢明鸿等提出了一种基于种子点增长的快速海岸线提取算法，从选定的初始种子点开始，利用堆栈，不断增加像素，计算所有连通的海洋区域[4]。Osher 和 Sethian 等提出了水平集方法[5]，对曲线曲面进行数值的计算，从而追踪物体的拓扑结构变化，得到界面的形状。基于水平集的活动轮廓模型图像分割算法能够克服传统方法的不足，对 SAR 图像分割效果显著。此外，还有一些基于图形学的手动分割方法和基于边缘的检测法。李洪忠等提出了一种海陆自动分割算法，借助地理先验信息的矢量图层，将 SAR 图像进行叠加，使海陆分割转换为多边形矢量元素区域的判断，以窗口的四个顶点为依据，从而判断其内部的海陆属性，迭代调用函数得到最终结果[6]。在基于边缘的检测法中，Touzi 等提出了比值检测法，根据设定的恒虚警率进行边缘点的判定，从而进行区域的划分[7]。但边缘检测法基于边缘的不连续性，主要是依据元素的邻域状态来进行判断，可能会造成边缘的损失。

此外，一些学者也探寻了新的海陆分割方法。Cao Ke 等利用新的几何活动轮廓模型（geometric active contour model，GACM）来实现海陆的划分，该方法可以根据 SAR 图像的等效视数进行自适应调整[8]。Ding 等提出了一种基于多尺度归一化的分割方法用于 SAR 图像中的海陆边界探测，利用基于区域的原理捕获和利用图像中的空间信息[9]。Sheng 等通过整合分水岭变换和可控梯度矢量流模型来进行海岸线的检测[10]，从而进行海陆的分割。Su 等使用支持向量机对极化 SAR 图像进行海陆分割，组合 Krogager、Freeman－Durden 及 Cloude 分解得到的各种特征形成特征向量，通过训练选择的陆地海洋样本得到 SVM 分类器，从而进行海陆的分割[11]。

7.2.1 基于连通域处理的 PolSAR 图像海陆分割方法

阈值分割法、区域生长法、水平集法等方法计算简单、速度快，但海陆分割的精度不高，而且在 PolSAR 图像中的适用性不强。还有一些基于图形学的手动

分割方法和基于边缘的检测法，前者容易受到地理先验信息的限制，后者容易因为边缘的不连续性而造成海岸线缺省的现象。针对这些问题，本章首先根据 PolSAR 图像海陆的能量差异，利用统计特征值得到初始海陆划分，如果有大片裸地或跑道干扰，则引入极化方位角特征；其次利用数学形态学和 Freeman 链码边界确定的种子填充方法调节陆地内部连通域来改善分割结果，在大场景中可以使用尺度变换方法构造快速海陆分割算法，来提高海陆分割的速度。海陆分割后的二值图一般用于陆地掩模，减少陆地地物的干扰，为后续船舶目标的检测做好基础。

PolSAR 图像海陆的能量差异较大，利用统计特征计算得到的阈值可以粗略地区分海水和陆地，极化指向角的引用也可以改善跑道及裸地带来的干扰。为减少陆地区域的空洞，将陆地区域形成一个整体，基于形态学和种子填充的陆地后处理可以得到较好的海陆分割结果。

1. 极化特征的阈值分割

PolSAR 数据由 HH、HV、VH 和 VV 四个通道的复数据构成，各个通道的能量总和为 PolSAR 图像的能量图或功率图，又称 SPAN 图，描述了地面目标的散射能量信息，有

$$\begin{aligned}\mathrm{SPAN} &= \mathrm{Tr}([S][S]^{\mathrm{H}}) = |S_{\mathrm{hh}}|^2 + |S_{\mathrm{hv}}|^2 + |S_{\mathrm{vh}}|^2 + |S_{\mathrm{vv}}|^2 \\ &= \boldsymbol{k}^{\mathrm{H}}\boldsymbol{k} = |\boldsymbol{k}|^2 = \mathrm{Tr}([T_3]) \\ &= [\Omega]^{\mathrm{H}}[\Omega] = [\Omega]|^2 = \mathrm{Tr}([C_3])\end{aligned} \tag{7.1}$$

式中，H 表示共轭转置；$\mathrm{Tr}(\cdot)$ 表示求迹运算。

阈值的确定与待检测图像有关。若图像中的海面平坦，海况较为简单，则阈值 T 相对较小；而在海况较为复杂的环境中，阈值 T 相对大些，以提高检测的精度。SPAN 图像中，一般情况而言，海水区域的能量平均值要低于陆地区域，而且由于海面地物简单，往往是大面积的海水，从而海水区域的能量统计方差会远小于陆地区域，因此可以借助这些统计特征值来确定阈值的大小。为提高运行速度，将图像分为 N 个子图像，初始的阈值为

$$T = \sqrt{E(I)} + a\sqrt{\sigma^2(I)} \tag{7.2}$$

式中，I 表示输入数据(归一化)；T 表示计算后阈值的输出；a 是与海水波动情况有关的系数，取值在 0～3。当海面比较平静(即海域强度值变化很小)时，a 取较小值，如 0.5 左右；当海面起伏较大(即海域强度值变化剧烈)时，a 取较大的值，如 2 左右。选取方差最小的子图像块作为海域及初始阈值的参考值，通过扩大海域的范围及 N 的值来更新阈值 T，直到图像分割后海水和陆地可以明显区分。$E(\cdot)$ 与 $\sigma^2(\cdot)$ 分别表示均值与方差算子，计算过程为

$$\begin{cases} E(I)=\dfrac{1}{n}\sum\limits_{i=0}^{n}I_i \\ \sigma^2(I)=\dfrac{1}{n}\left(\sum\limits_{i=0}^{n}I_i^2-\dfrac{1}{n}\left(\sum\limits_{i=0}^{n}I_i\right)^2\right) \end{cases} \tag{7.3}$$

当陆地区域含有大量的裸地、跑道、低矮作物时，其散射能量强度与海水类似，极易被划分为海水区域，因此需要引入极化指向角分量，根据陆地和海洋极化指向角的差异对原来的统计分布特性分割结果做补充，减少错分情况。

极化指向角分量可以由 Touzi 分解获得，Touzi 分解是基于 Cloude－Pottier 的极化目标分解方法，使用了埃尔米特矩阵即相干矩阵$[T_3]$，并通过酉矩阵相似对角化，即

$$[T_3]=\frac{1}{2}\begin{bmatrix} \langle|S_{hh}+S_{vv}|^2\rangle & \langle(S_{hh}+S_{vv})(S_{hh}-S_{vv})^*\rangle & 2\langle(S_{hh}+S_{vv})S_{hv}^*\rangle \\ \langle(S_{hh}-S_{vv})(S_{hh}+S_{vv})^*\rangle & \langle|S_{hh}-S_{vv}|^2\rangle & 2\langle(S_{hh}-S_{vv})S_{hv}^*\rangle \\ 2\langle S_{hv}(S_{hh}+S_{vv})^*\rangle & 2\langle S_{hv}(S_{hh}-S_{vv})^*\rangle & 4\langle|S_{hv}|^2\rangle \end{bmatrix} \tag{7.4}$$

$$[T_3]=[U_3][\Lambda][U_3]^{-1} \tag{7.5}$$

式中，$[\Lambda]$是 3×3 对角矩阵，且矩阵元素为非负实数；$[U_3]=[e_1\quad e_2\quad e_3]$是 3×3 的酉矩阵，矩阵元素为正交的单位特征矢量。

相干矩阵可以分解为三个互不相关的目标，每一个独立目标又可以由一个散射矩阵来描述，即

$$[T_3]=\sum_{i=1}^{3}\lambda_i\boldsymbol{e}_i\boldsymbol{e}_i^{*\mathrm{T}} \tag{7.6}$$

式中，λ_i 是相干矩阵的特征值，用于描述目标分量的权重。

如果绝对目标相位被忽略，则相干散射体可以由滚动不变相干散射矢量模型定义为

$$\boldsymbol{e}_i^{SV}=m\ |\boldsymbol{e}_i|_m\cdot[V] \tag{7.7}$$

$$[V]=\begin{bmatrix} \cos\alpha_s\cos 2\tau_m \\ -\mathrm{j}\cos\alpha_s\sin 2\Psi\sin 2\tau_m+\cos 2\Psi\sin\alpha_s\mathrm{e}^{\mathrm{j}\Phi_{\alpha s}} \\ -\mathrm{j}\cos\alpha_s\cos 2\Psi\sin 2\tau_m+\sin 2\Psi\sin\alpha_s\mathrm{e}^{\mathrm{j}\Phi_{\alpha s}} \end{bmatrix} \tag{7.8}$$

式中，m 是最大返回参数；Ψ 和 τ_m 代表极化参数，即极化指向角分量与螺旋分量；α_s 和 Φ_{as} 是对称散射模型的极坐标。参数 α_{si}、τ_{mi}、Ψ_i、m_i、$\Phi_{\alpha si}(i=1,2,3)$ 均可通过 Touzi 分解后获得。

极化指向角分量散点的形式严重，对于海陆分割的精细度较低，因此一般以图像融合的方式作为基于功率的海陆分割的补充。图像融合的方式有多种，常用的是特征级融合，其可以保证不同图像包含信息的特征，在输入图像抽出的特

征基础上对这些特征进行融合，使得有用的特征能够更好地体现出来。目前，特征级图像融合的方法主要有加权平均法、贝叶斯估计法和聚类分析法等。考虑到运行速率，采用较为简单的加权平均法来进行两种特征的融合，从而弥补利用回波强度划分海陆时的不足。

2. 基于形态学与种子填充的连通域处理

阈值分割处理后，可以得到海陆的粗略划分。但由于陆地地物复杂，陆地区域明暗不一，含有大量的空洞与少量的杂质点，因此为解决此现象，可以引入数学形态学方法。数学形态学在孤立点去除、边界平滑、临近区域连接、空洞填充等方面都有较好的应用。

在数学形态学中，设 A 为图像集合，B 为结构元素，则用 B 对 A 进行操作运算，腐蚀和膨胀是最基本的两种变换。

设 A、B 是 n 维空间 E^n 中的两个子集，若 A 被 B 膨胀，则定义为

$$A \oplus B = \{c \in E^n \mid c = a + \boldsymbol{b}, a \in A, \boldsymbol{b} \in B\} \tag{7.9}$$

或

$$A \oplus B = \bigcup_{\boldsymbol{b} \in B} A_{\boldsymbol{b}} \tag{7.10}$$

其中，$A_{\boldsymbol{b}}$ 是集合 A 关于矢量 $\boldsymbol{b}$ 的平移，即

$$A_{\boldsymbol{b}} = \{a + \boldsymbol{b} \mid a \in A\} \tag{7.11}$$

设 A、B 是 n 维空间 E^n 中的两个子集，若 A 被 B 腐蚀，则定义为

$$A\,!\;B = \{c \in E^n \mid c + \boldsymbol{b} \in A, \forall \boldsymbol{b} \in B\} \tag{7.12}$$

即

$$A\,!\;B = \{c \in E^n \mid B_c \subseteq A\} \tag{7.13}$$

或

$$A\,!\;B = \bigcap_{\boldsymbol{b} \in B} A_{-\boldsymbol{b}} \tag{7.14}$$

在实际应用中，开、闭运算的使用更为广泛，是膨胀和腐蚀操作的复合运算方式。

用 B 对 A 进行开运算，则定义为

$$A \circ B = (A\,!\;B) \oplus B \tag{7.15}$$

用 B 对 A 进行闭运算，则定义为

$$A \bullet B = (A \oplus B)\,!\;B \tag{7.16}$$

其中，结构元素常采用的形式为

$$B = \begin{bmatrix} 0 & 1 & 0 \\ 1 & 1 & 1 \\ 0 & 1 & 0 \end{bmatrix} \tag{7.17}$$

开运算可以消除周围一些孤立小区域，减少其对陆地地区的影响，也可以减

少边界上的毛刺，使边界更为平滑，对于一些细窄的连接带也可以进行去除，从而分离原先接触的两个区域，使某些区域变为孤立小区域后减少干扰因素；而闭运算一般用于填充区域中的裂缝、空缺和小孔等，使这个区域内部的联系更大，并且也能填补边界上的凹陷，使整体区域的外边缘平滑。开运算和闭运算都能在处理图像时保持其原有的结构特征，因此在一些图像分解、区域整体化及目标单元描述中都有较为广泛的应用。

海岸线是海陆的界限，是海陆位置的描述，海岸线提取对后期的船岸分离有一定的意义，而且根据提取后的陆地轮廓对陆地区域进行填充，可以得到更为精确的海陆分割结果，用作后期的掩模图。可用边界表达－链码的方法进行海岸线的追踪，得到较为精细的结果。

链码又称 Freeman 码，是一种描述边界的方式，是根据曲线的起始点坐标和边界点方向代码来实现的。常用的链码中有 4－连通链码和 8－连通链码，链码分类示意图如图 7.1 所示，其依据中心像素点相邻方向的个数进行划分。

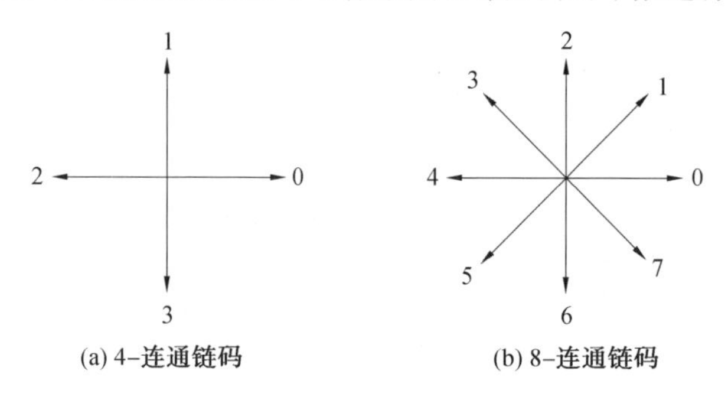

图 7.1　链码分类示意图

算法给每一个线段边界一个方向编码，从起点开始，沿边界编码，至起点被重新遇到，结束一个对象的编码。边界追踪示意图如图 7.2 所示。

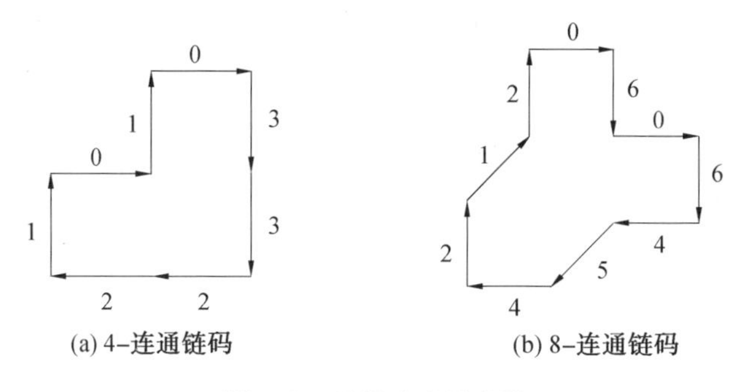

图 7.2　边界追踪示意图

使用链码时，起点的选择是至关重要。对同一个边界，不同的边界点用作链码的起点时，获得的链码不同。为此，需要把链码归一化，从任意一个起点开始

按一定的方向形成边界，按次序所得的方向数组成一组自然数，这组自然数的值达到最小时对应的起点及形成的链码就是所求的归一化链码。

由于陆地区域为一个整体，因此轮廓追踪时只需要追踪目标外边界，并且去除一些小面积的干扰，就可以得到陆地区域的整体轮廓图。此时，将轮廓内部进行填充，得到较为精细的海陆分割结果，消除了陆地内部所有细小的空缺，进一步降低了陆地地物的干扰。其中，轮廓内部填充主要用到了种子填充算法，核心是递归填充，从多边形区域内部的一点开始出发，找到区域内的所有像素。区域边界上所有像素都有特定的像素值，区域内部所有像素不取此特定像素，而边界外的所有像素则选择与此边界相同的像素值。

具体步骤如下。

步骤 1：标记轮廓内部种子(像素点)。

步骤 2：检测该种子点的像素值，若与边界像素值和填充像素值均不同，则将其像素赋值为填充像素值，否则不进行赋值。

步骤 3：检测相邻位置，分为 4－连通域和 8－连通域，为保证陆地内部的整体性，一般采用 8－连通方式，得到新的种子点，进入步骤 2，直至边界区域内部所有像素标记完成。种子填充结果示意图如图 7.3 所示。

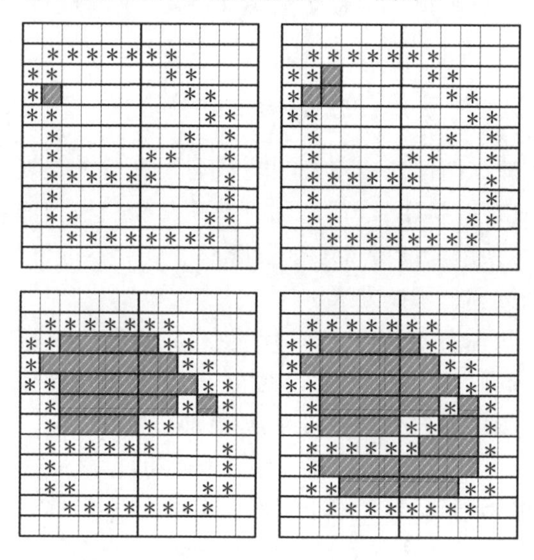

图 7.3　种子填充结果示意图

一般为减少递归的次数及提高效率，通常采用扫描线种子填充算法，其基本原理与普通种子填充算法类似，只是并非一个种子接一个种子填充，而是填充种子点所在扫描线上的一个区段，然后确定与这一区段相连通的上下扫描线上的另一区段，并依次填充此区段，直到轮廓内部所有像素标记完成。扫描线种子填充示意图如图 7.4 所示。

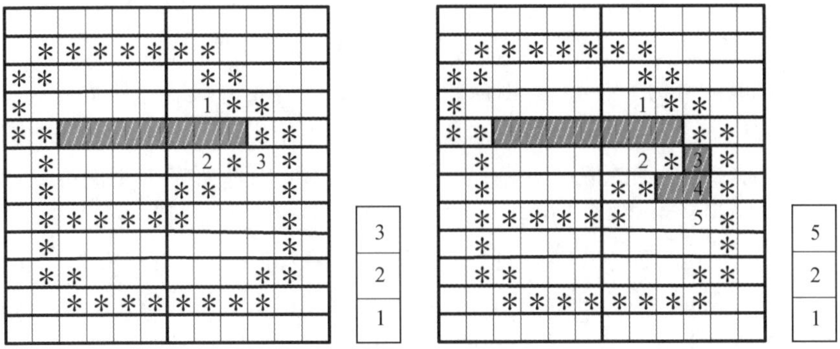

图 7.4　扫描线种子填充示意图

海陆分割算法首先根据海陆特性分析，利用海陆功率 SPAN 的差异结合其数学统计分布特性寻找合适的阈值后进行海陆的粗略划分，当陆地区域含有大量低散射能力地物引发干扰较大时，引入极化指向角分量辅助海陆划分；然后依据陆地区域整体性和统一性特点，利用数学形态学，去除孤立点、平滑边界及连接临近区域，包括填充陆地内的细小空洞；最后采用 Freeman 链码对陆地的轮廓进行追踪后采用基于链码边界的种子点填充算法，可以得到较为精细的海陆分割结果。

7.2.2　基于尺度变换的快速海陆分割方法

大场景条件一般指图像规模较大，由于海陆分割算法是对整体图像处理的，图像尺寸加大后，处理时间变长，而海陆分割只是船舶检测的基础部分，因此为提高计算的速度，可采用尺度变换法进行图像缩放后再进行海陆分割。本节主要研究图像的下采样和上采样方法。

图像缩小称为下采样或降采样，用于生成原图像的缩略图，再进行海陆分割，从而提高海陆分割速率；图像放大称为上采样或图像插值，用于使海陆分割后的二值图符合原图像的大小，再进行陆地掩模。

下采样示意图如图 7.5 所示。在图像下采样的过程中，可以通过直接采样的方式，选择合适的采样间隔，得到缩小图像的像素值，即对原始图像 I 中 $s\times s$ 窗口内的图像进行计算，形成一个像素点。这个像素点的值就是窗口内所有像素的均值，而 s 就是图像缩小的倍数。当然，s 也是原图像尺寸的公约数，可以通过增加原图像的行列数来实现，计算公式为

$$p_k=\sum_{i\in \mathrm{win}(k)} I_i/s^2 \tag{7.18}$$

式中，p_k 是所要求的缩小后图像像素值。

当所需增加原图像的行列数较多时，会对图像的边缘造成一定的影响，这时

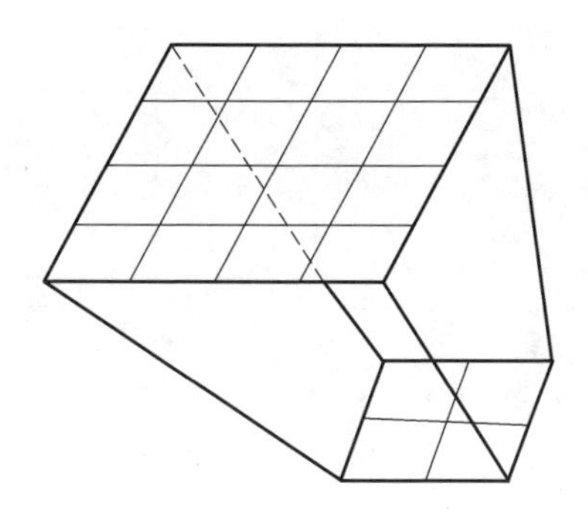

图 7.5　下采样示意图

可以借鉴上采样中的插值法，通过所求点的临近像素值及临近像素变化率的影响来得到。

假设原图像的大小为 $A\times B$，而缩放后的图像为 $M\times N$，则原图像与缩放图像在 x 和 y 方向的缩放比例为$\dfrac{A}{M}$ 和$\dfrac{B}{N}$。缩放图像在(m,n)位置上的像素值就对应于原图在$\left(m\times\dfrac{A}{M},n\times\dfrac{B}{N}\right)$位置上的像素值。$\dfrac{A}{M}$ 和$\dfrac{B}{N}$ 并不一定为整数，其结果在多数情况下为浮点数，而像素的位置却均为整数。因此，需要在原图中找到$\left(m\times\dfrac{A}{M},n\times\dfrac{B}{N}\right)$临近几个像素的位置。

传统的双线性插值算法的计算量小，运行速度较快，但容易造成边缘的模糊，因为其仅考虑相邻四个像素的影响，通过相邻的像素进行两次插值计算，求得缩放图像中的近似像素值。对于双立方插值算法而言，采用更为复杂的插值方式，将最邻近的 16 个像素选择为计算 P 点像素的参数，并且将相邻点之间像素变化率的影响也作为计算的依据，使结果更接近原图像的效果，插值示意图如图 7.6 所示。

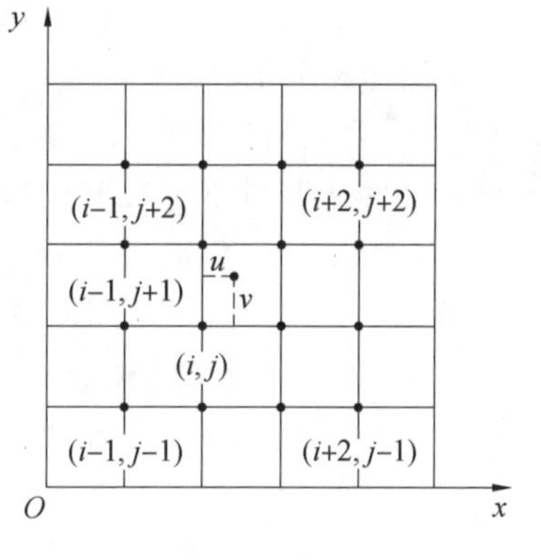

图 7.6　插值示意图

在海陆划分后可以采用双立方插值算法形成原图像的海陆分割图，产生平滑的边缘，处理后的图像像质损失小。双立方插值算法通常需要进行数据的拟合，因此插值基函数的选取较为重要。常用的插值基函数如图 7.7 所示，其数学表达式为

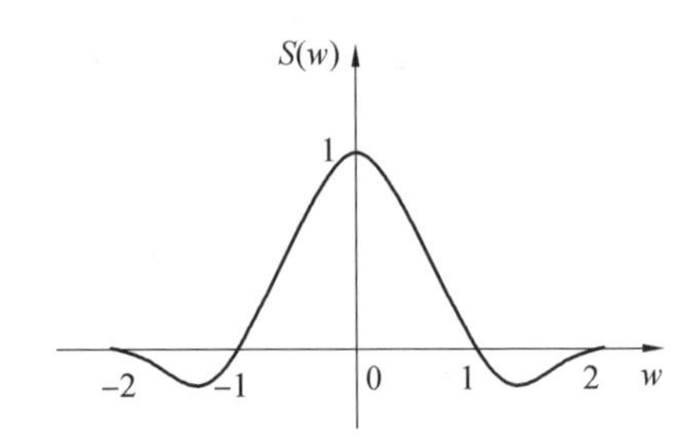

图 7.7　常用的插值基函数

$$S(w)=\begin{cases}1-2|w|^2+|w|^3, & |w|<1\\ 4-8|w|+5|w|^2-|w|^3, & 1\leqslant|w|<2\\ 0, & |w|\geqslant 2\end{cases} \tag{7.19}$$

$$f(i+u,j+v)=[A][B][C] \tag{7.20}$$

式中，u、v 为小数部分；$[A]$、$[B]$、$[C]$ 均为矩阵，形式为

$$[A]=[S(1+u)\quad S(u)\quad S(1-u)\quad S(2-u)] \tag{7.21}$$

$$[B]=\begin{bmatrix}f(i-1,j-2) & f(i,j-2) & f(i+1,j-2) & f(i+2,j-2)\\ f(i-1,j-1) & f(i,j-1) & f(i+1,j-1) & f(i+2,j-1)\\ f(i-1,j) & f(i,j) & f(i+1,j) & f(i+2,j)\\ f(i-1,j+1) & f(i,j+1) & f(i+1,j+1) & f(i+2,j+1)\end{bmatrix} \tag{7.22}$$

$$[C]=[S(1+v)\ S(v)\ S(1-v)\ S(2-v)]^{\mathrm{T}} \tag{7.23}$$

美国加利福尼亚 Moss Beach 和 Half Moon Bay 地区的极化图像大小为 5 501×3 377，海陆的交界为普通交界，沿岸含有些许海浪，其光学图和局部放大的海陆交界光学图如图 7.8(a)和(b)所示，原图像和海陆分割的结果以及对应的局部放大图如图 7.8(c)～(f)所示。美国加利福尼亚 San Diego 地区的极化图像大小为 2 700×2 500，海陆交界为码头交界，由于船舶停靠在码头，与码头紧密相连，因此海陆划分时容易被划入陆地区域，其光学图和局部放大的海陆交界光学图如图 7.9(a)和(b)所示，原图像和海陆分割的结果以及对应的局部放大图如图 7.9(c)～(f)所示。两地图像均由 UAVSAR 机载系统所得，采用 L 波段，方位向分辨率为 0.6 m，距离向分辨率为 1.6 m。

从图 7.8(c)和(d)中可以看出，本节算法可以将 Moss Beach 和 Half Moon Bay 地区的海陆划分开来，而且陆地区域的机场跑道和大面积的裸地也没有为陆地区域带来空洞的干扰。从图 7.8(e)和(f)中可以看出，岸边波浪会给海陆的分割带来一定的影响，但影响较小，可以忽略。

(a) 光学图　(b) 局部放大的海陆交界光学图

(c) 原图像　(d) 海陆分割结果图

(e) 原图像局部放大图　(f) 海陆分割结果局部放大图

图 7.8　美国加利福尼亚 Moss Beach 和 Half Moon Bay 地区海陆图

从图 7.9 中可以看出，由于船舶与岸边相连，体积较大，因此码头边停靠的各种船舶也被划分为陆地区域。在后续的船舶检测时，需要将陆地区域沿海岸线向内推进船舶宽度单位，然后进行船舶的检测算法。

(a) 光学图　(b) 局部放大的海陆交界光学图

图 7.9　美国加利福尼亚 San Diego 地区海陆图

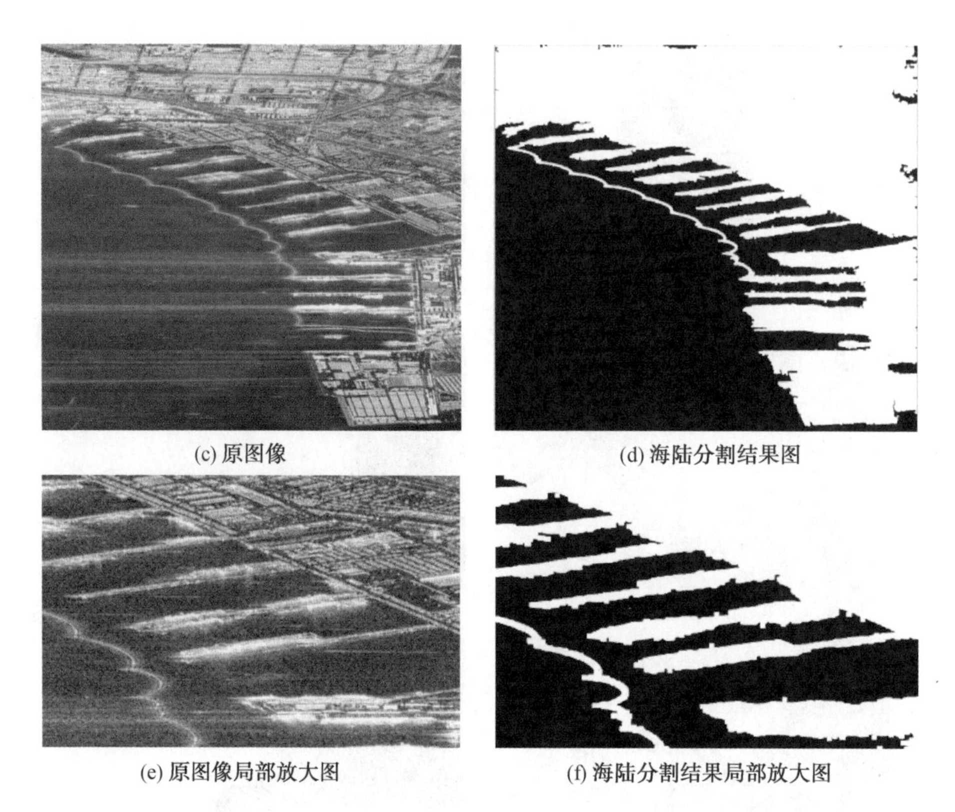
(c) 原图像　(d) 海陆分割结果图
(e) 原图像局部放大图　(f) 海陆分割结果局部放大图

续图 7.9

中国海南陵水地区及南海海域的极化图像大小为 8 480×5 000，是由 ALOS－2星载系统所得的，采用 L 波段，方位向分辨率为 4.3 m，距离向分辨率为5.1 m。其光学图和局部放大的海陆交界光学图如图 7.10(a)和(b)所示，原图像和海陆分割的结果以及局部放大图如图 7.10(c)～(f)所示。

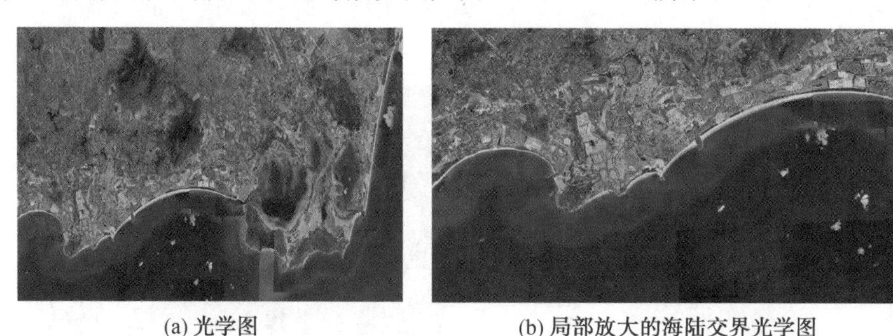
(a) 光学图　(b) 局部放大的海陆交界光学图

图 7.10　中国海南陵水地区及南海海域海陆图

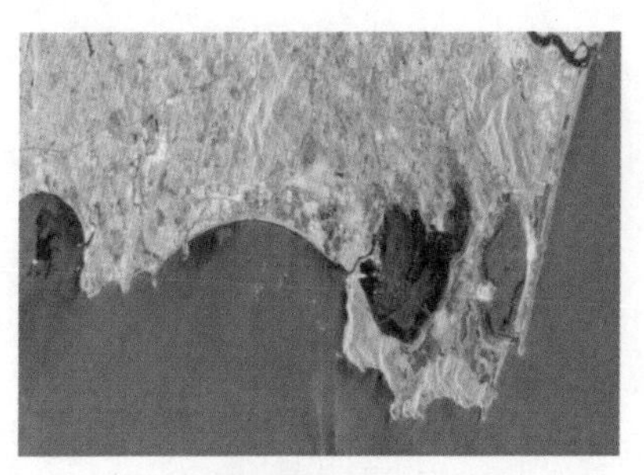

(c) 原图像

(d) 海陆分割结果图

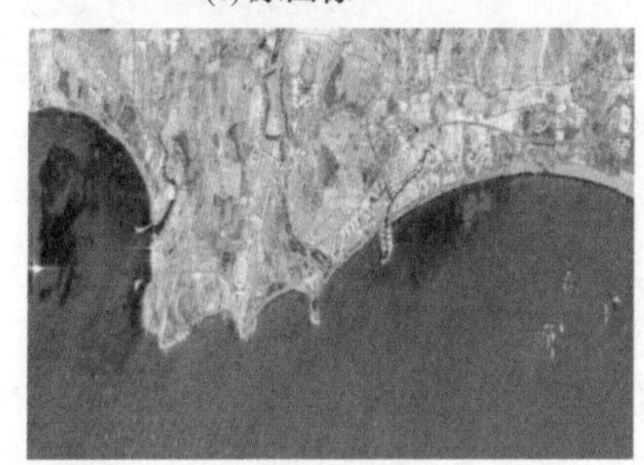

(e) 原图像局部放大图

(f) 海陆分割结果局部放大图

续图 7.10

中国海南地区的图像大小约为美国 San Diego 地区的 6 倍，不采用缩放算法时，得到海陆分割结果用时约为 20 min，若图像更大，到达上万点像素的乘积，则用时更长，而且得到海陆分割图仅是船舶检测的基础。将海南地区图像缩小至 San Diego 区域规模时，海陆划分用时仅为两三分钟，大大提高了运算速度。但从图 7.10(d)中可以看出，分割的精度降低，左侧的河流不能区分开来。

在实际应用中，当图像较大、计算机的运算内存有限且周围没有码头停靠大量船舶时，可以根据具体需求设定合适的缩放比例，以此达到一个较高的计算速度。

本节主要研究了 PolSAR 图像的海陆分割算法，包括特征获取和算法的基本理论，采用基于统计分布特性结合数学形态学和 Freeman 链码边界确定的种子填充方法调节陆地内部连通域的海陆分割方法，可以得到较为精细的海陆划分结果。针对大场景图像海陆分割时间长的不足，提出了基于尺度变换的快速海陆分割算法，提高了计算速度。本节作为船舶目标检测的基础部分，也是关键部分，得到的海陆分割二值图作为后期的陆地掩模，减少陆地区域地物的干扰，可以降低目标检测的虚警概率。

7.3 极化 SAR 图像舰船目标检测

舰船检测是现在遥感领域目标检测的热门研究方向。在 SAR 图像目标检测领域,已经有许多学者提出了大量的算法,大致可以分为两类:一类是基于统计模型的检测方法,包括恒虚警检测(constant false-alarm rate,CFAR)算法及其改进方法;第二类是基于特征的检测方法,包括几何特征、轮廓特征及极化特征等。随着检测技术的深入研究,目前检测手段已经越来越丰富。为提高检测质量,多种信息的融合已成为必然趋势,检测方法很难进行单一的划分。

CFAR 算法作为一种传统的优秀的检测方法,一直是目标检测领域研究的重点,许多学者对其进行了改进,以达到更好的检测效果。采用多阶 CFAR 方法[12-13],通过设置不同的虚警率将杂波滤除是基于 CFAR 方法进行检测常用的手段。此外,首先构建一种目标杂波对比度高的联合分布,再使用 CFAR 方法进行检测也是一种较好的方法。冷祥光引入了双边 CFAR 进行 SAR 舰船目标检测,就是在 SAR 图像幅度与空间信息的基础上进行核密度估计,得到这两种信息的联合分布。这种方法实现了舰船目标与海杂波对比度的增强,获得了较好的检测结果[18]。

利用目标特征进行检测也是常见的研究思路。目标特征多种多样,常见的目标特征有包括形状和轮廓的几何特征、纹理特征、极化特征及变换域特征等。楚博策等提出了一种基于多特征融合的检测方法,融合了形态学、灰度和轮廓特征[19]。C. Duan 等将舰船简化为椭球体,将舰船目标的特征提取变成椭球体的尺寸和形状估计问题,这种方法绕开了传统方法中散射中心提取的难点,开辟了一种新的思路[20]。Tu Song 等提出了基于多尺度显著性和主动轮廓模型的高分辨率 SAR 图像快速准确的目标检测方法,这种方法是将光谱残差(spectual residual,SR)模型的高效和全局最小化改进的局部与全部强度拟合(the global minimization of the modified local and global intensity fitting,GMLGIF)模型对乘性噪声的鲁棒性综合起来,得到了较好的检测结果[21]。利用特征检测的方法重点在于对特征的分析和提取、对目标有针对性的分析和特定特征的提取,不仅有利于目标的检测,而且对目标的鉴别和分类也是必不可少的,因此在该方面的研究成果层出不穷[14-24]。

由于极化 SAR 图像蕴含着十分丰富的极化信息,能够从中提取出极化特征等用于检测,因此目前对极化 SAR 图像的舰船检测也取得了一些进展。李海艳引入了一种基于同极化通道信号进行卷积的方法,从而进行舰船目标检测,这种方法利用 HH 通道与 VV 通道数据之间的卷积,卷积结果实现了船海对比度的

大幅度提高,对高海况下舰船目标检测很有效[22]。车云龙也是进行了基于特征融合的检测,主要对舰船的极化特征和纹理特征进行了融合,利用这些特征互相补充的特点,得到了较好的舰船检测结果[23]。W. Fan 等利用非高斯的 K－Wishart 分类器将 PolSAR 数据划分成了不同的标记簇,并结合极化 SPAN 参数进行了舰船检测,这种利用无监督聚类进行舰船检测的方法被证明具有 94.4% 的品质因数[24]。Y. Wang 等在利用超像素检测舰船方面做出了突出贡献,其团队先是在 2015 年提出了一种基于超像素级散射机制(superpixel-level scattering mechanism,SM)分布特征的新型 PolSAR 船舶探测器[25],又于 2018 年在多尺度超像素分割基础上,提出了三种局部提取的极化差异度量方法,并利用核 Fisher 判别分析(kernel Fisher discriminant analysis,KDFA)方法进行检测,这种方法在计算复杂度与检测效果之间达到了很好的折中[26]。极化 SAR 图像对不同的散射机理有不同的呈现形式,因此针对舰船目标进行极化散射特性的分析并进行特定极化特征的提取以进行检测的极化 SAR 舰船目标检测方法也是最近的研究热点。而对特定种类的舰船目标进行极化特性的分析需要知道舰船更细致的结构,这就要求更高分辨率的极化 SAR 系统。针对高分辨率的 TerraSAR－X 极化舰船切片数据集的检测就大多从舰船结构对散射特性的影响入手,油船的输油管和中间的吊车造成的强散射点、干货船船身的口字型及集装箱船的梳状特征[15]等都能够称为对舰船目标检测与分类的针对性特征。

在一些环境比较复杂的场景下,目标的检测会因周围环境的复杂而变得困难,产生更高的虚警率。因此,基于复杂场景的 SAR 图像目标检测逐渐成为研究的重点。对于舰船检测来说,海面环境相对来说比较简单,干扰目标较少,而港口区域停泊舰船的检测则因码头、沿岸建筑物等与船只散射特性相似的目标而导致虚警率高的问题。此时,海陆分割的精细程度就成为舰船检测效果是否较好的重要决定因素。余文毅采用的是一种可以依靠海岸线角度进行自动调整的算法,这种算法将同一个目标上的像素聚集成一类,在环境复杂的港口地区利用形状信息剔除虚警,提高了目标检测性能[27]。在复杂场景下,极化 SAR 图像对于舰船目标与环境的区分能力使得其在检测方面有很大的优势。B. Zou 等提出了一种基于极化特征和数学形态学的快速海陆分割方法,能得到较好的海陆分割结果,对后续的检测十分有帮助[28]。王晨逸对现有的支持向量机算法进行了改进,得到基于遗传算子的微粒群算法调节 SVM 参数(genetic operator based particle swarm optimization－SVM,GOPSO－SVM)算法,利用不同极化目标分解的信息作为舰船特征向量,在小样本近海岸舰船的检测中取得了很好的效果[29]。

7.3.1 基于统计的 PolSAR 图像舰船检测方法

本节主要介绍 PolSAR 图像离岸船舶的检测方法,分析船海之间的区别后,考虑到先验信息获取的难度，构建不依靠样本选取的基于对比度增强的异常检测方法及依靠少量样本数据进行监督检测的方法。前者主要是利用目标与背景分布差异的思想进行异常检测，而后者主要是依据样本进行分界面计算的二分类方法。最后对 PolSAR 实测数据进行实验，并对实验结果进行定性与定量分析和对方法的评价。

1. 基于对比度增强的异常检测方法

(1)极化白化滤波增强船海对比度。

当只有背景概率密度函数时，一般采用异常检测方法。当数据与已知的背景分布情况一致时，判断为背景，否则为目标。判决准则为

$$f(\boldsymbol{X} \mid \boldsymbol{C}) > T_D \tag{7.24}$$

极化白化滤波器(polarimetric whitening filter，PWF)的基本思想是通过最优化地融合 HH、HV 和 VV 通道的图像来使得相干斑噪声的影响最小，也是一种常用的滤波方式，可以增强目标与背景的对比度。通常，图像强度值的标准差和均值的比值用来度量图像中的相干斑，称为相干斑度量因子$\frac{s}{m}$，定义为

$$\frac{s}{m}=\frac{\sqrt{\mathrm{Var}\{y\}}}{E\{y\}} \tag{7.25}$$

式中，y 为图像像素的强度值。

极化白化滤波器的表达式为

$$y=\boldsymbol{X}^{\mathrm{H}}\boldsymbol{C}\boldsymbol{X} \tag{7.26}$$

式中，$\boldsymbol{X}$ 为服从高斯分布的极化测量矢量。

$$\begin{cases} E\{y\}=\mathrm{Tr}(\boldsymbol{\Sigma C})=\sum\limits_{i=1}^{p}\lambda_i \\ \mathrm{Var}\{y\}=\mathrm{Tr}(\boldsymbol{\Sigma C})^2=\sum\limits_{i=1}^{p}\lambda_i{}^2 \end{cases} \tag{7.27}$$

如果需要最大限度地降低图像中的相干斑噪声，则需要最优化加权矩阵 $\boldsymbol{C}$ 使得相干斑度量因子最小。其中，p 是通道的个数；$\boldsymbol{\Sigma}=\boldsymbol{\Sigma}_C=E\{\boldsymbol{X}\boldsymbol{X}^{\mathrm{H}}\}$ 是杂波极化测量矢量 $\boldsymbol{X}$ 的协方差矩阵；$\mathrm{Tr}(\cdot)$ 是矩阵的迹；λ_i 是矩阵 $\boldsymbol{\Sigma C}$ 的特征值。代入式(7.25)可得

$$\frac{s}{m}=\frac{\sqrt{\sum\limits_{i=1}^{p}\lambda_i{}^2}}{\sum\limits_{i=1}^{p}\lambda_i} \tag{7.28}$$

当矩阵 $\boldsymbol{\Sigma C}$ 的特征值相等，即 $\lambda_1=\lambda_2=\cdots=\lambda_p$ 时，相干斑度量因子可达到最

小。此时，$\boldsymbol{C}=\boldsymbol{\Sigma C}^{-1}$，代入式(7.26)可得

$$y=\boldsymbol{X}^{\mathrm{H}}\boldsymbol{\Sigma C}^{-1}\boldsymbol{X} \tag{7.29}$$

如果是高斯分布的杂波模型，则经过极化白化滤波后图像的最小相干斑度量因子为

$$\frac{s}{m}=\frac{1}{\sqrt{3}}(-4.8\ \mathrm{dB}) \tag{7.30}$$

PWF 方法可以有效地降低 PolSAR 图像中的相干斑噪声，使目标与背景的区分更加明显，是后续进行恒虚警检测的前提。

(2) 基于龙贝格(Romberg)积分的恒虚警检测。

$$P_{\mathrm{fa}}=\frac{1}{2}-\frac{1}{2}\Phi(t) \tag{7.31}$$

式中，$\Phi(\cdot)$ 为标准正态分布函数。

假设背景窗口中所有像素的均值和方差为 μ_b 和 σ_b^2，而杂波强度 x 的概率分布 $f(x)$ 服从高斯分布，即

$$f(x)=\frac{1}{\sqrt{2\pi}}\mathrm{e}^{\frac{-(x-\mu_b)^2}{2\sigma_b^2}} \tag{7.32}$$

恒虚警率与概率分布函数的关系为

$$\begin{aligned}P_{\mathrm{fa}}&=\int_t^{\infty}f(x)\mathrm{d}x=\int_{u_b+t\sigma_b}^{\infty}f(x)\mathrm{d}x\\&=\int_t^{\infty}\frac{1}{\sqrt{2\pi}}\mathrm{e}^{-\frac{t^2}{2}}\mathrm{d}t=1-\Phi(t)\end{aligned} \tag{7.33}$$

通常根据设定的恒虚警大小来计算标称化因子 t，因此 t 为常数。若所选特征的强度为 Y，则目标检测的准则为

$$\begin{cases}Y-\mu_b>t\cdot\sigma_b, & \text{判定为目标}\\Y-\mu_b<t\cdot\sigma_b, & \text{判定为背景}\end{cases} \tag{7.34}$$

CFAR 检测算法中，常采用窗口移动法进行目标的检测。将整体窗口分为背景窗口和目标窗口，窗口单元示意图如图 7.11 所示。一般背景窗口的尺寸要大于目标窗口，而且背景区不包含目标像素点。将窗口单元以一定步长在图像中顺序移动，根据目标检测的判断准则遍历整体图像后，得到最终的检测结果。

标称化因子 t 可以采用龙贝格(Romberg)求积公式进行多次迭代逼近得到。龙贝格算法又称逐次分半加速法，是一种快速进行积分计算的方法。在复化梯形公式、复化辛普森(Simpson)公式和复化柯特斯(Cotes)公式之间关系的基础上，化简分析所得的提高精度算法。

对于复化辛普森公式和复化柯特斯公式而言，近似积分为

$$I[f(x)]\approx S_{2n}+\frac{1}{4^2-1}(S_{2n}-S_n)=\bar{S}_{2n} \tag{7.35}$$

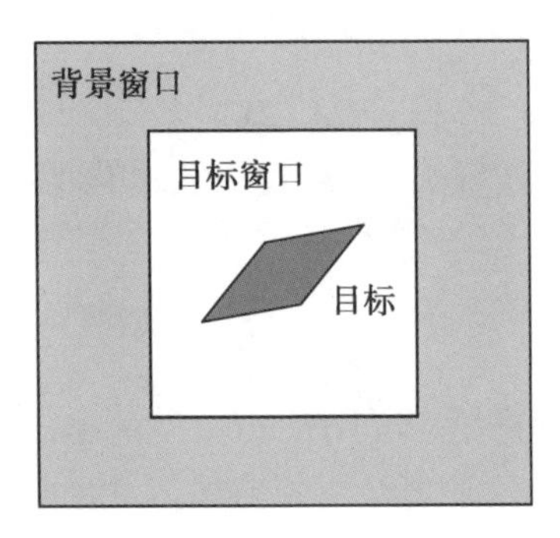

图 7.11　窗口单元示意图

$$I[f(x)] \approx C_{2n} + \frac{1}{4^3 - 1}(C_{2n} - C_n) = \bar{C}_{2n} \tag{7.36}$$

对式(7.35)和式(7.36)进一步化简分析，得到

$$S_n = T_{2n} + \frac{1}{4 - 1}(T_{2n} - T_n) \tag{7.37}$$

$$C_n = S_{2n} + \frac{1}{4^2 - 1}(S_{2n} - S_n) \tag{7.38}$$

从而可令龙贝格积分为

$$R_n = C_{2n} + \frac{1}{4^3 - 1}(C_{2n} - C_n) \tag{7.39}$$

因此，龙贝格公式计算函数 $f(x)$ 在区间$[a,b]$上逐次分半进行积分计算的具体步骤为

$$T_1 = \frac{b-a}{2}[f(a) + f(b)] \tag{7.40}$$

$$T_{2^{k+1}} = \frac{1}{2}T_{2^k} + \frac{b-a}{2^{k+1}}\sum_{i=1}^{2^k} f\left[a + (2i-1)\frac{b-a}{2^{k+1}}\right], \quad k = 0,1,2,\cdots \tag{7.41}$$

$$\begin{cases} S_{2^k} = T_{2^{k+1}} + \dfrac{1}{4-1}(T_{2^{k+1}} - T_{2^k}) \\ C_{2^k} = S_{2^{k+1}} + \dfrac{1}{4^2-1}(S_{2^{k+1}} - S_{2^k}) \\ R_{2^k} = C_{2^{k+1}} + \dfrac{1}{4^3-1}(C_{2^{k+1}} - C_{2^k}) \end{cases} \tag{7.42}$$

若 $|R_{2^{k+1}} - R_{2^k}| < \varepsilon$，则取 $I[f] \approx R_{2^{k+1}}$；否则，继续计算，直到满足所设的精度为止。

对于积分公式，将 a 设置为一个较小的初始值，b 设置为一个固定较大值，计算过程中不断修改 a 的值，直至积分结果接近设置的恒虚警率 P_{fa}，所得的 a 值就是要求的标称化因子 t。再将因子代入判断准则，通过窗口移动法进行离岸船舶的检测。船舶检测流程图如图 7.12(a) 所示，流程中的 Rom berg 积分运算示意图如图 7.12(b) 所示。

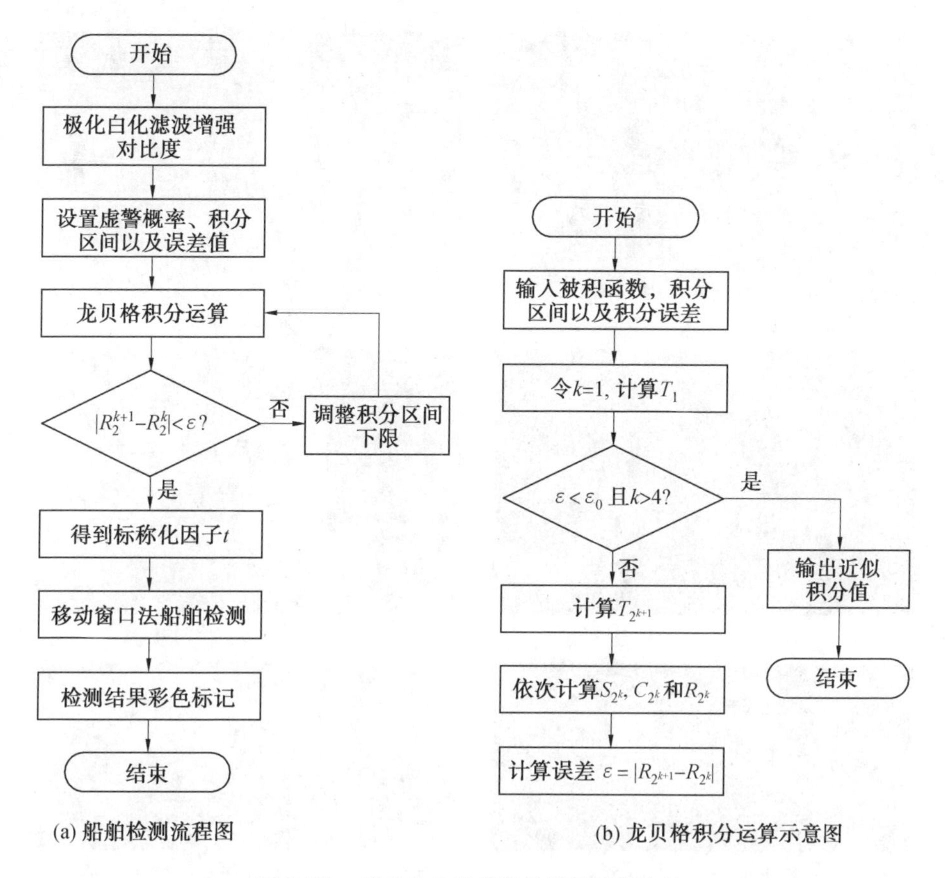

图 7.12　基于对比度增强的统计检测方法

2. 检测实验与结果分析

以美国加利福尼亚 Moss Beach 和 Half Moon Bay 地区为例，此地区含有一个港口，内部有大量出海离岸的船舶，其他近岸地区也有少量的船舶。船舶检测之前根据海陆分割二值图对陆地区域进行掩模，陆地区域像素设置为 0，海洋区域像素不变，从而减少陆地区域强散射地物的干扰，降低虚警概率。

极化白化滤波结果及其局部放大图如图 7.13(a)和(b)所示，基于对比度增强的统计检测(PWF－CFAR)结果及其局部放大图如图 7.13(c)、(e)、(g)所示，检测结果彩色标记图及其局部放大图如图 7.13(d)、(f)、(h)所示。

基于样本数据的 SVM 监督检测结果及其局部放大图如图 7.14(a)、(c)、(e)所示，检测结果彩色标记图及其局部放大图如图 7.14(b)、(d)、(f)所示。本实验主要选取了功率特征、纹理对比度特征及 Freeman－Durden 分解后的体散射特征等。

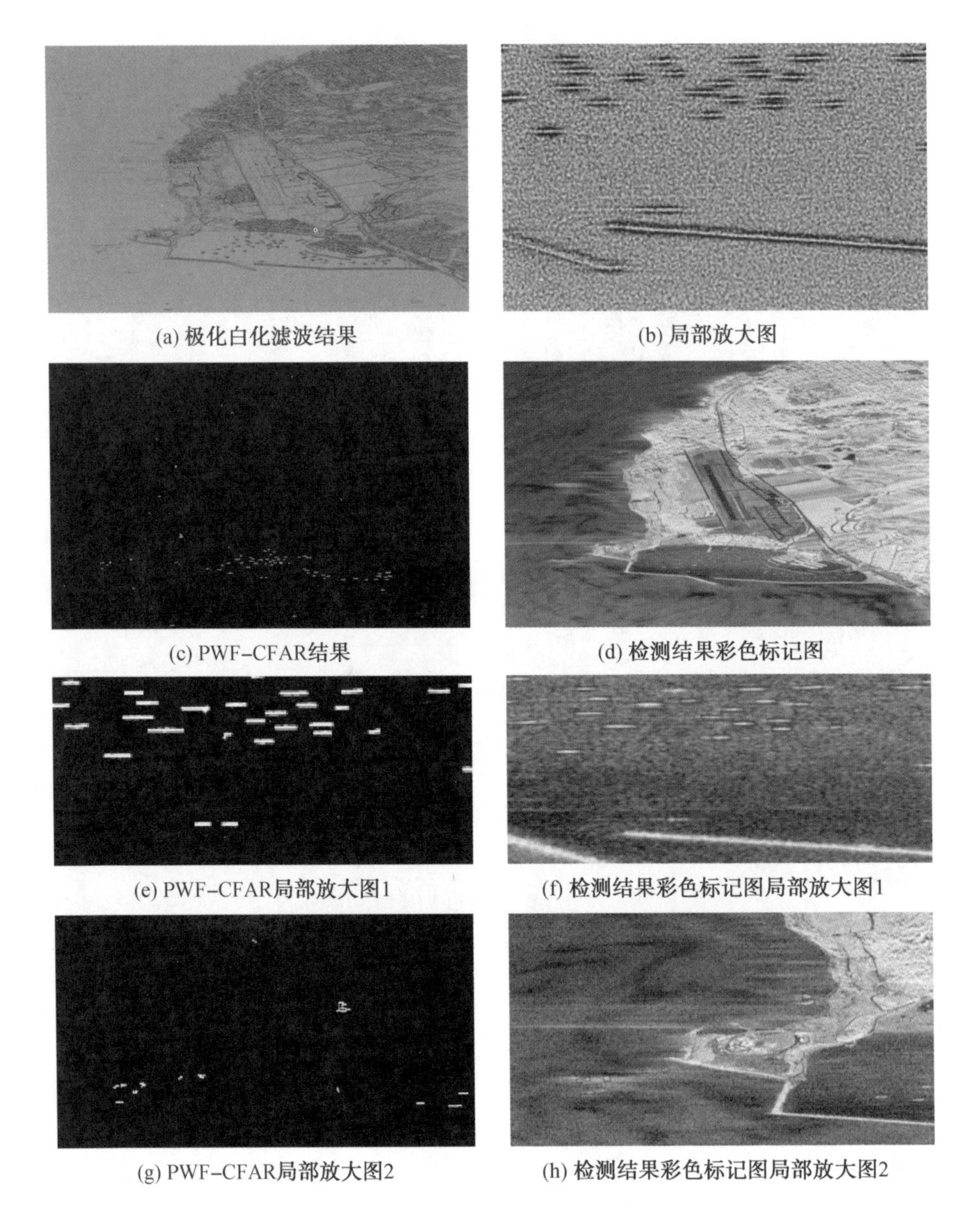

图 7.13　基于对比度增强的统计检测方法

从图 7.13 中可以看出，极化白化滤波后可以增强船海的对比度，但陆地掩模后，去除了陆地地物的干扰，会导致海面杂波的影响相比而言大大提高。再采用恒虚警方法去掉杂波斑点的干扰，通过尺寸滤波器后得到检测结果，大部分船舶被检测出，但依然存在一些漏检和虚警现象。从图 7.14 中可以看出，基于小样本监督的支持向量机检测依赖于样本的选取，当海面存在较强海浪干扰时会出现虚警现象，其结果相比于基于对比度增强的异常检测要好些。

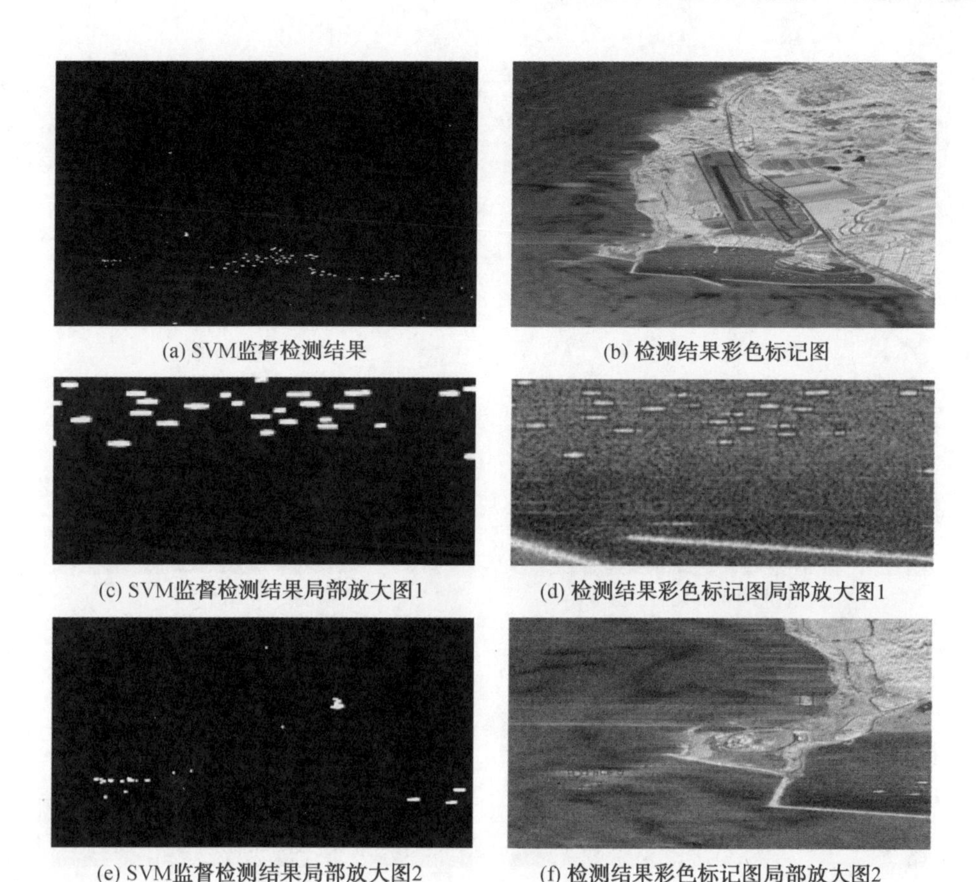

图 7.14　基于样本数据的监督检测方法

采用其他传统方法如模板匹配(template matching，TM)方法和 KNN 方法对 Moss Beach 地区的船舶进行检测。模板匹配的检测结果如图 7.15(a)所示，相应区域的局部放大图如图 7.15(c)、(e)所示；KNN 检测结果如图 7.15(b)所示，相应区域的局部放大图如图 7.15(d)、(f)所示。

从图 7.15 中可以看出，模板匹配检测结果和 KNN 检测结果的局部放大图 1 中检测结果较好，没有出现虚警及漏检的现象，但在局部放大图 2 中，由于海杂波的影响，因此出现了许多漏检的船只。

各种检测算法的检测结果统计见表 7.1。其中，品质因数(figure of merit，FOM)的定义为

$$\mathrm{FOM}=\frac{N_{\mathrm{tr}}}{N_{\mathrm{fa}}+N_{\mathrm{ac}}} \tag{7.43}$$

式中，N_{tr} 表示检测结果中正确检测出的目标个数；N_{fa} 表示虚警目标的个数；N_{ac} 表示实际目标的个数。品质因数越大，说明检测效果越好。

(a) 模板匹配的检测结果

(b) KNN检测结果

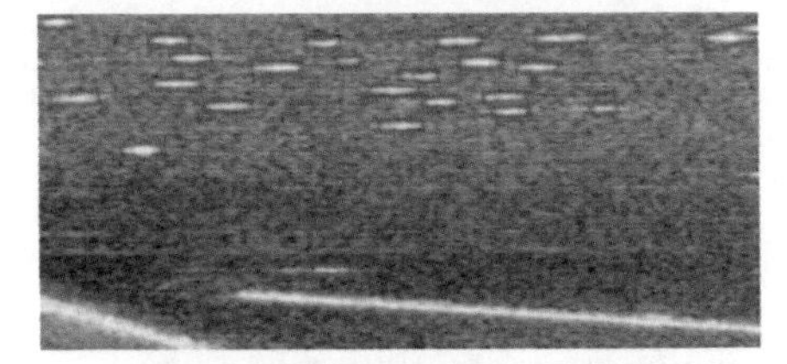
(c) 模板匹配的检测结果局部放大图1

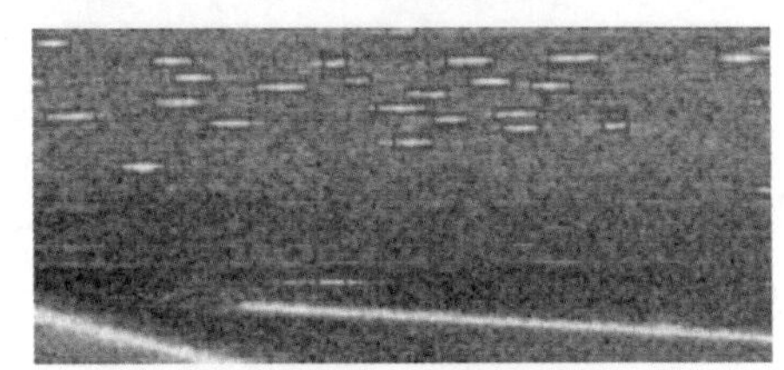
(d) KNN检测结果局部放大图1

(e) 模板匹配的检测结果局部放大图2

(f) KNN检测结果局部放大图2

图 7.15　其他传统方法检测结果

表 7.1　各种检测算法的检测结果统计

检测算法	实际个数	检出个数	漏检个数	虚警个数	品质因数
PWF－CFAR	71	66	5	10	0.815
SVM	71	68	3	6	0.883
TM	71	65	6	3	0.878
KNN	71	65	6	6	0.844

可以看出，基于对比度增强的异常检测方法的品质因数比其他方法低些，但此方法不借助样本数据，不需要事先去选择样本，而且从检出个数来看，也有较高的检出率。由于海杂波影响较大，因此虚警率高些，当无法或较难获得样本时，可以选取此方法。模板匹配方法需要借助大量样本，当样本较少时，匹配效果不佳。KNN 方法需要计算邻域，因此相比而言，时间较长些。支持向量机方

法借助少量样本计算最优分界面方程，并且品质因数较高，因此在较为复杂的停泊船舶检测中，选择以支持向量机的基本模型为基础，并进行优化。

本节主要介绍了 PolSAR 图像离岸出海的船舶检测方法，分为不借助样本数据的基于对比度增强的异常检测方法和基于少量样本数据的支持向量机监督检测方法，包括方法的具体原理和实现流程，并对检测结果做了定性和定量分析，也与其他传统检测方法进行了比较，分析了这些方法的优势与不足，为后续的停泊船舶检测做好一定的理论基础。

7.3.2　基于舰船目标极化特征的检测方法

对于 SAR 图像目标检测来说，如何选择合适的特征进行检测是十分重要的，尤其是对于极化信息丰富的 PolSAR 图像，如何利用有效的特征构建特征空间实现目标的高效检测是十分必要的。本节主要实现了一种特征选择算法，实现不同特点船只特征的自适应选择，在此基础上进行特征向量的构建，完成停泊船只和离岸船只的检测。利用单极化图像的强度特征与极化图像提取出的特征进行对比，研究极化特征对于目标检测效果的提升。

1. 舰船特征选择

依据特征对目标进行检测，在特征提取后重要的是特征的选择。特征选择方法有很多，选择合适的特征选择方法能够有效地衡量特征对于目标检测的作用，实现高效率的特征组合，为达到更好的检测效果奠定基础。

(1)特征选择方法的基本理论。

采用多种特征组合对目标进行检测可以引入更多的区分信息，检测结果会比使用单个特征的检测方法进行检测有更高的检测率，这是引入更多信息的优点。但过多特征的引入会导致前期特征提取过程十分复杂，并且采用不同方法提取得到的特征之间可能会存在信息的重叠。这种情况使得分类器对这些特征的处理变成不必要的冗余操作，不仅浪费了大量的计算成本，而且引入不够好的特征还可能使得分类结果变差。

因此，本节拟采用特征选择方法，首先仍然对不同类别的船只进行特征提取。与直接将特征输入到分类器中的分类方法不同，本节将利用特征筛选方法进行特征的评价，完成特征向量的构建，采用检测结果作为评价标准，目的是针对不同种类的舰船，构建出能够有效描述舰船目标并将其与海面区分开来的精简的、冗余度低的特征向量，使得利用特征提取方法进行舰船目标的检测更加具有针对性，减少前期的工作量。针对不同舰船目标构建特征向量，可以为舰船的自适应检测做充足的准备。

特征选择的方法有很多，常见的有主成分分析(principal component

analysis,PCA)方法、独立成分分析(independent component analysis,ICA)方法等。PCA 是一种十分有效的数据降维方法,因此适合用在数据去冗余方面,它的主要思想就是对数据中相关性高的部分进行删减,通过变换方法重新建立起新的互不相关的变量。这种方法本质上是对原始数据的一个线性变换,使变换后的数据在基向量空间方向达到最大。这使得在许多高维数据集中,只需要使用几个主成分分量,就可以得到绝大多数的信息。PCA 将高维空间的数据通过投影方法映射到低维空间,以舍弃最小部分特征值为代价,大大降低了信息的冗余程度。特征选择方法有很多,大多数从降低数据冗余程度出发,分析各个不同特征之间的冗余程度,但对于特征本身并不做过多研究。

(2)基于 Relief－F 算法的舰船特征选择。

绝大多数特征选择算法都从考虑降低数据冗余信息出发,但对于图像检测和分类来说,特征对不同类别目标的表征能力才是衡量这个特征是否有效的最重要部分。因此,本节引入一种 Relief－F 算法,这种方法是根据每类最近邻样本对于各个特征的区分程度来评估该特征的权值,也就是置信度。Relief－F 算法是以 Relief 算法为基础进行改进的。

对于彼此独立的属性,随着选取最近邻样本数增加,估计更加准确。而对于彼此间不完全独立的属性,选取更多的近邻样本也会提升估计的质量,只不过提升的幅度小一些。此外,Relief－F 算法还在能够处理的类别数目和数据集完整程度上做了改进。相较于 Relief 算法,改进的算法能够处理更多类别的数据,还能针对不完整数据集进行处理。

Relief－F 算法的主要步骤如下。

①设置所有特征的权重为 0。

②j 从 1 开始循环到 m,m 为选取的样本点个数。

a. 在总样本集上选取样本 X_j;

b. 寻找与 X_j 同类的 n 个最近邻集合 $H(C)$ 和不同类别中 n 个最近邻集合 $M(C)$;

c. 对于所有的特征 $A_i(i=1,2,\cdots,n)$,分别计算并更新权重 $W^j[A_i]$,即

$$W^{j+1}[A_i]=W^j[A]-\mathrm{diff}(A,X_j,H(C))/m+\cdots$$
$$\sum_{C\neq \mathrm{class}(X_j)}(P(C)\times \mathrm{diff}(A_i,X_j,M(C)))/m$$

③循环结束。

④根据权值对特征进行排序,选取权值最大的若干特征。

其中,$P(C)$作为每类样本的先验概率,可以被设置成相同的值;$M(C)$表示不同类别中的邻域样本集合。距离度量 $\mathrm{diff}(A_i,x_{1i},x_{2i})$定义为

$$\operatorname{diff}(A_i,x_{1i},x_{2i})=\begin{cases}|x_{1i}-x_{2i}|, & A_i\text{为数值型}\\0, & A_i\text{不是数值型,且 }x_{1i}=x_{2i}\\1, & A_i\text{不是数值型,且 }x_{1i}\neq x_{2i}\end{cases}\tag{7.44}$$

Relief－F 算法选取了 n 个近邻，距离度量 $\operatorname{diff}(A_i,x_{1i},x_{2i})$ 是计算 n 个近邻距离度量得到的平均值。

Relief－F 算法的输出为各个特征的权值向量 $\boldsymbol{w}=(w_1,w_2,\cdots,w_n)$，通过设置一个权值阈值 T_r 对特征向量进行优选，则可得到新的特征向量 $\boldsymbol{f}_{\text{new}}=(f_1,f_2,\cdots,f_k)$ 和权值向量 $\boldsymbol{w}_{\text{new}}=(w_1,w_2,\cdots,w_k)$，$k$ 为经特征选择后保留下来的特征的个数。利用 Relief－F 算法完成特征选择并得到能够反映特征重要性的权值或置信度，可以通过权值与置信度的乘积得到加权特征向量，即

$$\boldsymbol{f}_{\text{opt\_w}}=(w_1f_1,w_2f_2,\cdots,w_kf_k)\tag{7.45}$$

这里采用 Relief－F 算法分别对不同种类的舰船进行加权特征向量的构建，使得在圈定不同类别船只区域后，能够利用具有针对性的加权特征向量进行检测，最终实现针对不同传感器、不同类别舰船更好的自适应检测效果。

(3)特征选择结果分析。

采用 Relief－F 算法对四组图像的 18 个特征进行分析，样本 1～18 号分别为 Freeman－Durden 目标分解的偶次散射、奇次散射、体散射，Yamaguchi 分解的偶次散射、螺旋散射、奇次散射和体散射，$H/A/\alpha$ 分解的 α、A、H 分量，强度特征，LBP 纹理特征，相干矩阵 T_3 的各个分量(T_{11}、T_{22}、T_{33}、T_{12}、T_{13}、T_{23})的幅值。用于估算距离的最近邻样本分别选取了 5 个最近邻和 10 个最近邻进行实验。在对 San Diego 大船区域进行估算距离时，不同特征权重如图 7.16 所示。

对 San Diego 小船区域各个特征分别利用 Relief－F 算法在选取 5 邻域和 10 邻域进行距离估算时，得到的不同特征权重如图 7.17 所示。

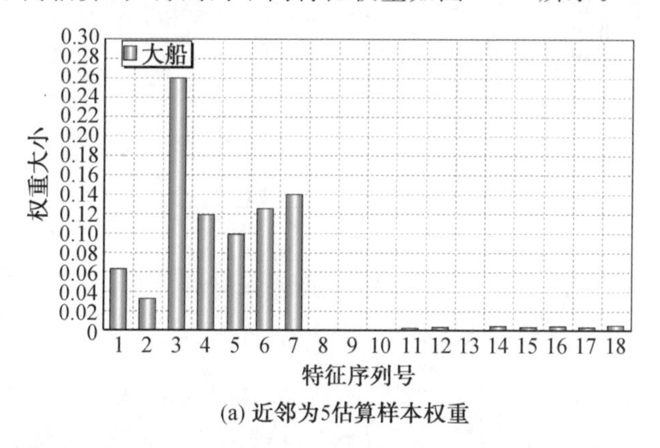

(a) 近邻为5估算样本权重

图 7.16　San Diego 大船区域船只不同特征权重

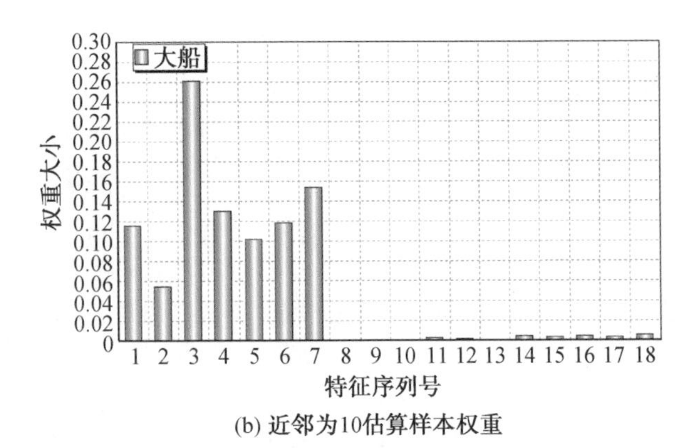

(b) 近邻为10估算样本权重

续图 7.16

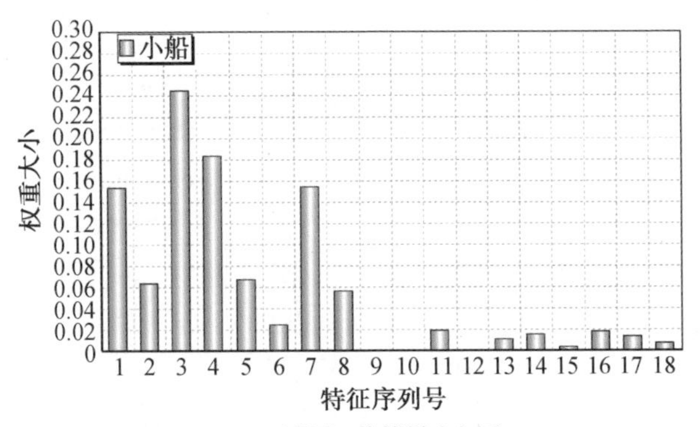

(a) 近邻为5估算样本权重

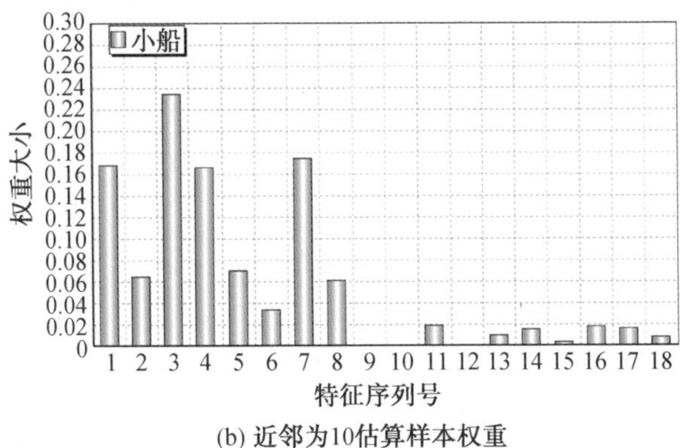

(b) 近邻为10估算样本权重

图 7.17 San Diego 小船区域船只不同特征权重

对青岛及黄海地区 Radarsat－2 和 GF－3 图像的各个特征利用 Relief－F 算法在选取 5 邻域和 10 邻域进行距离估算时，得到的不同特征权重分别如图 7.18和图 7.19 所示。

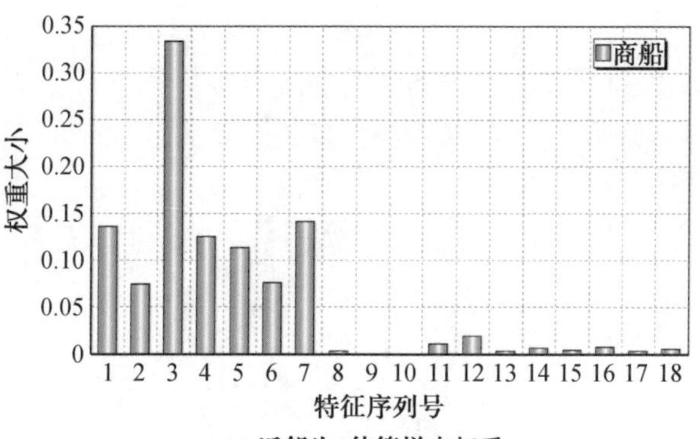

(a) 近邻为5估算样本权重

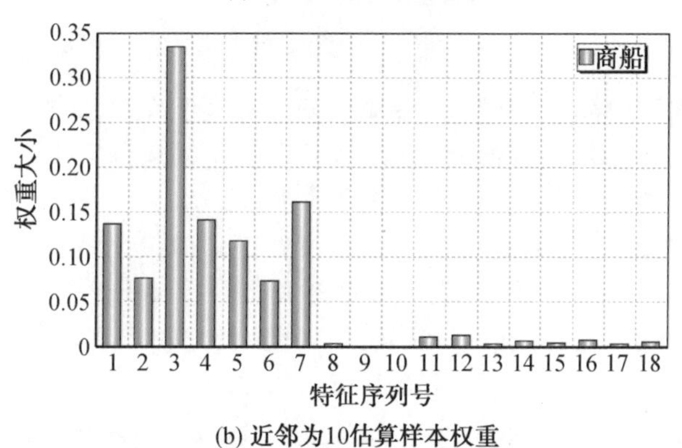

(b) 近邻为10估算样本权重

图 7.18　Radarsat—2 青岛及黄海区域商船不同特征权重

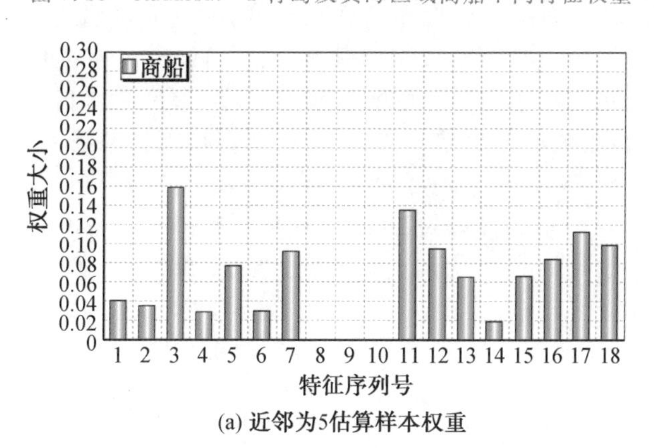

(a) 近邻为5估算样本权重

图 7.19　GF—3 青岛及黄海区域商船不同特征权重

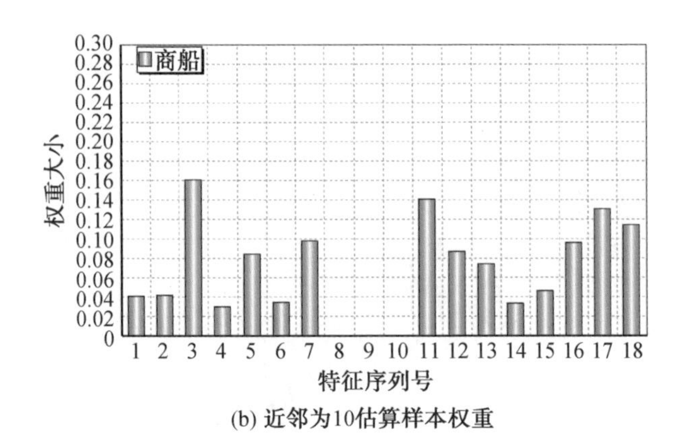

(b) 近邻为10估算样本权重

续图 7.19

由实验结果可以发现，选择10个最近邻样本得到的实验结果与选择5个最近邻样本得到的特征权重数值差别较小，且通过不同近邻选取出的前两个特征甚至前三个基本相同，但可能会有次序的差别。

从整体规律上看，基于极化目标分解模型得到的极化特征对于舰船目标与海洋背景之间的区分能力较好，表现最好的特征是Freeman－Durden分解的体散射特征，该特征在进行实验的四幅图共八组实验中均表现出最高的特征值，这与Freeman－Durden分解对于体散射存在过高估计的情况相吻合。由于舰船目标主要呈体散射，而比较平静的海面主要呈奇次散射，因此对体散射的过估计使得舰船目标的体散射分量十分强，有利于将舰船目标和海洋背景区分开。

对同一传感器下两组不同大小的船只，不同的特征表现的区分能力有些许的差异。对于San Diego区域，大型船只长度超过百米，宽约几十米，小型船只尺寸只有10～30 m，二者差异十分大，大船在极化SAR图像中能够凭借肉眼很明显地区分出来，而小船则因分辨率的原因而只能通过船舶簇的形式体现出来。此时，不同特征对于二者与海洋的区分能力有一些不同。对于大船来说，Freeman－Durden分解的体散射分量区分能力最强，Freeman－Durden分解和Yamaguchi分解的其他散射分量对海船区分能力大致相同，而$H/A/\alpha$分解对大船和海面几乎没有区分能力，其余特征的区分能力也较差。对于San Diego小船区域，Freeman－Durden分解的体散射分量依旧有最好的区分能力，但Yamaguchi分解和Freeman－Durden分解的体散射和偶次散射均表现出很好的区分能力，奇次散射和螺旋散射则较差。此外，$H/A/\alpha$分解中，α分量对于小船有一定的区分能力，这种能力在大船这样的超大型船只上没有得到体现。这些结论对于选取5个最近邻和10个最近邻的算法结果都是适用的，从侧面证明了算法的稳定性。

下面选取典型特征的部分区域样本进行对照(图7.20)。图7.20(a)～(f)为San Diego大船区域特征图，图7.20(g)～(l)为San Diego小船区域特征图。

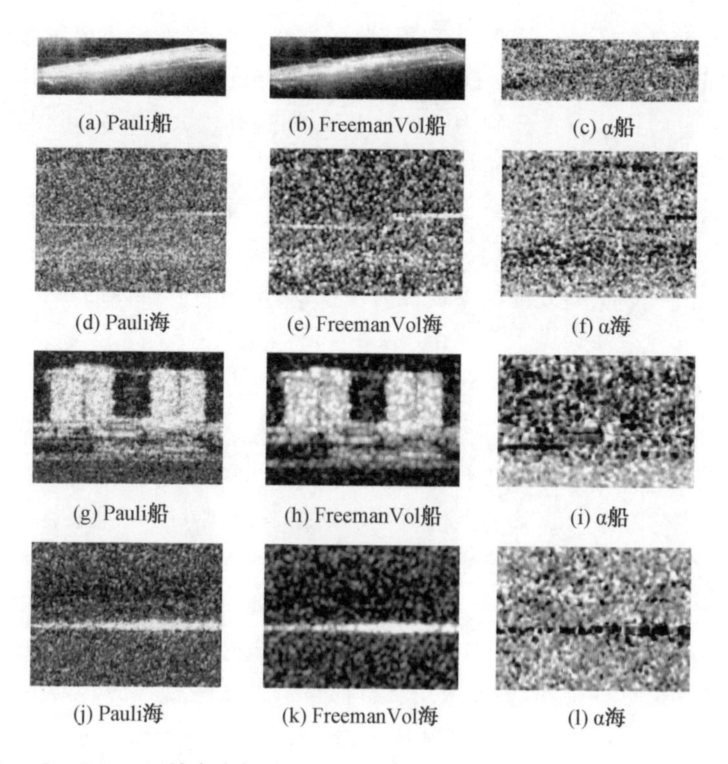

图 7.20　San Diego 区域大小船只 Freeman－Durden 体散射分量和 α 分量特征对比

对于 San Diego 区域大型船只，可以发现 Freeman－Durden 体散射分量能够非常好地提取出船只和海洋的特征，如图 7.20(b)所示，其与 Pauli 示意图所展示的船只细节几乎没有差别，包括船侧的矩形凸起也能清晰地分辨出。而与之对应，α 分量的船只部分十分模糊，只有在船头和船尾的部分有模糊的黑影。由图 7.20(e)可知，Freeman－Durden 体散射特征对海面上的情况也有较好的展现，对海面上由风浪引起的亮线能够很好地体现，而 α 分量只能展现一部分且十分模糊，几乎分辨不出。从数值上看，San Diego 大船区域的 Freeman－Durden 体散射特征权重为 0.261，而 α 分量的特征权重为负值，不予显示，这说明 α 分量中有很大的可能性将目标和背景的强度值不能够很好地体现，即目标强度值可能会低于背景强度值，因此该分量对 San Diego 大船区域来说不是一个好的检测特征。

对于 San Diego 小船来说，Freeman－Durden 分解的体散射特征依旧能够十分有效地提取出船海相应的特征，且针对 San Diego 小船区域，α 分量也具有一定的区分船海能力。小船是以船舶簇的形式体现的，如图 7.20(i)所示，α 特征只能大致区分出船海所在的区域，而船舶簇的轮廓及船舶簇之间的水域并没有得到区分，但是 Freeman－Durden 分解得到的体散射分量能够清晰地体现船舶簇的轮廓。对于海洋区域，α 特征表现得较好，这可能是因为大小船区域的海面平整程度不同造成的差异。San Diego 小船区域的 Freeman－Durden 体散射特征权重和 α 分量的特征权重分别为 0.235 和 0.061，有较大的差别，这与两个特征对于同一区域的区分能力不同相对应。

通过以上分析可知，Relief－F 算法可以较为准确地对特征的表征能力进行衡量，利用计算得到的权重值表示特征的作用效果，通过选取少量的样本对目标和背景在同一特征下的分散程度进行估计，最后得到不同特征的权值，为利用多特征的检测或分类器提供选择依据。

2. 基于 Relief－F SVM 的极化 SAR 舰船检测

对于 PolSAR 图像来说，由于其特征类别丰富，因此在上一节特征选择的基础上直接利用选择出的特征进行加权支持向量机的检测方法即可实现检测。而对于 SAR 图像来说，其所能提取的特征类别较少，为比较 PolSAR 图像中极化信息对于检测率的影响，采用两种基础方法，利用多种层次的极化特征与单通道 SAR 图像的检测结果进行了比对。本节分别对船只的单通道 SAR 图像多通道极化数据进行检测，对极化数据采用特征提取方法提取多个特征并结合 Relief－F 特征选择算法进行选择，最后采用支持向量机方法进行检测。其中，单极化数据的获取是由多通道极化数据中选取一个通道得到的。

对目标分类的方法也能够应用于目标检测中，将目标和背景看成两类实现目标背景的二分类即实现了检测。主要采用基于加权特征的支持向量机目标检测方法。支持向量机是传统有监督分类方法中非常经典又效果突出的方法，尤其是在小样本分类中有着很突出的表现。由于该方法已经被广泛应用，因此这里只简要介绍它的原理。支持向量机是以统计学习理论为基础发展得到的分类方法，目前已经有很多变种。其最根本的思想是将低维空间中不可分的样本放到高维空间中，在高维空间中寻找分界面。此外，惩罚因子的引入和核函数的使用使得 SVM 的分类作用十分强大，本部分主要利用二分类 RBF 支持向量机实现目标的检测。对于样本线性可分的情况，支持向量就是两类样本分界面最边缘的样本点，也是这些样本点决定了分解面的位置和方向。与两类样本支持向量所在的边界面距离最大的分隔面就是这两类样本的最优分界面。

在检测中，对一小部分典型的训练样本和测试样本进行标记，对样本数据进行读取，利用 SVM 进行训练寻找最优分界面。为提高 SVM 的检测效果，本节在特征加权的基础上进行支持向量机的检测，并与不加权的特征进行比较。加权方法是将 Relief－F 算法筛选出的最好的三个特征的权重值相加，再计算各个特征的占比，作为输入支持向量机前的特征权重系数，这样使得不同特征在输入支持向量机时具有不同的重要性，既兼顾了各个特征的优势，又避免了区分效果

不够好的特征带来过大的影响。

3. 检测实验与结果分析

由特征选择算法中研究的结果表明，UAVSAR 大型舰船中，表现最突出的前三个特征依次是 3、7、4 号特征，小船聚集区域表现最突出的前三个特征依次是 3、4、7 号特征。

本部分实验中，利用 SVM 进行舰船检测，采用对比的方式，分别利用三个表现最好的特征和特征按比例加权的方式进行实验，对结果进行分析，研究特征筛选和特征加权的意义。事实上，若前期不进行 Relief－F 算法的特征选择，则为找出 18 个特征中最优的三个组合，需要进行 18 次检测，还需要对选取组合进行考虑，最终依据检测结果判断最好的三个特征组合，会浪费大量的时间资源和计算资源，因此在使用特征之前对特征进行筛选的意义十分重要。

针对 San Diego 大船区域进行实验的结果，利用基于加权 SVM 的检测结果如图 7.21 所示，利用相同特征向量但不进行加权的检测结果如图 7.22 所示。

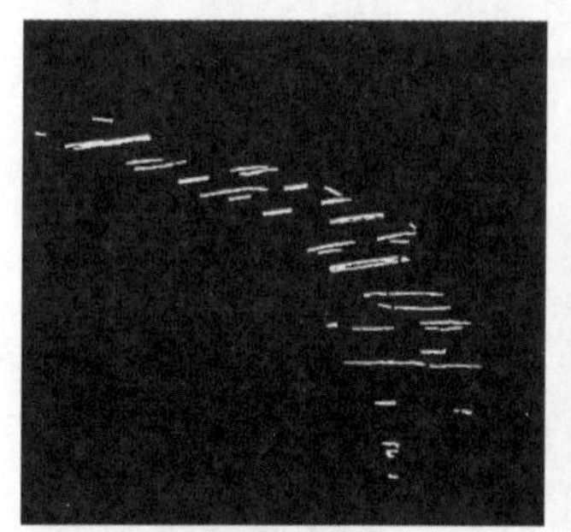

(a) 检测二值图

(b) 检测示意图

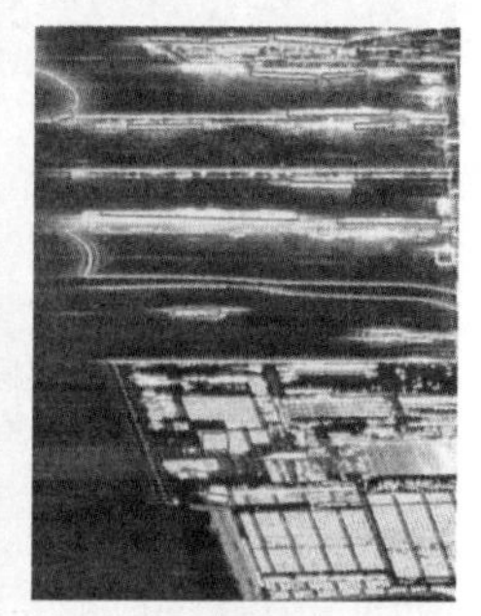

(c) 细节放大图

图 7.21　San Diego 大船区域基于加权 SVM 的检测结果

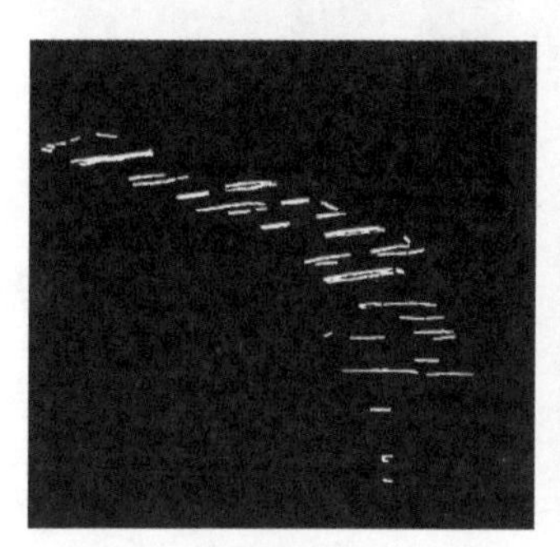

(a) 检测二值图

(b) 检测示意图

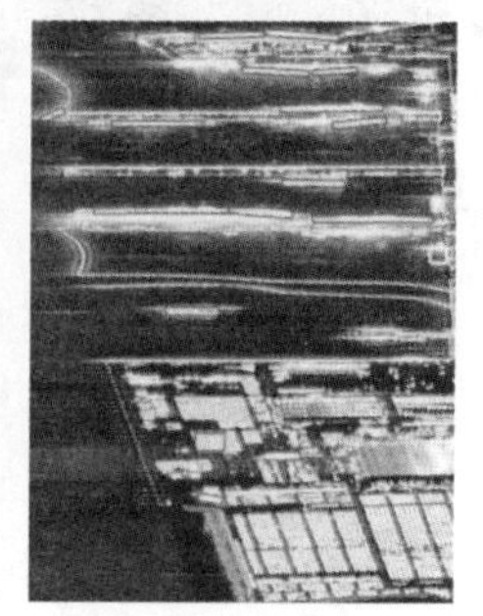

(c) 细节放大图

图 7.22　San Diego 大船区域基于相同特征向量但不加权的检测结果

由针对 San Diego 大型船只检测的实验结果可以大致看出，特征加权 SVM 和多特征不进行加权 SVM 的检测结果都很不错，能够较为完整地检测出舰船目标。San Diego 大船区域 Freeman－Durden 体散射特征的 SVM 检测结果如图 7.23所示，全极化 SPAN 图 SVM 检测结果如图 7.24 所示，发现这两种特征也都能较好地检测出舰船目标。对于部分船只，利用 Freeman－Durden 分解的体散射分量能够更好地保留船只的完整性，这一点在二值图中可以很明显地观察到。

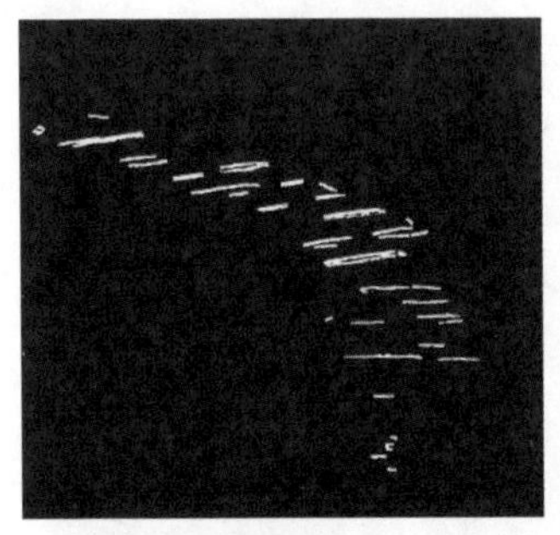
(a) 检测二值图

(b) 检测示意图

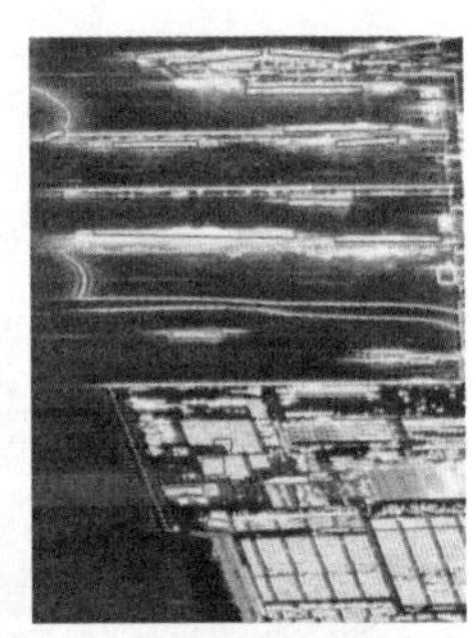
(c) 细节放大图

图 7.23　San Diego 大船区域 Freeman－Durden 体散射特征的 SVM 检测结果

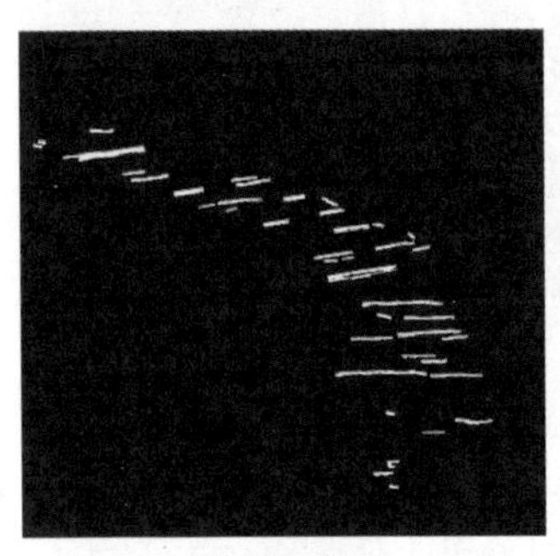
(a) 检测二值图

(b) 检测示意图

(c) 细节放大图

图 7.24　全极化 SPAN 图 SVM 检测结果

HH 通道 SPAN 图 SVM 检测结果如图 7.25 所示。可以发现，只利用单通道数据的检测结果较差，漏检目标十分严重，检测出的船只目标也比较零碎，不能很好地反映原来船只目标的大小。

San Diego 小船区域加权 SVM 检测结果二值图如图 7.26 所示，示意图如图 7.27所示。San Diego 小船区域 SVM 检测结果二值图如图 7.28 所示，示意图如图 7.29 所示。利用 Freeman－Durden 分解的体散射特征、多通道强度值和单通道强度图进行检测，采用 SVM 方法的检测结果二值图和示意图如图 7.30～7.35所示。

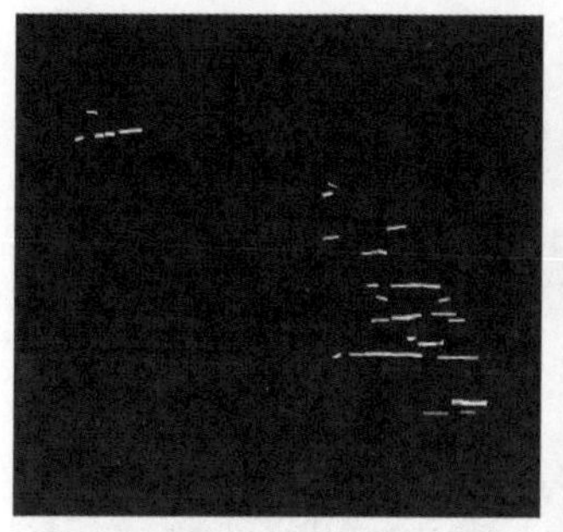

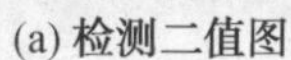

(a) 检测二值图　　(b) 检测示意图　　(c) 细节放大图

图 7.25　HH 通道 SPAN 图 SVM 检测结果

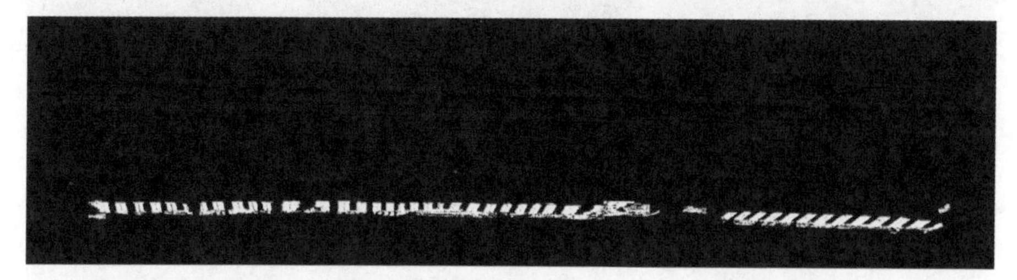

图 7.26　San Diego 小船区域加权 SVM 检测结果二值图

图 7.27　San Diego 小船区域加权 SVM 检测结果示意图

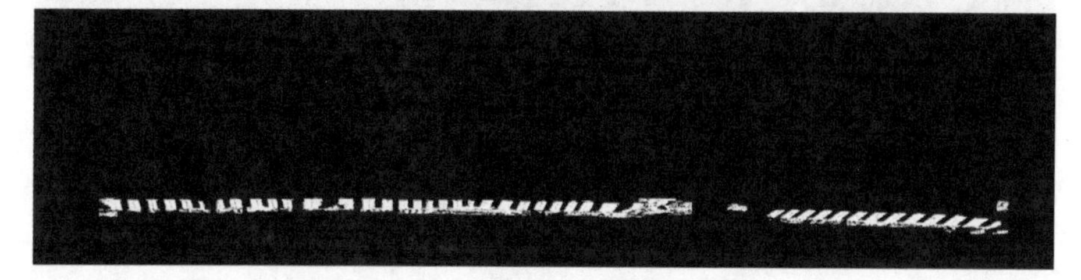

图 7.28　San Diego 小船区域 SVM 检测结果二值图

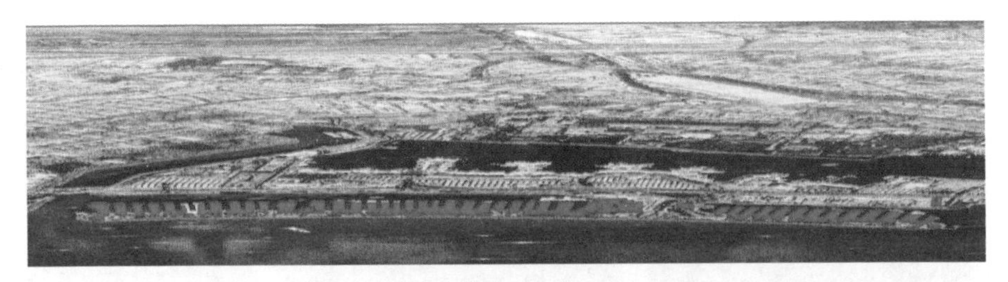

图 7.29　San Diego 小船区域 SVM 检测结果示意图

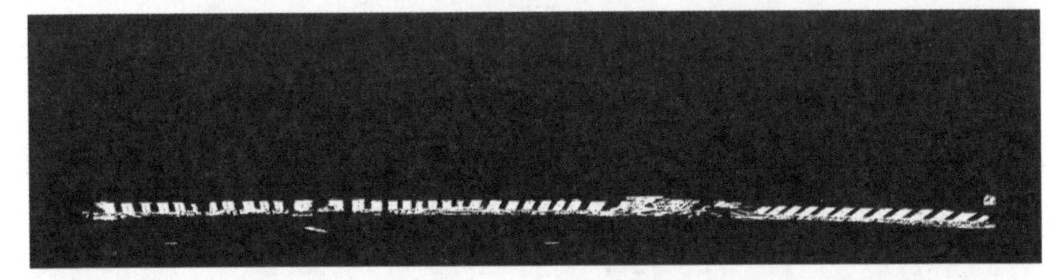

图 7.30　San Diego 小船区域 Freeman－Durden 体散射特征 SVM 检测结果二值图

图 7.31　San Diego 小船区域 Freeman－Durden 体散射特征 SVM 检测结果示意图

图 7.32　San Diego 小船区域全极化 SPAN 图 SVM 检测结果二值图

图 7.33　San Diego 小船区域全极化 SPAN 图 SVM 检测结果示意图

图 7.34　San Diego 小船区域 HH 通道 SPAN 图 SVM 检测结果二值图

图 7.35　San Diego 小船区域 HH 通道 SPAN 图 SVM 检测结果示意图

由针对 San Diego 小型船只检测的实验结果可以大致看出，特征加权支持向量机的检测结果最好，与不进行加权的支持向量相比，加权支持向量机方法具有一定的抑制虚警的能力。

观察只利用一个特征进行 SVM 检测的实验结果，即 Freeman－Durden 体散射特征、利用全极化图像四个通道合成的强度图和只利用 HH 通道强度图进行检测的结果，发现只有 Freeman－Durden 体散射特征能较好地检测出舰船目标，而采用全极化 SPAN 图和采用 HH 通道 SPAN 图的检测结果都很差，对于右侧的小型船舶簇只能得到零星的检测结果。这里利用全极化 SPAN 图的检测效果与 San Diego 大船区域的检测效果有差异，这可能是因为小型船只的散射强度与大型船只相比较弱，导致检测结果变差，出现了严重的漏检。

在离岸舰船检测部分，选用 Radarsat－2 和 GF－3 两组图像进行实验。由特征选择算法中研究的结果表明，Radarsat－2 图像舰船中表现最突出的前三个特征依次是 3、7、1 号特征，即特征向量为 $\boldsymbol{f}=[f_3,f_7,f_1]$，与此对应的权重向量为 $\boldsymbol{w}=[0.335,0.142,0.137]$；而 GF－3 图像中表现最突出的前三个特征依次是 3、11、17 号特征，即特征向量为 $\boldsymbol{f}=[f_3,f_{11},f_{17}]$，与此对应的权重向量为 $\boldsymbol{w}=[0.159,0.135,0.112]$。

为研究 Relief－F 加权 SVM 算法的效果全极化数据对检测效果的提升，针对青岛及黄海区域 Radarsat－2 和 GF－3 两组不同分辨率船只实验数据均进行了五组实验。第一组为 Relief－F 加权的 SVM 检测；第二组为仅选取利用 Relief－F 得到的最优三个特征进行 SVM 检测，Radarsat－2 图像的实验结果分别如图 7.36 和图 7.37 所示，GF－3 图像的实验结果分别如图 7.38 和图 7.39

所示；第三、四、五组实验则是分别利用了 Relief－F 算法挑选出的最强特征、全极化图像的强度图及 HH 通道强度图采用 SVM 方法进行检测，Radarsat－2 图像的实验结果分别如图 7.40、图 7.41 和图 7.42 所示，GF－3 图像的实验结果如图 7.43 所示。

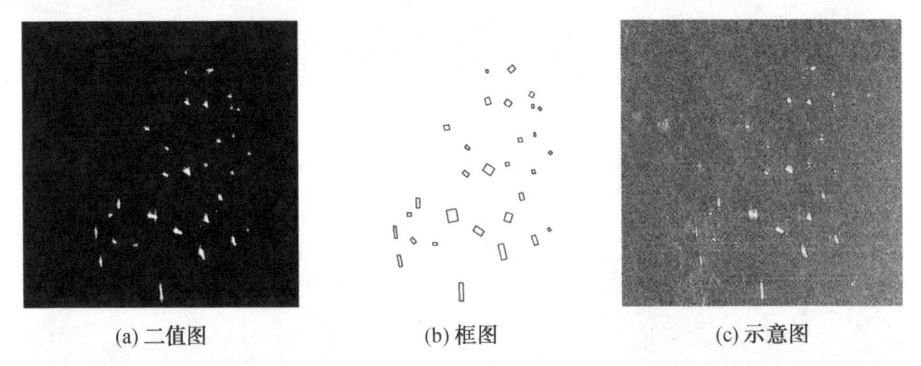

图 7.36　Radarsat－2 图像青岛及黄海区域多特征基于加权 SVM 的检测结果

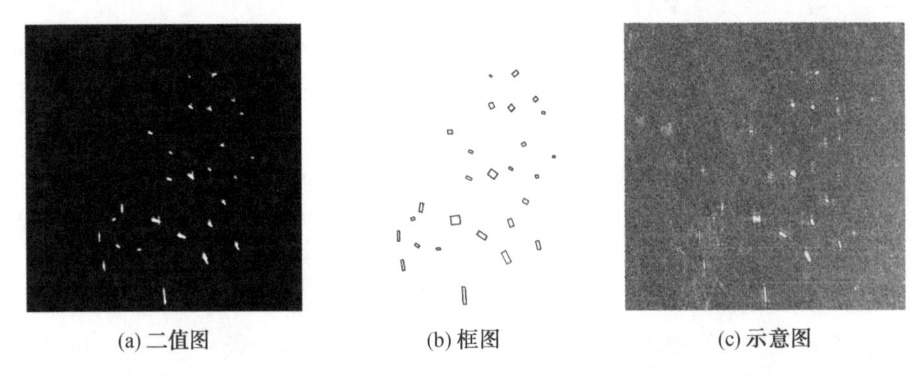

图 7.37　Radarsat－2 图像青岛及黄海区域多特征基于 SVM 的检测结果

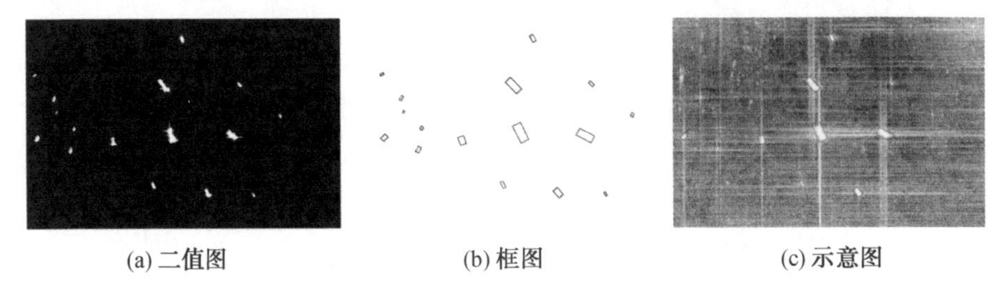

图 7.38　GF－3 图像青岛及黄海区域多特征基于加权 SVM 的检测结果

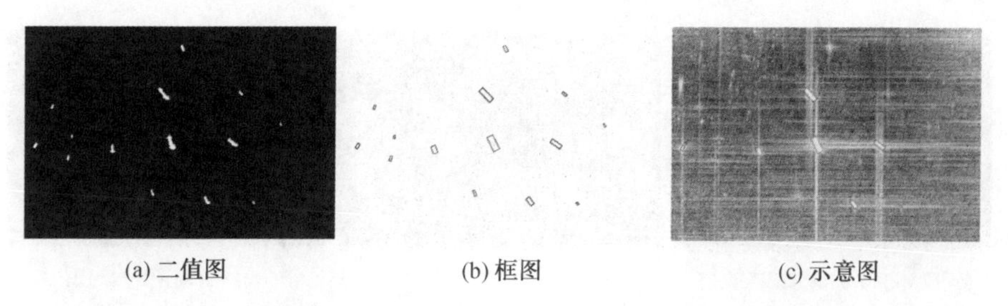

(a) 二值图　(b) 框图　(c) 示意图

图 7.39　GF—3 图像青岛及黄海区域多特征基于 SVM 的检测结果

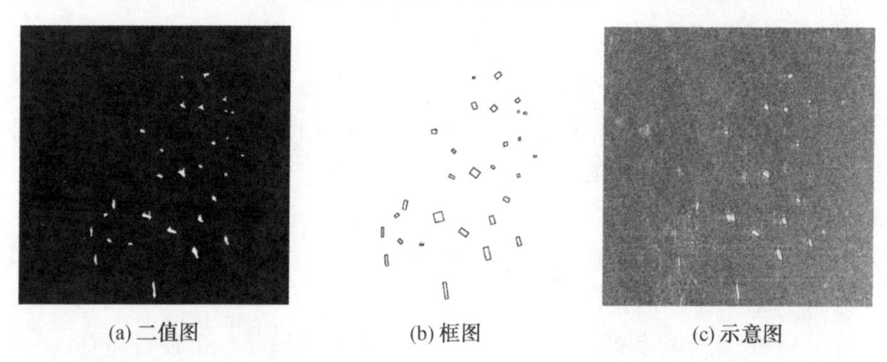

(a) 二值图　(b) 框图　(c) 示意图

图 7.40　Radarsat—2 图像青岛及黄海区域单特征基于 SVM 的检测结果

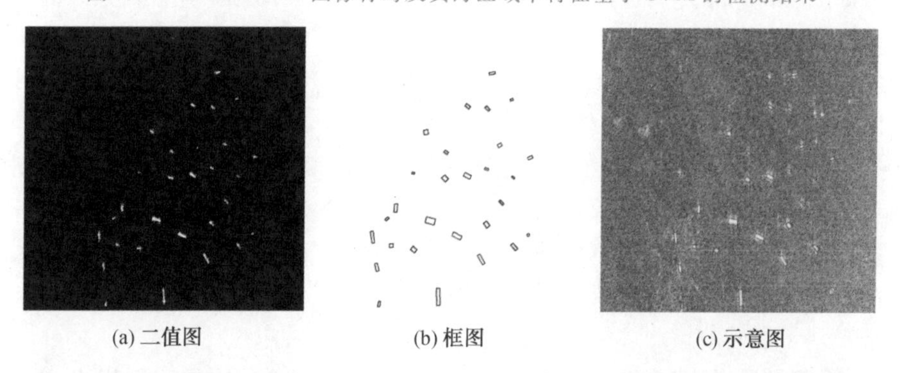

(a) 二值图　(b) 框图　(c) 示意图

图 7.41　Radarsat—2 图像青岛及黄海区域全极化 SPAN 图基于 SVM 的检测结果

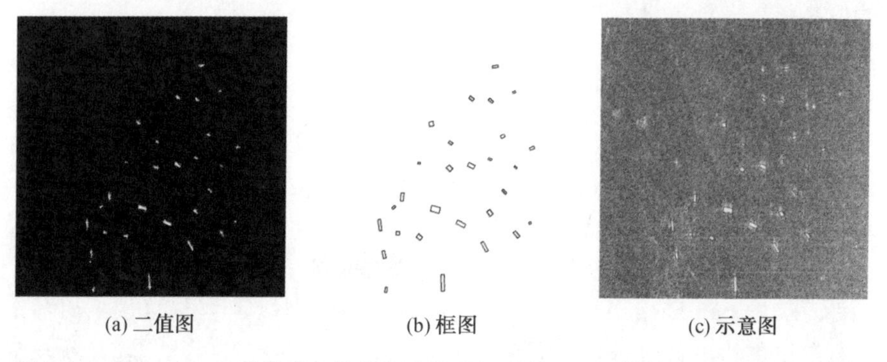

(a) 二值图　(b) 框图　(c) 示意图

图 7.42　Radarsat—2 图像青岛及黄海区域 HH 通道 SPAN 图基于 SVM 的检测结果

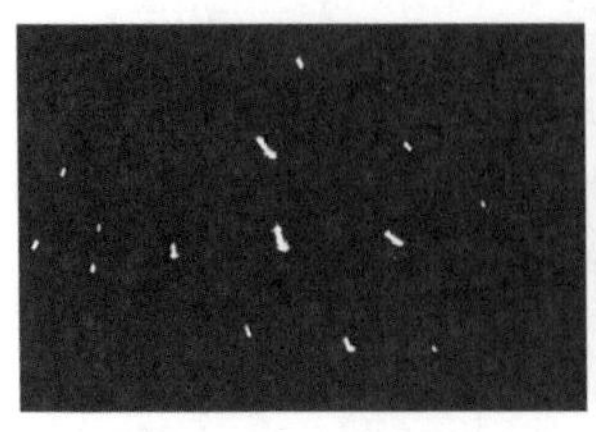
(a) Freeman-Durden 体散射

(b) 全极化SPAN图

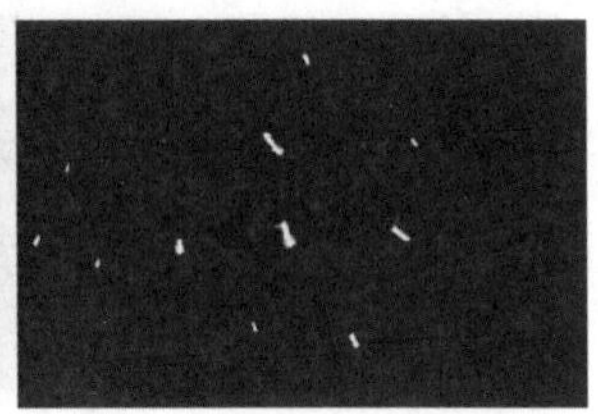
(c) HH通道SPAN图

图 7.43 GF-3 图像青岛及黄海区域单特征基于 SVM 的检测结果

由对 Radarsat-2 青岛地区图像检测的实验结果可以大致看出，所有特征都能够得到较好的检测结果，其中加权支持向量机的检测结果最好，其他算法的漏检目标都稍微多些，对较小型的船只检测结果差些。观察只利用一个特征进行 SVM 检测的实验结果，即 Freeman-Durden 体散射特征、利用全极化图像四个通道合成的强度图和只利用 HH 通道强度图进行检测的结果，Freeman-Durden 体散射特征能非常好地检测出舰船目标，而采用全极化 SPAN 图和采用 HH 通道 SPAN 图的漏检目标都会更多些。

由对 GF-3 青岛及黄海地区图像检测的实验结果可以大致看出，几乎所有方法都能够得到很好的检测结果。由于这一组 GF-3 图像中存在很强烈的十字噪声，因此为降低虚警率，实验中对检测结果进行了一个单位的腐蚀，能够将线型的虚警全部去除，其中有些小型船只本身检测不够完全，可能也会被去除，造成漏警。

与停泊船只相比，离岸船只的检测效果相对来说更好。首先，其不会受到海陆分割的结果影响；其次，停泊舰船检测过程中，码头会造成大量的虚警。可以发现，自适应阈值检测方法对离岸船只也能较好地检测，但其对检测难度较大的停泊舰船几乎无法进行有效检测。而 Relief-F 加权的 SVM 算法则在所有实验中都得到了最好的检测结果，表现很稳定。

前两部分已经对舰船目标检测结果进行了定性分析，下面将对以上四幅图像的检测结果进行定量分析，通过检测率、虚警率、品质因数等一系列指标对检测效果进行更详细的说明，并通过单特征检测的实验，分析全极化图像与单极化图像相比在检测效果上的提升。

为综合考虑检测效果，采用式(7.43)定义的 FOM 对检测的效果进行综合的衡量。

FOM 不仅包含了正确检测个数与错误检测个数的比例，还体现了真实目标中正确检测的数量，这个数值越大，代表检测效果越好。

针对美国 San Diego 区域停泊舰船目标，大船和小型船舶簇区域采用各个算法进行检测的检测数目、FOM 等结果分别见表 7.2 和表 7.3。针对青岛及黄海

地区 Radarsat－2 图像和 GF－3 图像利用不同特征在两种方法下的检测结果分别见表 7.4 和表 7.5。

由停泊舰船目标的检测结果统计可以看出，Relief－F SVM 方法和多特征 SVM 方法都有十分优秀的检测能力，检测率在 85％以上，小船区域的检测率甚至可以达到 95％以上，这说明利用 Relief－F 特征选择算法得到的特征对于舰船目标的检测是十分有效的。将构建加权向量的 SVM 检测结果与单纯采用筛选出特征检测结果进行比较，发现不加权的 SVM 检测方法的检测效果也很好，达到了较高的检测率，与加权 SVM 相差不大。但是采用普通多特征 SVM 进行检测与采用加权 SVM 相比，前者的虚警较高，与之前的定性分析相符合，即对筛选出的特征进行加权，能够使得多特征检测的作用得到更好的体现，既能使区分程度高的特征发挥更大的作用，也综合了多特征各自的特点，提高了检测精度。

表 7.2　San Diego 大船区域－停泊船舶目标检测结果统计

检测算法	指标					
	目标总数	检出数	漏检目标	虚警数	检测率	品质因数
Relief－F SVM	36	32	4	3	0.889	0.821
多特征 SVM	36	31	5	4	0.861	0.775
Freeman－Durden 体－SVM	36	32	4	5	0.889	0.780
SPAN－SVM	36	32	4	6	0.889	0.762
HH－SVM	36	17	19	5	0.472	0.415

表 7.3　San Diego 小船区域－停泊船舶目标检测结果统计

检测算法	指标					
	目标总数	检出数	漏检目标	虚警数	检测率	品质因数
Relief－F SVM	2 167	2 128	39	250	0.982	0.880
多特征 SVM	2 167	2 128	39	272	0.982	0.872
Freeman－Durden 体－SVM	2 167	2 119	48	273	0.978	0.868
SPAN－SVM	2 167	1 494	673	188	0.689	0.634
HH－SVM	2 167	1 278	889	152	0.590	0.551

采用 Relief－F 对多特征进行筛选，并构建加权特征向量，再将构建好的加

权特征向量作为 SVM 的输入，这种方法对于离岸、停泊船只两种情况都有较好的检测效果。此外，与不进行加权的 SVM 方法对比，该方法还能较好地反映船只目标的散射特征，有利于对船只目标进行进一步的类别识别操作。

为研究极化信息对于检测的影响，分别采用 Freeman－Durden 分解的体散射特征作为极化信息提取的代表，采用全极化 SPAN 图作为只增加极化信息的代表，采用 HH 通道强度图作为单极化图的代表，分别采用 SVM 和自适应阈值两种方法进行检测。

表 7.4 Radarsat－2 图像青岛及黄海区域一离岸船舶目标检测结果统计

检测算法	指标					
	目标总数	检出数	漏检目标	虚警数	检测率	品质因数
Relief－F SVM	32	30	2	0	0.938	0.938
多特征 SVM	32	28	4	0	0.875	0.875
Freeman－Durden 体－SVM	32	29	3	0	0.906	0.906
SPAN－SVM	32	25	7	0	0.781	0.781
HH－SVM	32	26	6	2	0.813	0.765

表 7.5 GF－3 图像青岛及黄海区域一离岸船舶目标检测结果统计

检测算法	指标					
	目标总数	检出数	漏检目标	虚警数	检测率	品质因数
Relief－F SVM	15	15	0	1	1	0.938
多特征 SVM	15	14	1	0	0.933	0.933
Freeman－Durden 体－SVM	15	14	1	0	0.933	0.933
SPAN－SVM	15	12	3	0	0.8	0.8
HH－SVM	15	11	4	0	0.733	0.733

由实验结果可以看出，普遍来说，极化信息提取特征检测结果优于全极化强度特征，优于单极化强度特征。由 SVM 的检测结果发现利用极化信息提取的特征较单极化强度特征的品质因数提升了 0.15～0.30 的幅度，检测率也提升了 10%左右。但根据自适应阈值检测的结果，品质因数和检测率有升有降，不能得到统一的结论。总体来说，采用极化特征提取方法能够更好地突出地物特征，将

极化信息重组突出的结果比只利用所有通道的幅度信息更有效,而极化信息的引入与单极化图像相比,能够大幅度地提高检测率,提升检测的质量。

7.3.3　基于图像分类的 PolSAR 图像舰船检测方法

目标检测通常也可以使用二分类的方法,分为目标和非目标两类。大多数情况下,分类器的分类效果与样本个数有关,样本数目越多,分类效果越好。但由于先验信息的限制,因此大量样本总是难以实现。而 SVM 能在处理小样本、非线性及高维模式识别中展现出许多特有的优势,在地物的分类及目标的检测中也得到了较为广泛的应用。

SVM 是 Vapnik 等在研究统计学习理论基础上所提出的分类方法。其原理是从线性可分开始,使之扩展到线性不可分的情况,甚至扩展到非线性函数。

假设两类别线性可分,它们之间存在一个隔离带(图 7.44)。有一个分界面 H 可以将这两个类别分隔开,H_1 和 H_2 分别与分界面 H 平行。其中,H_1 上的点是某一类别中距离分界面 H 最近的点,而 H_2 上的点是另一类别中距离分界面 H 最近的点。支持向量就是处在隔离带边缘上的样本点,能够决定这个隔离带。其中,分界面不止一个,H_1、H_2 的方向会随分界面而改变,H_1 与 H_2 之间的间隔也会发生变化,当间隔达到最大时,分界面 H 就是所需的能将两类别分开的最佳分界面。

使用线性分界面必然有部分训练样本向量被错分,因此需要寻求在线性不可分条件下的广义最优线性分界面,如图 7.45 所示。

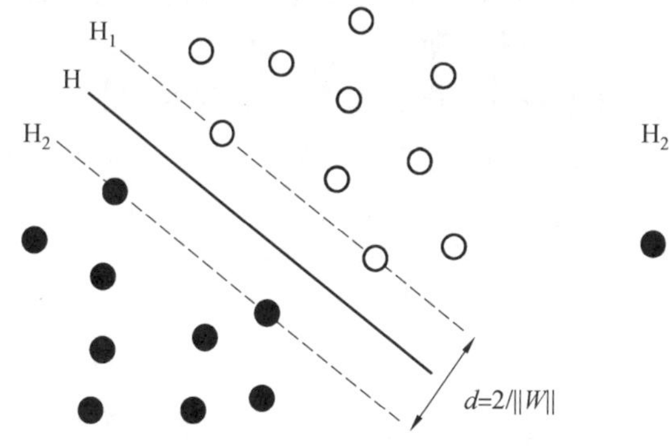

图 7.44　最优分界面

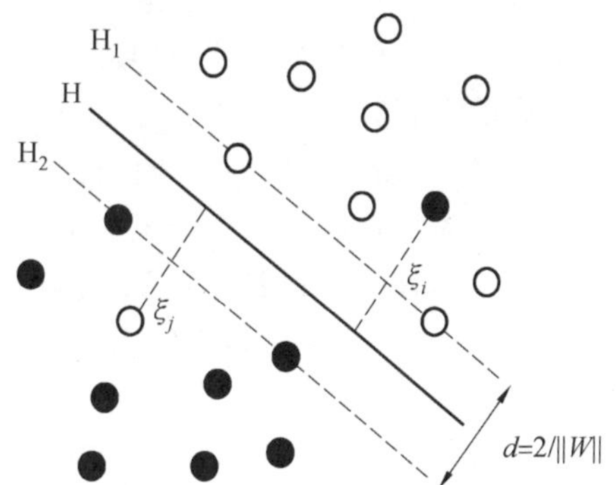

图 7.45　广义最优线性分界面

根据样本数据,得到最佳权向量及最佳拉格朗日乘子,根据分界面方程及判别式判断输入像素的类别值。判别式为 1 时,标记为目标像素;否则,标记为背景像素,遍历整张图像中的像素。

停靠的船舶常常与码头紧密相连,海陆分割时也被划分为陆地区域,相比于出海的船舶，检测困难些。本章主要研究了 PolSAR 图像停泊船舶检测的算法，由于船只码头紧密相连，因此需要用沿海岸线推进宽度的海陆二值图进行陆地掩模，然后根据图像中的船舶特性选取合适的极化特征，加强目标与背景的区别，减少其他相近地物的干扰，再利用优化的计算智能算法依据小样本数据的反馈来调整分类器的参数后进行全图检测，并且对 PolSAR 实测数据进行实验和结果分析。

1. 计算智能算法优化研究

计算智能算法是以生物进化的观点来进行智能的模拟，在用进废退、优胜劣汰的进程中，适应度高即适应能力强的结构会被保存下来，其智能水平也会随之提高。因此，计算智能是一种基于结构演化的智能方式，其主要是利用一些启发式仿生算法，如蚁群算法、免疫算法、模拟退火算法等，通过自适应学习的特性，从而达到全局优化的目的。本节对其算法进行了一定的优化研究。

(1)基于遗传算子的微粒群算法。

微粒群算法(particle swarm optimization，PSO)又称粒子群算法，是 Kenney 和 Eberhart 在鸟类觅食相互协作的观察中得到启发后提出的，其利用个体对信息的共享性来使整个群体的运动从无序状态到有序状态，从而得到最优解。微粒群算法属于一种较新的启发式算法，其操作简单，收敛速度快，在函数优化、神经网络训练等很多领域都得到了广泛应用。

其基本思想是：根据问题的解范围初始化一组随机解，利用当前的全局最优解和个体最优解对每个粒子进行更新，不断迭代，以达到获得最优解的目的。

微粒群算法的粒子在更新过程中只有速度和位置的变化，容易陷入局部最优解。采用遗传算子对粒子群进行更新，虽然未使用粒子的速度，但采用了遗传算法中的交叉算子和变异算子，选择适应度高的个体进入下一代，来实现个体的更新，可以增加粒子群的多样性，同时保持了算法的全局搜索能力。基于遗传算子优化微粒群算法的具体步骤如下。

以第 n 代的第 i 个粒子 X_n^i 为例说明微粒群算法的具体操作，设第 n 代的种群最优解为 P_n^{best}，个体最优解为 P_n^i，有以下几个步骤。基于遗传算子的微粒群算法流程图如图 7.46 所示。

步骤 1：将粒子 X_n^i 与种群最优解 P_n^{best} 交叉后得到两个新粒子，设为 Q_1 和 Q_2。具体的交叉操作为：随机生成一个长为 N 的“0－1”序列，规定“1”对应位置上的基因进行交叉操作，“0”对应位置上的基因不交叉。假设随机序列为 001101，交叉操作变化表见表 7.6。

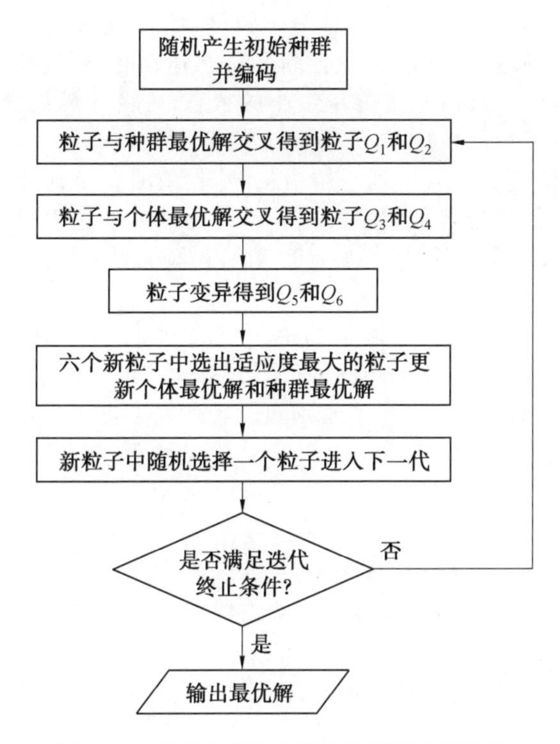

图 7.46　基于遗传算子的微粒群算法流程图

表 7.6　交叉操作变化表

粒子	变化前	变化后
X_n^i	A B C D E F	A B I J E L
P_n^{best}	G H I J K L	G H C D K F

步骤 2：将粒子 X_n^i 与个体最优解 P_n^i 交叉后得到两个新粒子，设为 Q_3 和 Q_4，为使得到的解向个体最优解靠近，交叉操作与表 7.6 中所示相同。

步骤 3：粒子 X_n^i 与随机产生的一个新粒子 X_{new} 进行交叉操作，将得到新粒子 Q_5 和 Q_6。进行此操作是为了防止粒子陷入局部最优解。

步骤 4：计算粒子 $Q_1 \sim Q_6$ 的适应度 $F_1 \sim F_6$，选出适应度最小的粒子 $Q_{\min}$ 来更新个体最优解和种群最优解。若 $Q_{\min}$ 的适应度小于个体最优解的适应度，则 $Q_{\min}$ 进入下一代，代替个体最优解；若 $Q_{\min}$ 的适应度小于种群最优解的适应度，则 $Q_{\min}$ 作为种群最优解。

步骤 5：从粒子 $Q_1 \sim Q_6$ 中随机挑选一个粒子作为 X_{n+1}^i，可增加解的多样性，不易陷入局部最优解。

(2)基于模糊匹配的模拟退火算法。

模拟退火(simulate anneal，SA)算法借鉴液态晶体加热并自动退火的过程：

在高温条件下，晶体的能量较高，晶体分子转化为液体分子，分子热运动较强，如果从高温开始，逐渐退火降温，分子能量降低，热运动受限，其结构变为规则的晶体。当系统完全被冷却时，达到能量最小的状态，可得全局最优解；若液体急速降温，则不能获得能量最小状态，只得到局部最优解。

模拟退火算法可以收敛得到一组最优解，收敛的结果与随机产生的初始解无关，但由于温度的缓慢降低，搜索量较大，因此搜索的过程较缓慢。为提高收敛速度而增加温度下降的速率时，容易产生局部最优解，因此模拟退火算法会有一定的局限性。

模拟退火算法可以根据待调整的 N 个参数求得一组解 $X=(X_1,X_2,\cdots,X_N)$，它的初始值是随机产生的，通过状态转移过程即在邻域范围内搜索参数的新值来改变某个参数现有的值。算法通过一定的概率选择较优的状态进入下一代，具体概率为

$$p=\begin{cases}1, & E(x')>E(x)\\ \mathrm{e}^{-\frac{E(x')-E(x)}{T}}, & E(x')\leqslant E(x)\end{cases} \tag{7.47}$$

式中，x 是初始解；$E(x)$是适应度函数；$E(x')$是新状态的适应度函数；T 是温度参数，在计算中按一定比例逐渐减小。选择按照此概率进行更替可以使系统跳出局部最优状态，避免了局部最优情形的发生。

为避免邻域搜索的范围较大增加计算的复杂性，采用模糊匹配的方法来进行邻域的搜索。

模糊命题的一般表示为 x is A 或 x is A(CF)。其中，x 是论域上的一个变量，代表对象的属性；A 是模糊概念或者是模糊数，通常选择相应的模糊集或隶属函数对其表示；CF 是该模糊命题的确信度或相应时间发生的可能性程度，可以为一个确定的数，也可以为一个模糊数或模糊语言值。

模糊规则的表示为 if E then H (CF,λ)。其中，E 代表模糊命题表示的模糊条件；H 代表模糊命题表示的模糊结论；CF 代表模糊规则的可信度因子；λ 是规则的阈值，用来指出规则被使用的界限。

如果贴近度 $N(A,B)$大于或等于规定的阈值，则认为模糊条件与证据匹配。当然，还可以借用语义距离来衡量其贴近度，语义距离包括海明距离、切比雪夫距离、欧几里得距离等。

基于模糊匹配的模拟退火算法流程图如图 7.47 所示，其中邻域范围定义了以当前解为中心正方形区域中符合条件的一定数目的随机数，由随机函数生成，可增加解的多样性，防止陷入局部最优解。

2. 基于计算智能调整分类器参数的检测方法

当地物差别不明显，分界面需要非线性条件时，支持向量机可以通过映射的方式来解决，特征映射原理示意图如图 7.48 所示。将原特征空间映射到一个高维的新特征空间，原来的线性不可分问题就可以转换为线性可分问题来处理，从而降低了分类的计算难度。

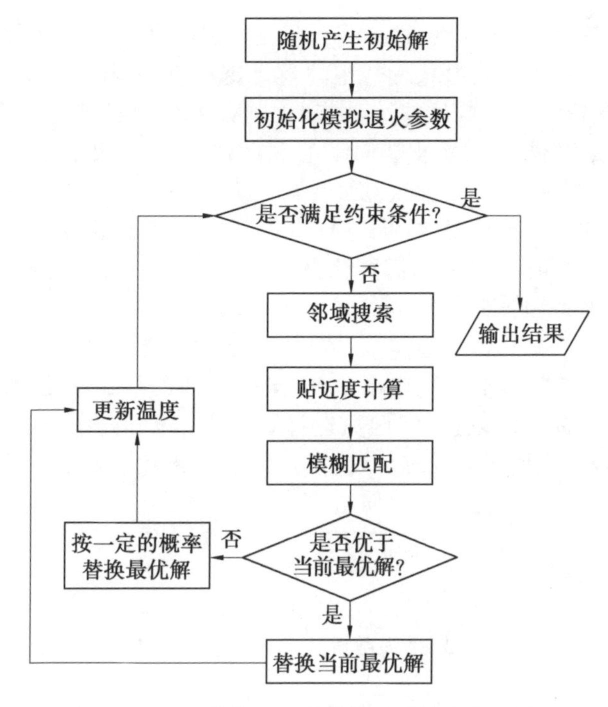

图 7.47　基于模糊匹配的模拟退火算法流程图

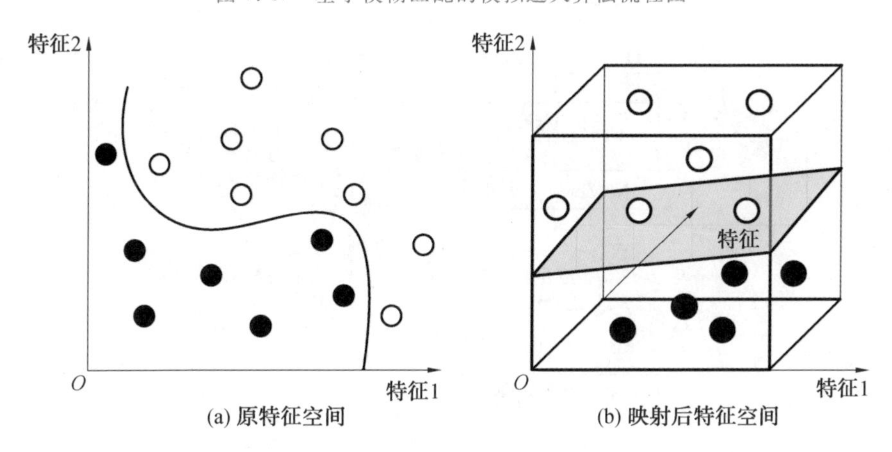

图 7.48　特征映射原理示意图

在支持向量机中，提到的惩罚参数 c 是通过调整特征子空间中自身值的范围及经验风险最小化来提高分类器的泛化能力，同时减少样本错判的比例和平衡算法的复杂性。当然，不同的数据子空间会产生不同的最优参数 c，c 值的大小与机器学习的复杂度和推广度均密切相关。其中，c 值越小，机器学习的复杂度越低，计算时间越少，实现越容易，但对应的经验风险值越大，从而导致“欠学习”现象的发生；反之，c 值越大，机器学习的复杂度及经验误差的惩罚越大，从而对应的经验风险值越小,从而导致“过学习”现象的发生。

核函数参数 g 是径向基核函数中的重要变量,其决定了支持向量的数目。g 值越大,表示支持向量的数目越小,则其正确分类的数目越高,但对应的泛化能力越低;反之,g 值越小,表示支持向量的数目越大,从而其分类的正确率及泛化能力就越高,但相应的训练时间会增加。

采用非线性径向基核函数的 SVM 分类器需要考虑的两个重要参数为惩罚参数 c 和核函数参数 g。因此,需要综合考虑参数 c 和 g 的值,使得 SVM 模型在拥有较高泛化能力和较低计算复杂度的同时具有较高的二分类结果,即目标检测结果。也可以根据具体实验需求,增加其他考虑参数。

本节采用计算智能算法同步调整 SVM 分类器的惩罚参数和核函数参数,为使其正确进行目标检测,适应度函数选择训练样本的正确检测数。这里为更加精细地调整参数,采用像素级统计,包括目标像素和背景像素。基于计算智能的分类器参数调整检测方法流程图如图 7.49 所示。

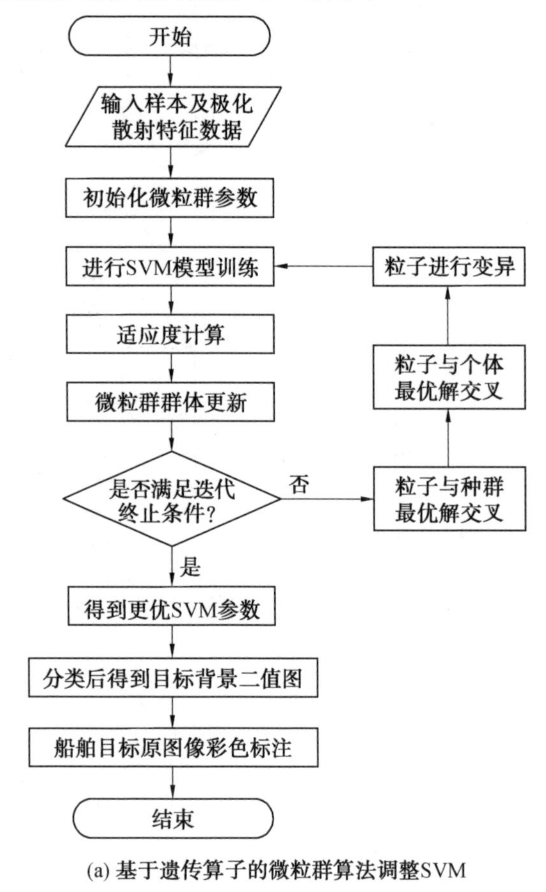

(a) 基于遗传算子的微粒群算法调整SVM

图 7.49　基于计算智能的分类器参数调整检测方法流程图

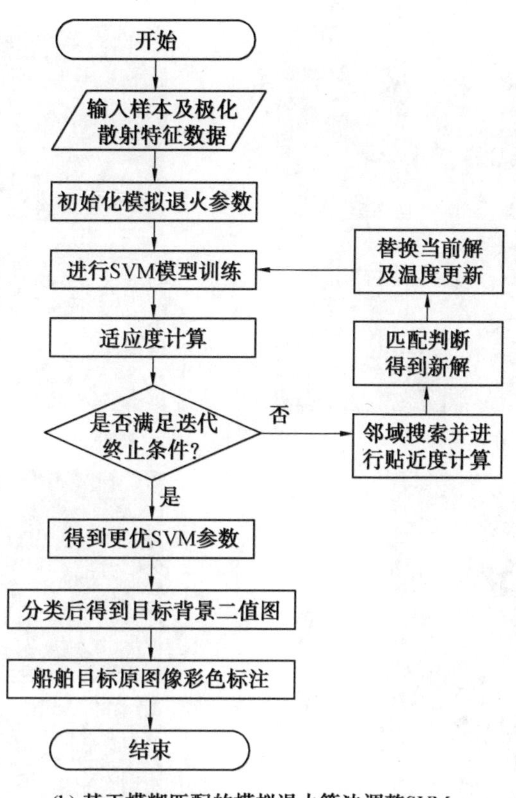

(b) 基于模糊匹配的模拟退火算法调整SVM

续图 7.49

3. 检测实验与结果分析

本实验以美国 San Diego 地区为例，此地区含有大量停靠码头的船舶，有“一”字形疏散停靠的大型船只，也有“非”字形紧密停靠的小型船只。

其中，San Diego Naval Base 地区原数据的 HH 通道图像及部分区域的局部放大图如图 7.50(a)和(b)所示，对应地区的光学图(非实时，作为参考)及部分区域的局部放大图如图 7.50(c)和(d)所示。可以看出，此地区停靠的船舶较大，并且停靠得比较稀疏，有序停靠在码头两侧，船身与码头相连，因此可以将船舶作为个体检测出来。

此地区海陆分割二值图如图 7.51(a)所示，可以看出由于船只和码头紧密相连被划分为陆地区域，因此需要将陆地区域沿海岸线向内推进一个船舶宽度单位得到新的海陆分割二值图，如图 7.51(b)所示，然后将输入数据的陆地区域进行掩模，从而减少陆地上的虚警现象。

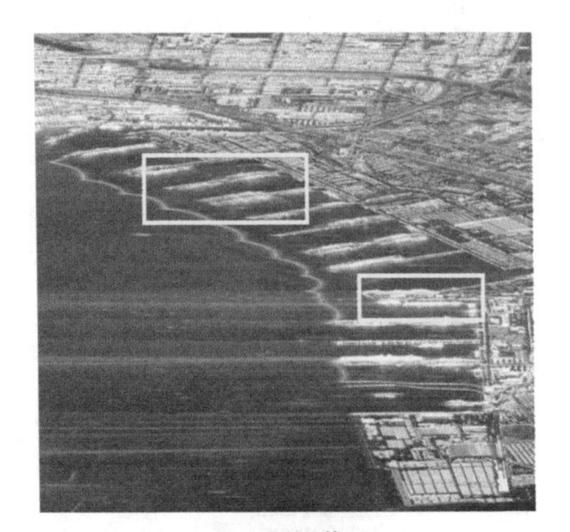

(a) 原图像

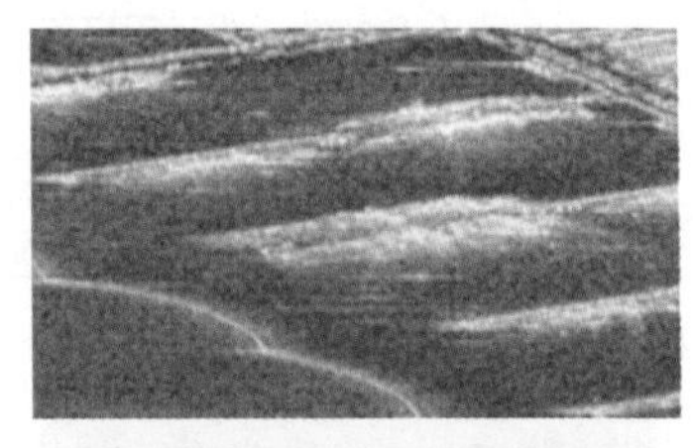

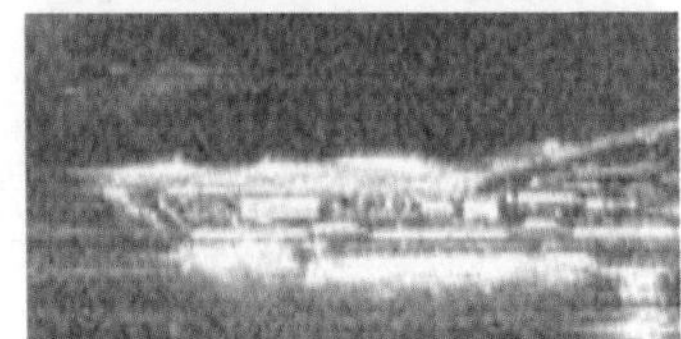

(b) 原图像局部放大图

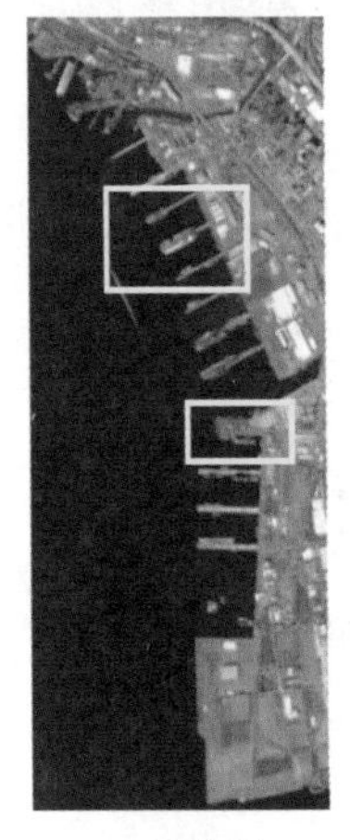

(c) 光学图

(d) 光学图局部放大图

图 7.50　美国 San Diego Naval Base 地区图像

(a) 海陆分割二值图

(b) 新海陆分割二值图

图 7.51　美国 San Diego Naval Base 地区结果示意图

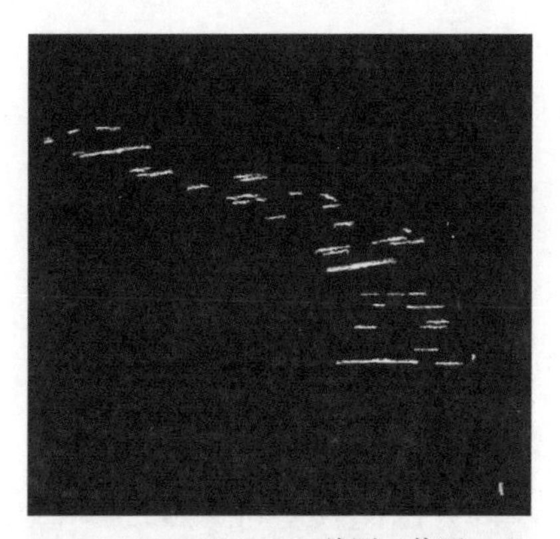

(c) GOPSO-SVM检测二值图

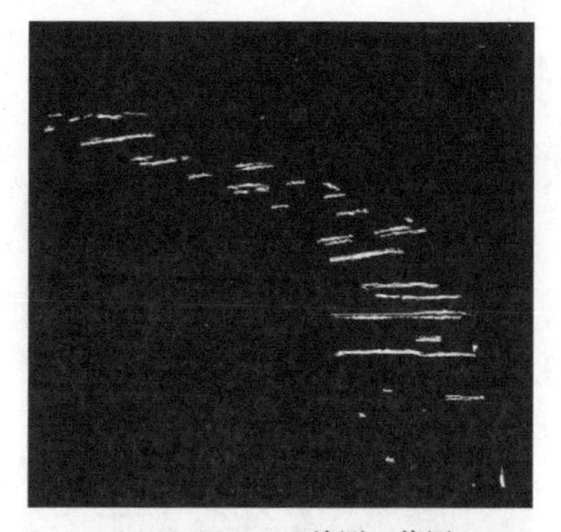

(d) FMSA-SVM检测二值图

(e) GOPSO-SVM检测结果标记图

(f) FMSA-SVM检测结果标记图

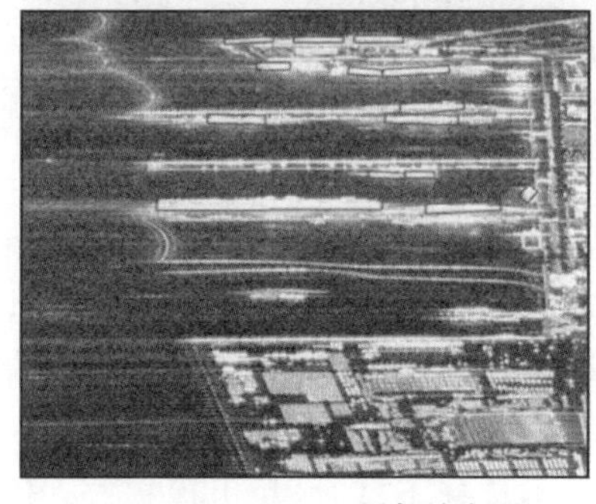

(g) GOPSO-SVM 局部放大图

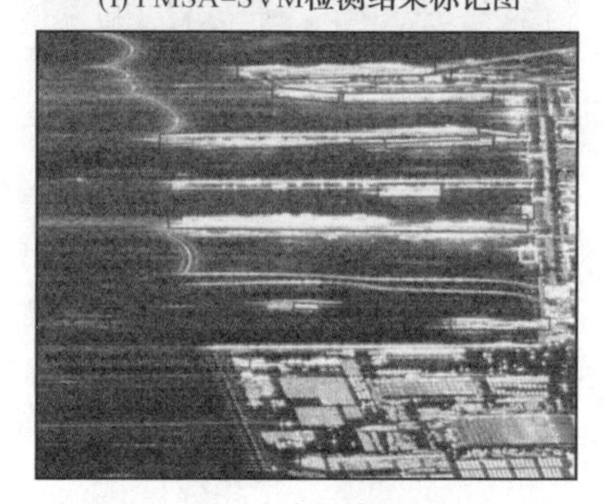

(h) FMSA-SVM 检测结果局部放大图

续图 7.51

基于遗传算子的微粒群算法调节 SVM 参数(GOPSO－SVM)的船舶检测二值图及彩色标记图如图 7.51(c)和(e)所示，对应区域的局部放大图如图 7.51(g)所示。基于模糊匹配的模拟退火算法调节 SVM 参数(FMSA－SVM)的船舶检测二值图及彩色标记图如图 7.51(d)和(f)所示，对应区域的局部放大图如图 7.51(h)所示。

传统方法如模板匹配(template matching,TM)检测结果如图 7.52(a)所示,相应区域的局部放大图如图 7.52(c)所示;KNN 检测结果如图 7.52(b)所示,相应区域的局部放大图如图 7.52(d)所示。

(a) 模板匹配检测结果

(b) KNN检测结果

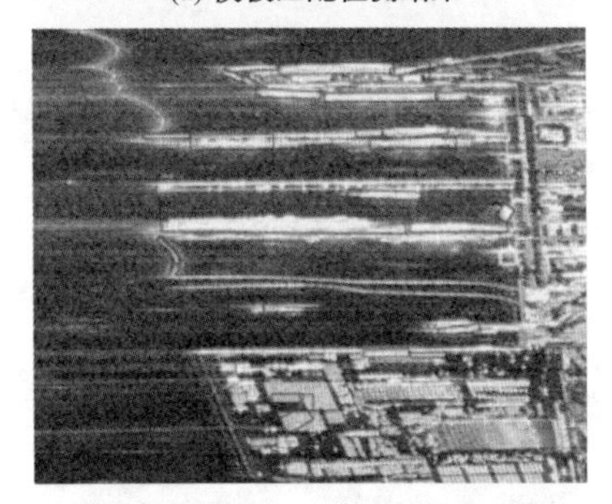

(c) 模板匹配检测结果局部放大图

(d) KNN检测结果局部放大图

图 7.52　其他传统方法检测结果

从图 7.51 和图 7.52 中可以看出,GOPSO－SVM 的结果较为精细,而且虚警很少,但存在两三艘漏检的情况;而 FMSA－SVM 可以将 GOPSO－SVM 中漏检的船只检测出来,但虚警相比而言增多。传统的模板匹配方法由于海岸线的内推,部分沿岸的陆地区域划分为海上区域,因此干扰增加,虚警较为严重;而 KNN 检测时,需要计算相邻区域的像素,当样本选择不够时,易出现虚警。由于有些船只体型大而船身部分散射能量低,标记时易出现中间断裂现象,因此不重复统计个数。船舶目标检测结果统计见表 7.7。

表7.7　船舶目标检测结果统计

检测算法	实际个数	检出个数	漏检个数	虚警个数	品质因数
GOPSO－SVM	36	34	2	3	0.872
FMSA－SVM	36	36	0	8	0.818
TM	36	36	0	15	0.706
KNN	36	36	0	14	0.720

从表7.7中可以看出，对于San Diego Naval Base地区的图像而言，GOPSO－SVM的检测结果品质因数最高，检测效果最好，FMSA－SVM检测的虚警略微高些，效果其次。两种传统方法虽然没有漏检个数，将全部停靠船只检测出来，但受其他地物的干扰影响较大，虚警较高。

美国San Diego West Basin地区光学图(非实时，作为参考)及部分区域的局部放大图如图7.53(a)、(b)、(c)所示，原数据的HH通道图像及部分区域的局部放大图如图7.53(e)、(f)、(g)所示，船只停靠密集区进一步放大示意图如图7.53(d)所示。可以看出，此地区停靠的船舶体积较小，“非”字形停靠并且停靠得比较紧密，船身与码头相连密切，以船舶簇的形式出现，在极化SAR图像中难以区分个体。

(a) 光学图

(b) 局部放大图1

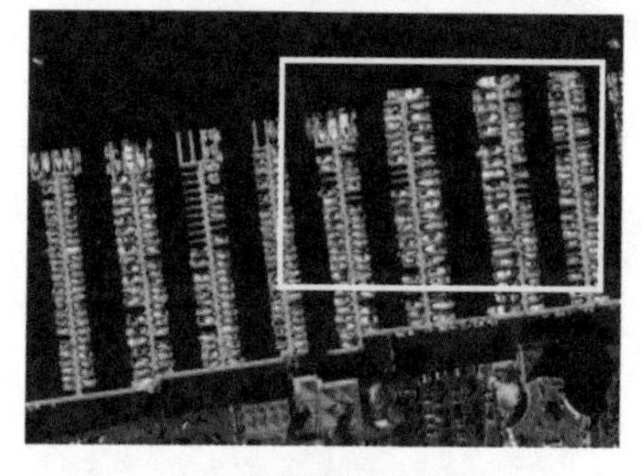

(c) 局部放大图2

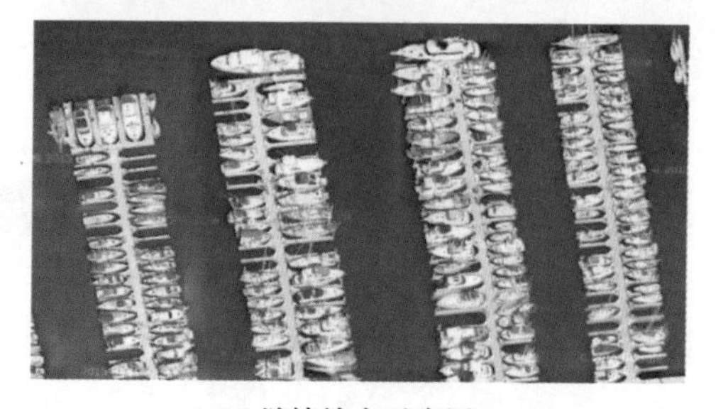

(d) 继续放大示意图

图7.53　美国San Diego West Basin地区图像

(e) 光学图

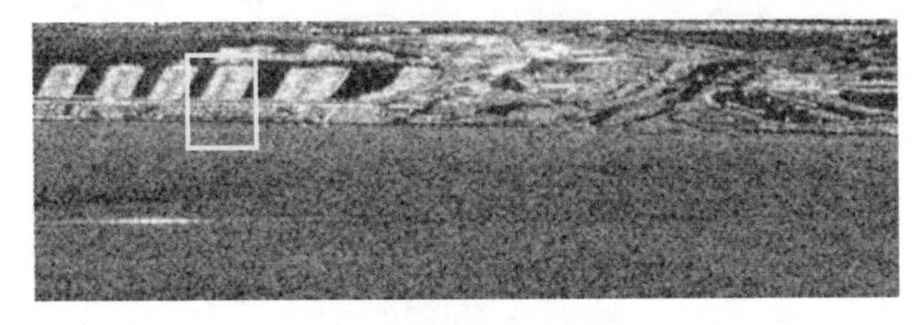

(f) 局部放大图

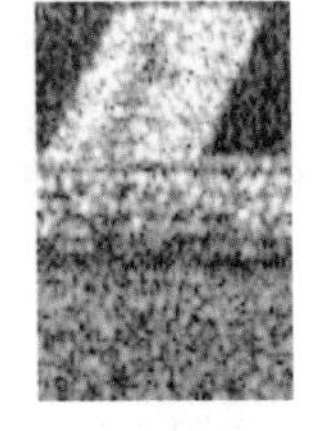

(g) 细节图

续图 7.53

此地区海陆分割二值图如图 7.54(a)所示，船舶簇和码头紧密相连，被划分为陆地区域。因此，需要将陆地区域沿海岸线向内推进一个船舶簇单位得到新海陆分割二值图，如图 7.54(b)所示，然后将输入数据的陆地区域进行掩模，减少干扰。由于此区域含有一个大型机场，海陆分割时陆地内部填充系数较大，因此海陆分割的精度降低，不能将每个船舶簇周围的海水区域分离，而是将整个船舶密集区划分为陆地区域与海洋区域分离，但不影响后期的船舶检测。GOPSO－SVM 检测二值图和检测结果标记图如图 7.54(c)和(d)所示，对应区域的局部放大图和细节区域图如图 7.54(e)和(f)所示。基于模糊匹配的模拟退火算法调节 SVM 参数(FMSA－SVM)检测二值图和检测结果标记图如图 7.54(g)和(h)所示，对应区域的局部放大图和细节区域图如图 7.54(i)和(j)所示。

(a) 海陆分割二值图

图 7.54　美国 San Diego West Basin 地区结果示意图

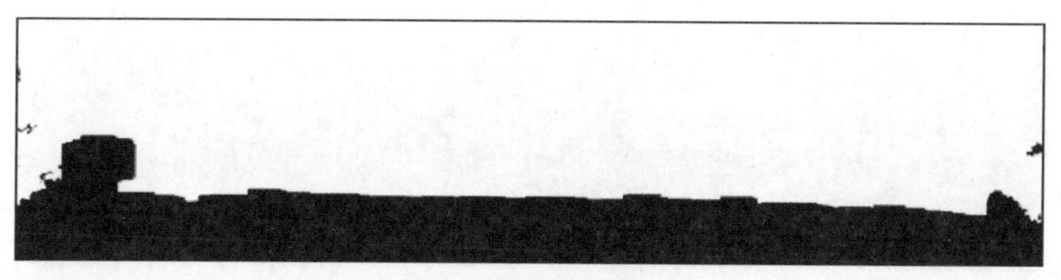

(b) 新海陆分割二值图

(c) GOPSO-SVM检测二值图

(d) GOPSO-SVM检测结果标记图

(e) GOPSO-SVM检测结果局部放大图

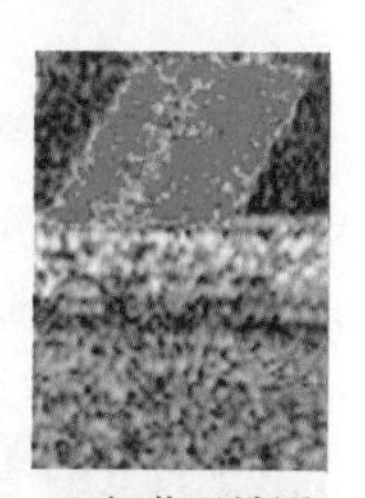

(f) 细节区域图

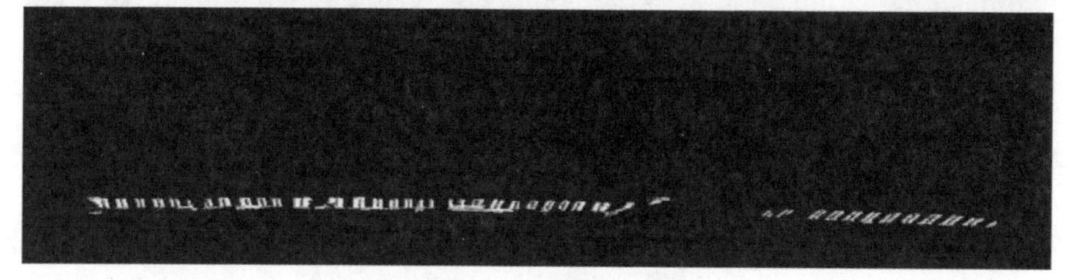

(g) FMSA-SVM检测二值图

续图 7.54

(h) FMSA-SVM检测结果标记图

(i) FMSA-SVM 检测结果局部放大图

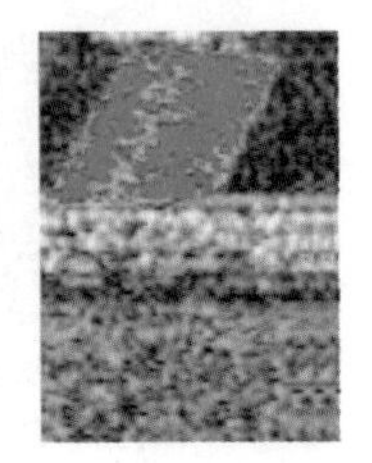

(j) 细节区域图

续图 7.54

采用传统方法如模板匹配检测结果如图 7.55(a)所示，相应区域的局部放大图和细节区域图如图 7.55(b)和(c)所示，KNN 检测结果如图 7.55(d)所示，相应区域的局部放大图和细节区域图如图 7.55(e)和(f)所示。

(a) 模板匹配检测结果

(b) 模板匹配检测结果局部放大图

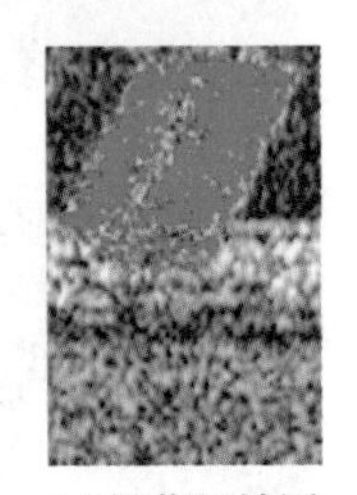

(c) 细节区域图

图 7.55　其他传统方法检测结果

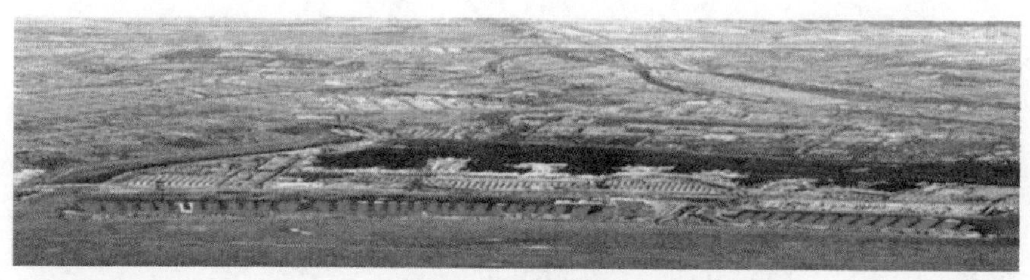

(d) KNN检测结果

(e) KNN检测结果局部放大图

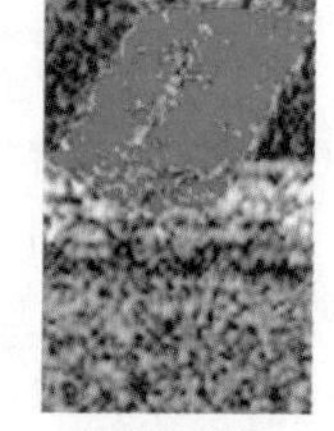

(f) 细节区域图

续图 7.55

从图 7.54 和图 7.55 中可以看出，GOPSO－SVM 的检测效果好些，虚警现象最少，但存在一些漏检，FMSA－SVM 检测相比而言在局部放大图中建筑物造成干扰的现象略微严重，而模板匹配和 KNN 方法并不能很好地区分强散射能量的其他地物，导致图像中间的建筑物部分错检现象严重，并且在细节图中，船舶簇周围也存在许多非目标散点。选择部分区域进行像素评估，船舶目标检测结果统计见表 7.8。

表 7.8　船舶目标检测结果统计

检测算法	实际像素	检出像素	漏检像素	虚警像素	品质因数
GOPSO－SVM	2 167	2 082	85	244	0.864
FMSA－SVM	2 167	2 082	85	290	0.847
TM	2 167	2 090	77	542	0.772
KNN	2 167	2 091	76	583	0.760

从表 7.8 中可以看出，对于 West Basin 地区的图像而言，GOPSO－SVM 的检测结果品质因数最高，检测效果最好；FMSA－SVM 检测的虚警略微高些，效果其次。两种传统方法虽然漏检像素降低，但陆地区域存在大量的虚警，因为沿岸高散射的建筑物对其造成的干扰较大，导致虚警增高及品质因数降低。

本节主要介绍了基于计算智能算法调节 SVM 参数的停泊船舶检测方法。首先对传统的微粒群和模拟退火算法进行优化，然后用优化后的算法调节支持向量机的参数，最后用调参后的 SVM 进行停泊船舶的检测，并对检测结果做了定性和定量分析及与传统方法的比较。

本章参考文献

[1] 尹奎英，刘宏伟，金林. 快速的Otsu双阈值SAR图像分割法[J]. 吉林大学学报:工学版，2011，41(6)：1760-1765.

[2] OTSU N. A threshold selection method from Gray-level[J]. IEEE transactions on systems man & cybernetics，1979，9(1):62-66.

[3] 徐蔚波，刘颖，章浩伟. 基于区域生长的图像分割研究进展[J]. 北京生物医学工程，2017，36(3):317-322.

[4] 谢明鸿，张亚飞，付琨. 基于种子点增长的SAR图像海岸线自动提取算法[J]. 中国科学院大学学报，2007，24(1):93-98.

[5] OSHER S，SETHIAN J. Fronts propagating with curvature dependent speed algorithms based on Hamilton－Jacobi formulations[J]. Journal of computer physics，1988,79(1):12-49.

[6] 李洪忠，王超，张红，等. 基于海图信息的SAR图像海陆自动分割[J]. 遥感技术与应用，2009，24(6):731-736.

[7] TOUZI R，LOPES A，BOUSQUET P. A statistical and geometrical edge detector for SAR images[J]. IEEE transactions on geoscience & remote sensing，1988，26(6):764-773.

[8] CAO K，FAN J C，WANG X X. Coastline automatic detection based on high resolution SAR images[C]. Guangzhou:4th International Workshop on Earth Observation and Remote Sensing Applications(EORSA)，2016，43-46.

[9] DING X W，LI X F. Coastline detection in SAR images using multiscale normalized cut segmentation [C]. Quebec City：IEEE International Geoscience and Remote Sensing Symposium，2014:4447-4449.

[10] SHENG G F，YANG W，DENG X P. coastline detection in synthetic aperture radar(SAR) images by integrating watershed transformation and controllable gradient vector flow(GVF) snake model[J]. IEEE journal of oceanic engineering，2012，37(3):375-383.

[11] SU X，SANG H，YANG G. An SVM-based method for land and sea segmentation in polarimetric SAR images[C]// International Congress on Image and Signal Processing. IEEE，2011:1205-1208.

[12] 杜扬. SAR图像舰船目标探测及其样本制作[D]. 合肥:合肥工业大

学，2014.

[13] 杜臻. SAR 图像舰船目标检测算法研究[D]. 哈尔滨：哈尔滨工业大学，2016.

[14] TIAN X J，WANG C，ZHANG H，et al. Extraction and analysis of structural features of ships in high resolution SAR images[C]. Proceedings of 2011 IEEE CIE International Conference on Radar，Chengdu，2011：630-633. doi：10. 1109/CIE-Radar. 2011. 6159619

[15] LENG X，JI K，ZHOU S，et al. A comb feature for the analysis of ship classification in high resolution SAR imagery[C]. Guangzhou：2016 CIE International Conference on Radar(RADAR)，2016：1-4. doi：10. 1109/RADAR. 2016. 8059198.

[16] ZILMAN G，ZAPOLSKI A，MAROM M. On detectability of a ship's Kelvin wake in simulated SAR images of rough sea surface[J]. IEEE transactions on geoscience and remote sensing，2015，53(2)：609-619. doi：10. 1109/TGRS. 2014. 2326519.

[17] LIU Y，MA H，YANG Y，et al. Automatic ship detection from SAR images[C]. Fuzhou：Proceedings 2011 IEEE International Conference on Spatial Data Mining and Geographical Knowledge Services，2011：386-388. doi：10. 1109/ICSDM. 2011. 5969070.

[18] 冷祥光. 星载 SAR 舰船目标自适应检测技术研究[D]. 长沙：国防科技大学，2015.

[19] 楚博策，文义红，陈金勇. 基于多特征融合的 SAR 图像舰船自学习检测算法[J]. 无线电工程，2018，48(2)：92-95.

[20] DUAN C，HU W，DU X. SAR image based geometrical feature extraction of ships[C]. Vancouver：2011 IEEE International Geoscience and Remote Sensing Symposium，2011：2547-2550. doi：10. 1109/IGARSS. 2011. 6049731.

[21] TU S，SU Y. Fast and accurate target detection based on multiscale saliency and active contour model for high-resolution SAR images[J]. IEEE transactions on geoscience and remote sensing，2016，54(10)：5729-5744. doi：10. 1109/TGRS. 2016. 2571309.

[22] 李海艳. 极化 SAR 图像海面船只监测方法研究[D]. 北京：中国科学院研究生院(海洋研究所)，2007.

[23] 车云龙. 基于 Radarsat－2 全极化 SAR 的船舶检测[D]. 大连：大连海事大学，2014.

[24] FAN W, ZHOU F, TAO M, et al. An automatic ship detection method for PolSAR data based on K-Wishart distribution[J]. IEEE Journal of selected topics in applied Earth observations and remote sensing, 2017,10(6):2725-2737. doi:10.1109/JSTARS.2017.2703862.

[25] WANG Y, LIU H. PolSAR ship detection based on superpixel-level scattering mechanism distribution features[J]. IEEE geoscience and remote sensing letters, 2015, 12(8): 1780-1784. doi: 10.1109/LGRS.2015.2425873.

[26] HE J, WANG Y, LIU H, et al. A novel automatic PolSAR ship detection method based on superpixel-level local information measurement[J]. IEEE geoscience and remote sensing letters, 2018,15(3):384-388. doi: 10.1109/LGRS.2017.2789204.

[27] 余文毅. 复杂场景下的 SAR 目标检测[D]. 西安:西安电子科技大学, 2015.

[28] ZOU B, WANG C, WANG C, et al. Coastline detection based on polarimetric characteristics and mathematical morphology using PolSAR images[C]. Fort Worth:2017 IEEE International Geoscience and Remote Sensing Symposium (IGARSS), 2017: 4562-4565. doi: 10.1109/IGARSS.2017.8128017

[29] 王晨逸. PolSAR 图像近海岸船舶检测方法研究[D]. 哈尔滨:哈尔滨工业大学,2018.

名词索引

C

超像素分割　5.3

D

度量学习　6.5

F

反射对称性　3.4

G

干涉合成孔径雷达　1.2

H

合成孔径雷达　1.1
海陆分割　7.2

J

极化合成孔径雷达　1.1
极化　2.2
极化指向角　4.2

金字塔变换 5.2
局部卷积稀疏表示 6.3

M

目标分解 3.1
模拟退火算法 7.3

P

庞加莱球 2.2

S

散射矩阵 2.3
散射机理 2.4

W

无损目标分解 3.3
微粒群 7.3

X

线极化 2.2

Y

圆极化 2.2
异质度 5.3